高等院校通用教材

嵌入式实时操作系统

μC/OS－II 原理及应用

（第6版）

任 哲 房红征 编著

北京航空航天大学出版社

内 容 简 介

μC/OS－II是一个源码开放的嵌入式实时操作系统的内核。本书详细地介绍了嵌入式实时操作系统μC/OS－II内核的任务的管理和调度、系统时钟和节拍服务、时间管理、中断、任务的通信和同步、内存的简单管理原理。为帮助读者理解书中的内容，本书给出了大量的实例。最后，还介绍了μC/OS－II的移植方法。为了学习上的方便，第3版还增加了使用集成开发环境BC45和VC6.0编译μC/OS－II的相关内容。第4版主要对第3版前3章做了较大的修改，增加了普通操作系统和嵌入式操作系统的区别，以及队列、堆栈、计算机中断等特殊问题，并重新编写了任务的概念等内容。第5版对第4版第2章"预备知识"进行了较大修改。第6版对第5版的一些细节进行了完善。

本书适合高等院校计算机、电子技术、自动化技术、仪器仪表等信息类专业教学使用，也适合对嵌入式操作系统感兴趣的工程技术人员阅读参考。

图书在版编目(CIP)数据

嵌入式实时操作系统μC/OS－II原理及应用 / 任哲，房红征编著. -- 6版. -- 北京：北京航空航天大学出版社，2024.1

ISBN 978－7－5124－4206－1

Ⅰ. ①嵌… Ⅱ. ①任… ②房… Ⅲ. ①实时操作系统－高等学校－教材 Ⅳ. ①TP316.2

中国国家版本馆CIP数据核字(2023)第194193号

版权所有，侵权必究。

嵌入式实时操作系统μC/OS－II原理及应用(第6版)

任　哲　房红征　编著

策划编辑　杨　昕　　责任编辑　杨　昕

*

北京航空航天大学出版社出版发行

北京市海淀区学院路37号(邮编100191)　http://www.buaapress.com.cn

发行部电话：(010)82317024　传真：(010)82328026

读者信箱：bhpress@263.net　邮购电话：(010)82316936

涿州市新华印刷有限公司印装　各地书店经销

*

开本：787×960　1/16　印张：22.5　字数：504千字

2024年1月第6版　2024年1月第1次印刷　印数：3 000册

ISBN 978－7－5124－4206－1　定价：69.00元

若本书有倒页、脱页、缺页等印装质量问题，请与本社发行部联系调换。联系电话：010－82317024

第 6 版前言

很高兴能出版第 6 版，第 6 版对第 5 版的一些细节进行了完善。在此对读者的支持和抬爱以及出版社老师们的辛勤劳动表示衷心的感谢！

根据第 4 版的使用情况及读者来信反映的意见和建议，第 5 版主要对第 2 章"预备知识"进行了必要的修改。因为作者发现，有相当一部分读者之所以会在学习 μC/OS－II 时遇到一些困难，究其原因还是需要提高对 C 语言中的指针、结构类型（结构体）的理解和应用能力。一是可能因 C 语言教材常常把这两部分内容放在靠后的章节，从而使读者还没有进行足够的练习，甚至还没有学完，课程就结束了；二是在没有应用背景的情况下，这两个知识的练习或训练还真不容易在 C 语言课程及其教材中完成，因为课程中的练习和训练规模都太小。

为在一定程度上解决上述问题，在第 5 版的第 2 章，作者从应用的角度继续强化了对 C 结构类型以及函数指针和 void 指针内容的介绍。具体做法就是以读者普遍关心的设备驱动程序设计，以及在嵌入式系统设计中可能用到的 C 语言面向对象程序设计为应用背景，以递次深入的方式，较为详细地介绍结构类型对象以及数据指针、无类型指针、函数指针在实际程序中的应用。总之，以加大练习规模、提高复杂度的方法，以期收到"一石数鸟"的效果。

那么为什么在内存管理、设备驱动、文件管理中选择了设备驱动程序呢？理由无他，因为它简单、清楚。当然，读者也不要对此期望过高，不要指望这本书就能将设备驱动程序设计的方方面面都讲清楚，因为设备驱动程序设计毕竟是需要一本专门书籍才能容纳的学问。但作者相信，如果读者仔细阅读并学习了本书的相关内容，并以本书提出的问题作为索引拓展了你的学习广度之后，那么将来在你阅读、学习其他有关资料和书籍时，一定会感受到本书为你提供的帮助。

另外还要在此说明的是，在对本书第 2 章"预备知识"部分进行修改的过程中，作者始终很纠结，介绍得太多，会冲击本书的主题；太少又不解决问题，因为这都是读者反复来信要作者回答的问题。思量再三之后决定：把能想到的就都介绍了吧，反正这是一本教材，又不是 μC/OS－II使用手册，所以敬请基础好的读者根据需要对该部分内容进行选读或者不读，也请感到内容太拉杂的读者能给予谅解，这段内容的修改确实耗费了作者大量的心血。

从教学角度想要向教师朋友们说的是：千万不要把本书当做一本单纯介绍 μC/OS－II 原理和应用的说明书，尽管本书的书名如此。作者当初编写第 1 版的初衷是想将 μC/OS－II 作为一个实践平台，以使学生能在这个平台上运用在 C/C＋＋、数据结构、操作系统课程中学到的知识做一些实验，乃至试验，从而使他们在动手实践过程中得到课堂上所不能获得的训练。

关于教学方面，作者有如下建议：

- 只开设C语言课程的专业，可以将本书介绍给学生作为参考书，以便使学生对C语言的实际应用，特别是应用程序的开发过程和开发工具的使用，能形成一个较为完整的概念。特别是只开设C语言课程的工科专业，十有八九以后要从事嵌入式系统软件设计工作，这个行业不让你使用汇编语言编程就算照顾你了，所以熟练地使用C语言编程是最起码的要求，不会使用指针和结构类型那是万万不行的。
- 开设C和C++两门课程的专业，可以将本书作为衔接这两门课程的参考书，除了可以达到上述目的之外，还因本书介绍了在C语言程序设计中出现的面向对象程序设计思想的萌芽，尽管篇幅不大，但可以帮助学生理解C++中的继承、多态，乃至抽象类等概念。如果有条件的话，可以把μC/OS－II作为背景开发成C++课程设计，让学生使用C++对象对这个系统的部分代码进行重构，从而把面向过程程序设计和面向对象程序设计这两种程序设计方法衔接起来。
- 开设了数据结构和操作系统课程的计算机本科专业，可以以本书介绍的μC/OS－II系统为背景开设规模更大一些的设计类课程，例如把任务的抢占式调度改成时间片式调度，或者设计相对较完善的内存分配和管理系统以及更为完善的通信机制等，从而使学生可以从一个真实系统的代码运行和修改中更深刻地认识和理解那些用方框图或伪代码描述的抽象概念。
- 在教学中要不断强调C语言各种指针的作用，特别是它们的代码隔离作用，一方面为学生以后具有编写符合“开闭原则”健壮代码的能力打下坚实的基础，另一方面也便于学生理解现代面向对象程序设计中所谓的面向接口或面向抽象编程，因为这些似乎不使用指针的程序设计语言，其实其底层实现机制大多仍是在依靠指针的隔离作用。可以毫不夸张地说，在一个计算机程序设计工作者的职业生涯中，指针或指针的概念会或隐或现地伴随着他们的成长。

总之，μC/OS－II这个小内核特别适用于高等学校的实践教学环节，善用者会获益无穷。

最后必须说明，读者来信提出的某些要求，作者确实无法满足，好在现在已有很多网友在网上对这些问题提供了相应的解决方案，有需求者请自行查询。

另外，本书习题没有标准答案，只是作者为方便读者思考而编写的一些问题。网上的一些关于标准答案的资料并不是作者本人所为。本书的代码也仅供教学参考，另有他用者，责任自负。

本书附相关代码，有需要的读者请发邮件至 bhkejian@126.com 索取。

作者的电子邮箱为 renzhe71@sina.com。

再次感谢读者的厚爱！

祝大家学习时有个好心情！

作　者

2023.8 于北京

目　录

第1章 嵌入式实时操作系统的基本概念

操作系统(Operating System,OS)是一种系统软件。它在计算机硬件与计算机应用程序之间,通过提供应用程序接口(Application Programming Interface, API),屏蔽了计算机硬件工作的一些细节,从而使应用程序的设计人员得以在一个友好的平台上进行应用程序的设计和开发,大大提高了应用程序的开发效率。

嵌入式系统作为一种计算机系统,当然也需要一个合适的操作系统的支持,这种应用于嵌入式系统中的操作系统就叫做嵌入式操作系统。

本章的主要内容有:

- 计算机操作系统的基本概念;
- 嵌入式系统的基本概念;
- 实时操作系统的概念。

1.1 计算机操作系统

1.1.1 什么是计算机操作系统

众所周知,计算机是一种功能强大的数字运算装置。作为一种装置,它需要由诸如中央微处理器(CPU)、存储器、接口及外部设备等一些实际物理装置来构成。这些构成计算机的实际物理装置,就是计算机的硬件系统。

只由硬件构成的计算机叫做“裸机”。这种“裸机”是不能工作的,计算机必须在硬件的基础上配以相应的软件才能构成真正的计算机系统,才能完成人们所交付的各种计算任务。如果用人来做比喻的话,计算机的硬件就相当于人的骨骼、肌肉等看得见摸得着的实体,而计算机的软件就相当于人头脑中存储的思想、方法等看不见摸不着的东西。显然,没有思想的人不能叫做一个“活人”,或者不能叫做一个“真正的人”,这样的人是什么工作也做不了的。

由于人们经常要使用 Microsoft Word 来书写和编辑文档,也经常要使用 Microsoft Excel 做一些数据的统计工作,所以对计算机软件并不陌生,但对什么是操作系统就未必都了解。简单地说,人们开启一台计算机,那么计算机启动的就是操作系统,例如目前常见的 Windows。

如果在计算机上没有安装 Windows,那么无论是 Microsoft Word 还是 Microsoft Excel,就都不能运行,所以操作系统是 Microsoft Word、Microsoft Excel 等软件的运行基础,或运行平台。Microsoft Word、Microsoft Excel 这类软件就是通过 Windows 来使计算机硬件工作的。因此,计算机上通常都会安装某种操作系统。

在计算机系统中,操作系统负责对计算机系统几类主要的资源,如处理器、存储器、输入/输出设备、数据与文档资源、用户作业等进行管理,并向计算机用户提供若干服务。通过这些服务,将计算机硬件的复杂操作隐藏起来,从而为应用程序提供一个透明的操作环境。

计算机的操作系统、硬件与应用程序之间关系如图 1-1 所示。

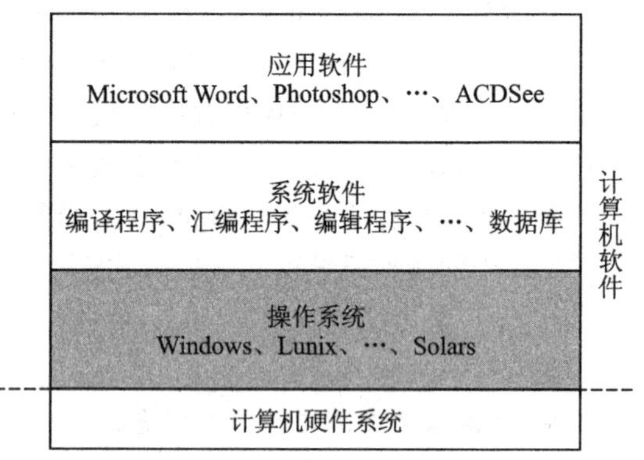

图 1-1 操作系统在计算机中的地位

从图 1-1 中可以看到,一个完整的计算机系统是由硬件和软件两部分组成的。硬件是所有软件运行的物质基础,软件能充分发挥硬件的潜能和扩充硬件的功能,两者互相依存,缺一不可。

从图 1-1 中还可看到,在计算机系统中的硬件和软件是分层次的。下层是上层运行的基础,上层是下层功能的扩充;下层对上层隐藏了下层功能实现的细节,只对上层提供了使用这些功能的接口。操作系统层通常是最靠近硬件层的软件层,主要完成计算机硬件资源的调度和分配、信息的存储和保护以及并发活动的协调和控制等许多工作。

1.1.2 操作系统的作用和功能

1. 操作系统的作用

从应用程序设计人员的角度来看,操作系统是计算机硬件系统与应用程序之间的接口。应用程序设计人员只是以操作系统层为基础来使用计算机系统,所以程序设计人员看到和使用的只是一些由计算机操作系统所提供的函数,至于操作系统的这些函数是如何控制硬件的,作为一个应用程序的设计人员,就可以完全不去管它了。因此,应用程序的设计人员可以专心地解决自己的应用问题而不必关心计算机的硬件如何工作。也可以说,计算机操作系统是计算机硬件的一个软件包装,它为应用程序设计人员提供了一个更便于使用的虚拟计算机(Virtual Machine)。又因为计算机的硬件系统及其他供应用程序使用的资源是靠计算机操作系统来管理的,所以它也可看作是计算机系统资源的管理者。

总之,计算机的操作系统为应用程序提供了一个界面友好,性能稳定、安全,效率高,操作方便的虚拟计算机。

2. 操作系统的功能

操作系统之所以可看成是应用程序与硬件之间的接口或者是虚拟机，其原因就在于其功能主要是对计算机资源进行管理。从这个角度来看，操作系统的主要功能如下：

- 处理器的管理。操作系统对处理器的管理主要有两项工作：一是对中断的管理；二是对处理器的工作进行调度。

  因为处理器硬件只能发现外部事件的中断申请，而不能对中断进行管理和处理，于是对中断的管理和处理只能由操作系统来承担了。

  现代计算机应用程序大多是多道程序结构，那么一个处理器如何来运行这多道程序就是一个较为复杂的问题。它要求操作系统应该能按照某种规则对处理器的使用进行合理的分配，这样才能使多道应用程序协调有秩序的运行，这就是操作系统所应该具有的处理器调度功能。
- 存储的管理。存储器是计算机的重要资源，如何合理地分配和使用该资源当然是计算机操作系统责无旁贷的重要责任。
- 设备的管理。计算机系统一般都配有外部设备，因此计算机操作系统还必须有对这些外部设备管理的功能，以便完成用户提出的 I/O 请求，加快输入/输出的速度，提高I/O设备的利用率。当然，作为一个完善的计算机操作系统还要提供外部设备的驱动程序。
- 文件的管理。在计算机中，程序和数据通常都以文件的形式存储在外存(例如硬盘、光盘等)中，由于在这些外存中文件量极其巨大，如果对它们没有良好的管理方式，就会导致严重的后果。为此，计算机操作系统必须具备文件管理功能。
- 网络和通信的管理。使用网络的计算机除了需要配备连网硬件之外，其操作系统必须还要具有管理网上资源、通过网络进行通信、故障管理、安全管理、性能管理等网络功能。
- 提供用户接口。计算机操作系统除了提供以上所说的各项功能之外，还要为用户提供良好使用上述功能的接口，以便用户能方便地使用操作系统的功能，从而能有效地组织作业及其工作，并使系统能高效地运行。

1.2 嵌入式系统和嵌入式操作系统

随着计算机技术的进步，在工业生产及人们的日常生活中有很多设备和装置中都内置了计算机系统，使这些设备或装置具有很高的自动化性能和某种程度的智能性，从而极大地满足了人们生产和生活的需要。目前，随着这种应用的迅速普及，一项被称为“嵌入式系统”的技术就应运而生了。

1.2.1 嵌入式系统的基本概念

1. 什么是嵌入式系统

继桌面计算机之后，最重要的 IT 技术产业莫过于嵌入式系统了。

自 1946 年电子计算机诞生以来，在相当长的一个时期里，计算机始终是一种供养在技术要求极高、价格极其高昂的特殊机房中实现数值计算的大型昂贵设备。直到 20 世纪 70 年代，由于微处理器的出现，才使计算机的应用出现了历史性的变化。以微处理器作为核心的微型计算机，以其小型、价廉、高可靠性及具有高速数值计算能力的特点，迅速引起了自动控制领域专业人员的极大兴趣和关注。因为把微型机嵌入到一个对象体系(如汽车、火箭等)中，可以很方便地实现这个对象体系的智能化控制。例如，将微型计算机经电气加固、机械加固，并配置各种外围接口电路之后，安装到飞机中，就可以构成智能化程度很高的自动驾驶仪或发动机状态监测系统；安装到洗衣机中，就可以使洗衣机根据所要洗涤衣物的具体状况而自动采取不同的洗涤模式，从而提高洗衣的效率和效果；安装到照相机中，可以自动对摄像的各项技术参数进行设置，从而可以获得质量更高的照片；安装到音像设备中，可以获得高保真的音响和影像等。

显而易见，这种用途的计算机系统在一定程度上改变了通用计算机系统的形态与通用计算机系统的功能。为了区别于原有的通用计算机系统，人们把嵌入到对象体系中，为实现对象体系智能化控制的计算机系统，称作嵌入式计算机系统，简称为嵌入式系统。

目前，嵌入式系统的应用技术已成为通信和消费类产品的共同发展方向。在现代生活中，几乎在所有电器设备上都有嵌入式系统的应用，例如掌上 PDA、电视机的机顶盒、移动电话、数字电视、汽车、微波炉、数码相机、家庭自动化系统、电梯、空调、安全系统、自动售货机、蜂窝式电话、工业自动化仪表及医疗仪器等。显然，嵌入式系统的这些应用对于提高人们的生活质量做出了极大的贡献，同时也深刻地影响了人们的生活方式。

嵌入式系统的主要应用如图 1－2 所示。

对于什么是嵌入式系统，从不同的角度有不同的定义。一个较为通用的定义为：嵌入式系统是对对象进行自动控制而使其具有智能化并可嵌入对象体系中的专用计算机系统。“嵌入性”“专用性”与“计算机系统”是嵌入式系统的三个基本要素。这里所说的对象系统就是指上面所提到的移动电话、数字电视、汽车、舰船、火箭、PDA、洗衣机、医疗设备、工业自动生产线等。对象系统也叫做嵌入式系统的宿主对象系统。

2. 嵌入式系统的发展历程

由于嵌入式计算机系统要嵌入到宿主对象体系中，实现的是对象的智能化控制，因此，它有着与通用计算机系统完全不同的技术要求与技术发展方向。

通用计算机系统的技术要求是高速、海量的数值计算，技术发展方向是总线速度的无限提升、存储容量的无限扩大等；而嵌入式系统的技术要求则是对象的智能化控制能力，技术发展

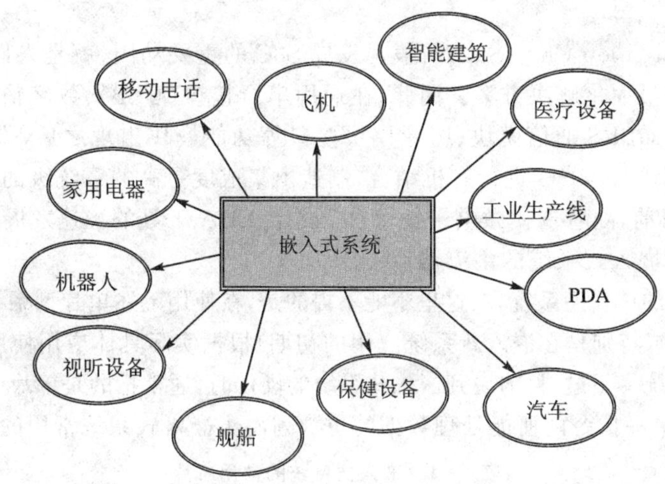

图 1-2 嵌入式系统的主要应用

方向是与对象系统密切相关的嵌入性能、控制能力与控制的可靠性等。

嵌入式系统起源于微型计算机时代。微型计算机小巧的体积、低廉的价格、良好的可靠性、强大的计算能力，诱使人们把它装置在机器设备内来完成对机器设备的控制工作，从而出现了专门为工业控制定制的工业控制机(简称为工控机)。虽然工控机的出现为计算机控制技术的发展做出了不可磨灭的贡献，但随着时代的进步，基于通用计算机体系结构的微型计算机在体积、价位、可靠性方面都无法满足广大对象系统日益增长的要求。因此，嵌入式系统就自然而然地走上了一条独立的发展道路——系统芯片化道路，力求将 CPU 与包括存储器、接口在内的计算机系统集成在一个芯片上，从而开创了嵌入式系统独立发展的新时代。

嵌入式系统独立发展的初期是单片机时代。在探索单片机的发展道路时，有过两种模式："Σ 模式"与"创新模式"。"Σ 模式"将通用计算机系统中的基本单元根据应用的需要进行裁剪后，集成在一个芯片上，构成单片微型计算机；"创新模式"则要在体系结构、微处理器、指令系统、总线方式、管理模式等方面完全按嵌入式应用要求设计全新的、满足嵌入式应用要求的芯片。可以说，Intel 公司的 MCS-48、MCS-51 就是按照创新模式发展起来的单片形态的嵌入式系统。历史证明，"创新模式"是嵌入式系统独立发展的正确道路，MCS-51 单片机的体系结构也因此成为嵌入式系统的一种主要的典型结构体系。

单片形态的嵌入式系统硬件自 20 世纪 70 年代末以来，大体上可分为 MCU、SoC 两个阶段。

微控制器(Micro Controller Unit，MCU)阶段。主要的技术发展方向是：不断地在一个芯片上扩展满足宿主对象系统所要求的各种外围电路与接口电路(例如并行接口、串行接口、定时器等)，以增强其对宿主对象的智能化控制能力。典型的产品就是 Intel 公司的 MCS-51

系列单片机等。

单片系统(System on Chip,SoC)阶段。发展 SoC 的重要动因,就是人们不断地在寻求应用系统在芯片上的最大化解决方案。因此,在通用串行接口(USB)、数字信号处理器(DSP)、TCP/IP 通信模块、GPRS 通信模块、蓝牙模块接口等功能模块出现之后,人们又根据应用的需要把这些功能模块与 MCU 进行有机结合,制造出集成度更高的系统级的芯片,这种芯片就叫做 SoC 系统。目前,随着现代微电子技术、IC 设计、EDA 工具的飞速发展,基于 SoC 的单片应用系统正在成为嵌入式系统的主流器件。

除了上面所说的单片型系统,在这里不能不提的是,在使用上述单片型系统作为嵌入式系统硬件的同时,也经常(特别是在嵌入式系统应用的初期)根据实际具体应用使用通用型的微处理器来实现嵌入式系统。不过,目前说到嵌入式系统的硬件时,通常指的是单片型系统芯片。

表 1-1 按在单一指令内所能处理数据的位数列出了嵌入式系统常用的芯片。

表 1-1 嵌入式系统的常用芯片

位 数	4	8	16	32	64
单片型系统	TMS1000 COPS	8048/49/50 8051/52 6801/04/05	8096/97 68200	ARM RISC Core MIPS 32Bits RISC Core	MIPS 64Bits RISC Core
通用微处理器	4004 4040	Z8 8085 6809 Z80 6502 6802	8086 80186 80286 Z8000	80386 80486 68000/10/20/30/40 32032	Pentium II/III

各种不同位数的嵌入式系统微处理器的应用层面也有明显的区分,位数越高的嵌入式微处理器,其数据处理能力及其附加值也越高。各种不同位数的微处理器应用分类情况见表 1-2。

表 1-2 不同位数的嵌入式微处理器的应用范围

微处理器的位数	应用的典型产品
4	计算机、遥控器、照相机、电话、CD 随身听、防盗器、玩具、充电器、各种简易测量仪表、计量仪表…
8	电动机控制器、电视游戏机、空气调节器、计算机显示器、传真机、电话录音机…
16	手机、摄像机、录放机、各种多媒体设备…
32	调制解调器、掌上计算机、网络路由器、工作站、激光打印机、彩色传真机、数码相机、地球卫星定位系统…
64	高端工作站、新型电视游乐器、高级图像处理设备、高级音响处理设备、气象数据处理设备…

3. 嵌入式系统的特点

从嵌入式系统的构成上看，嵌入式系统是集软硬件于一体的、可独立工作的计算机系统；从外观上看，嵌入式系统像是一个“可编程”的电子“器件”；从功能上看，它是对宿主对象进行控制，使其具有“智能”的控制器。

嵌入式系统的硬件部分包括处理器/微处理器、存储器及外设器件和I/O端口、图形控制器等。这种系统有别于一般的计算机处理系统，比如它通常不使用像硬盘那样大容量的存储介质，而大多使用EPROM、EEPROM或闪存(Flash Memory)作为存储介质。

嵌入式系统的软件包括操作系统软件和应用软件。操作系统一般应该具有较强的实时性，并可以对多任务进行管理，而应用软件都是一些专门性很强的应用程序。

嵌入式计算机系统与通用型计算机系统相比，具有以下特点：

- 专用性强。嵌入式系统通常是面向某个特定应用的，所以嵌入式系统的硬件是为特定用户群来设计的。
- 可裁剪性好。嵌入式系统的硬件和操作系统都必须设计可裁剪的，以便用户可根据实际应用需要量体裁衣，去除冗余，从而使系统在满足应用要求的前提下达到最精简的配置。
- 实时性与可靠性好。嵌入式系统中的软件一般不是存储于磁盘等载体中，而都固化在存储器芯片或单片系统的存储器里，再加上精心设计的嵌入式操作系统，从而可以快速地响应外部事件，同时也大大提高了系统的可靠性。
- 功耗低。由于嵌入式系统中的软件一般不是存储于磁盘等载体中，而都固化在存储器芯片或单片系统的存储器之中，所以它具有功耗低的特点，便于把它应用在飞机、舰船、数码相机等移动设备中。

1.2.2 嵌入式操作系统

1. 什么是嵌入式操作系统

由于硬件的限制，在使用MCU设计嵌入式系统时代的初期，程序设计人员得到的是只有硬件系统的“裸机”，没有任何类似于操作系统的软件作为开发平台，对CPU、RAM等这些硬件资源的管理工作都必须由程序员自己编写程序来解决，从而使程序人员工作得十分辛苦，并且使应用程序的开发效率极低，所以那时从事嵌入式系统开发的人员就期望能有一个支持嵌入式系统开发的系统软件。

现在，由于技术的进步和发展，单片系统硬件的规模越来越大，功能越来越强，从而给运行嵌入式操作系统提供了物质保证，于是就出现了很多具有不同应用特点的操作系统。

运行在嵌入式硬件平台上，对整个系统及其所操作的部件、装置等资源进行统一协调、指挥和控制的系统软件就叫做嵌入式操作系统。由于嵌入式操作系统所需硬件的特殊性、应用环境的多样性和开发手段的特殊性，使它与普通的操作系统有着很大的不同，其主要特点

如下:

- 微型化。嵌入式系统芯片内部存储器的容量通常不会很大(1 MB以内),一般也不配置外存,加之电源的容量较小(常常用电池甚至微型电池供电)以及外部设备的多样化,因而不允许嵌入式操作系统占用较多的资源,所以在保证应用功能的前提下,嵌入式操作系统的规模越小越好。
- 可裁剪性。嵌入式操作系统运行的硬件平台多种多样,其宿主对象更是五花八门,所以要求嵌入式操作系统中提供的各个功能模块可以让用户根据需要选择使用,即要求它具有良好的可裁剪性。
- 实时性。目前,嵌入式系统广泛应用于生产过程控制、数据采集、传输通信等场合,这些应用的共同特点就是要求系统能快速响应事件,因此要求嵌入式操作系统要有较强的实时性。
- 高可靠性。嵌入式系统广泛地应用于军事武器、航空航天、交通运输等重要领域,所以要求嵌入式操作系统必须有极高的可靠性,对关键、要害的应用还要提供必要的容错和防错措施,以进一步提高系统的可靠性。
- 易移植性。为了适应多种多样的硬件平台,嵌入式操作系统应可在不做大量修改的情况下稳定地运行于不同的平台。

嵌入式操作系统与嵌入式系统的宿主对象的要求密切相关。按嵌入式操作系统的应用范围划分,可分为通用型嵌入式操作系统和专用型嵌入式操作系统。通用型嵌入式操作系统可用于多种应用环境,例如常见的 Windows CE、VxWorks、μCLunix 及本书将要介绍的 μC/OS 等;专用型嵌入式操作系统则用于一些特定的领域,例如应用于移动电话的 Symbian、手持数字设备(PDA)的 Plam OS 等。

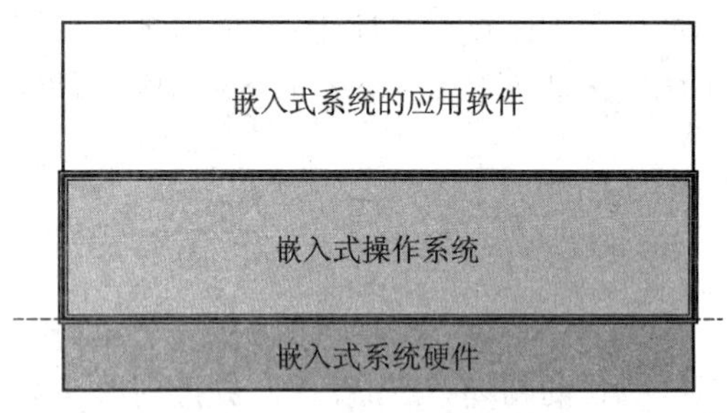

图 1-3 嵌入式操作系统在嵌入式系统中的地位

由于嵌入式系统存储器的容量较小,因此嵌入式系统的软件一般只有操作系统和应用软件两个层次。嵌入式操作系统在系统中的地位如图 1-3 所示。

按对外部事件的响应能力来分类,嵌入式操作系统有实时操作系统和分时操作系统两类。鉴于本书的宗旨,故只介绍实时系统。

2. 实时操作系统

什么是实时? 实时含有立即、及时之意。如果操作系统能使计算机系统及时响应外部事件的请求,并能及时控制所有实时设备与实时任务协调运行,且能在一个规定的时间内完成对事件的处理,那么这种操作系统就是一个实时操作系统(Real Time Operation System, RTOS)。

对实时系统有两个基本要求:第一,实时系统的计算必须产生正确的结果,称为逻辑或功能正确(Logical or Functional Correctness);第二,实时系统的计算必须在预定的时间内完成,称为时间正确(Timing Correctness)。

按时间正确的程度来分,实时操作系统又分为硬实时操作系统和软实时操作系统两种。如果要求系统必须在极严格的时间内完成实时任务,那么这样的系统就叫做硬实时操作系统。例如,图 1-4 所示为硬实时系统的一个实例。为了防止航行中的舰船发生触礁事故,在舰船的头部装有用来发现礁石的声呐,声呐信号输入到嵌入式系统中,由嵌入式系统来控制舵机的动作。现在假设舰船前面出现礁石而不采取任何规避动作时,舰船会在 10 min 后与礁石相撞,而舵机完成合理的规避动作则需要 8 min。这就是说,从声呐发现礁石起到舵机开始动作,留给嵌入式系统用来计算控制舵机做出合理动作所需的数据的时间不能超过 2 min,并且计算结果应该正确无误;否则,后果将是灾难性的。

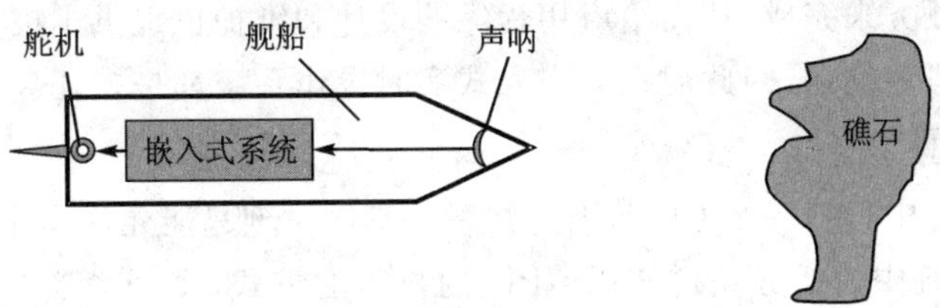

图 1-4 硬实时系统的实例

对于硬实时系统来说,超过截止时间计算出来的正确结果和错误的计算结果都是不能容忍的,因为事故已经发生了,结果再正确也没有什么用途了。

相对来说,如果系统完成实时任务的截止时间要求不是十分严格,那么这种系统就叫做软实时系统。也就是说,软实时系统对于计算超时具有一定的容忍度,超过允许计算时间得到的运算结果不会完全没有用途,只是这个结果的可信度要有某种程度的降低。

通过上面的叙述可知,一个系统的实时性除了需要硬件的保证之外,还需要操作系统的保证,即无论在什么情况下,操作系统完成任务所用的时间应该是在应用程序设计时就可预知的。

嵌入式系统主要是对设备和装置进行控制,在这些应用场合中,系统是否能及时、快速地响应外部事件,常常是对系统的第一要求,因此嵌入式系统使用的操作系统大多是实时操作系统。

1.2.3 实时操作系统需要满足的条件

对于一个实时操作系统来说,就是要求它在现有的硬件条件下,在接收输入后要尽可能快地计算出输出结果,并应使应用程序设计者在应用程序设计时,就能预先准确地确定完成任务所需要的最长时间。

为达到上述要求,实时操作系统应满足以下三个条件:

- 实时操作系统必须是多任务系统。
- 任务的切换时间应与系统中的任务数无关。

● 中断延迟的时间可预知并尽可能短。

1. 多任务

计算机在执行应用程序时,经常要用 I/O 设备进行数据的输入和输出,而 I/O 设备在工作时总是需要一段时间的。于是在 I/O 设备工作期间,如果 CPU 没有其他任务,那么就只能等待,因此就会使计算机运行一个应用程序所花的时间比较长,也就是说,这种系统的实时性较差。

如果把一个大的任务分解成多个可并行运行的小的任务,那么在一个任务需要等待 I/O 时,就可以交出对 CPU 的使用权,而让 CPU 去运行其他任务,这样就可以大大提高 CPU 的利用率。当然,系统完成任务所花的时间就会大大减少,从而给提高系统的实时性能创造了条件。

除此之外,多任务系统还带来了另外一个优点,即它可以让程序员把一个大的应用程序分成相对独立的多个任务来完成,从而给应用程序的设计和维护也提供了极大的方便。

由于多任务的诸多优点,因此现在的嵌入式实时操作系统都是多任务系统。

2. 内核的类型

由于嵌入式系统中只有一个 CPU,因此在一个具体时刻只能允许多个任务中的一个任务使用 CPU。根据系统中的任务获得使用 CPU 的权力的方式,多任务实时操作系统的内核分为可剥夺型和不可剥夺型两种类型。但无论在哪种类型的内核中,每个任务都必须具有一个惟一的优先级别来表示它获得 CPU 的权力。

不可剥夺型内核也叫做合作型多任务内核。在这种内核中,总是优先级别高的任务最先获得 CPU 的使用权。为防止某个任务始终霸占 CPU 的使用权,这种内核要求每个任务必须能主动放弃 CPU 的使用权。

在可剥夺型内核中,CPU 总是运行多个任务中优先级别最高的那个任务,即使 CPU 正在运行某个低优先级别的任务,当有高优先级别的任务准备就绪时,该高级别的任务就会剥夺正在运行任务的 CPU 使用权,而使自己获得 CPU 的使用权。

由于可剥夺型内核实时性较好,所以目前大多数嵌入式实时操作系统是可剥夺型内核。

3. 任务的切换时间

既然是多任务系统,那么就有任务之间的切换,操作系统的调度器就是做这项工作的。调度器在进行任务切换时当然需要一段时间,因此这段时间的长短也是影响系统实时性的一个重要因素。为了使应用程序的设计者可以计算出系统完成某一个任务的准确执行时间,所以要求作为进行任务切换的调度器的运行时间应该是固定的,即调度器进行任务切换所用的时间不能受应用程序中其他因素(例如任务数目)的影响。

4. 中断延迟

外部事件的发生常常以一个中断申请信号的形式来通知 CPU,然后才运行中断服务程序来处理该事件。自 CPU 响应中断到 CPU 转向中断服务程序之间所用的时间叫做中断延迟。

显然,中断延时要影响系统的实时性。因此,缩短中断延时也是实时操作系统需要解决的一项课题。

1.2.4 嵌入式系统的任务及嵌入式实时操作系统

1. 嵌入式系统的任务

由于嵌入式系统所完成的是对一个装置或设备的控制任务,任务的功能相对固定,因此在一般情况下嵌入式实时操作系统所支持的典型任务应该是一个无限循环结构。一个用C语言编写的任务的结构如例1-1所示。

例1-1 一个用C语言编写的任务代码。

```
void mytask(void * pdata)
{
    for (;;)
    {
        用户编写的代码;
    }
}
```

由例1-1可以看到,从任务的代码来看,任务实质上就是一个返回类型为void的函数,并在函数中的无限循环中完成用户的工作。那么,用户应用程序如何来响应用户的一些外部异步事件呢?当然要使用中断技术,并在中断服务程序中处理这些异步事件。嵌入式系统任务的典型结构如图1-5所示。

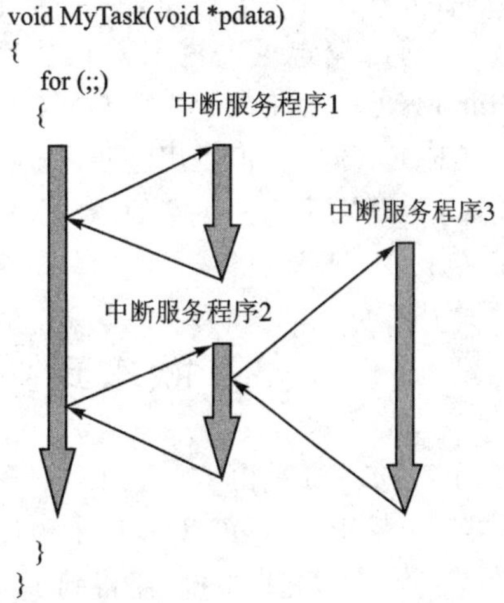

图1-5 嵌入式系统任务的典型结构

综上所述,用于嵌入式系统,对系统资源和多个任务进行管理,且具有高可靠性、良好可裁剪性等优良性能,并为应用程序提供运行平台和实时服务的微型系统软件叫做嵌入式实时操作系统。

2. 嵌入式实时操作系统

目前,嵌入式操作系统主要都以提供"微内核"为主,其他诸如窗口系统界面、文件管理模块、通信协议等还要由开发人员自己设计或者外购。大多数嵌入式操作系统主要提供三项服务来辅助应用程序设计人员。它们分别是:

- 内存管理。内存管理主要是动态内存的管理。当应用程序的某一部分需要使用内存时,可利用操作系统所提供的内存分配函数来获得足够的内存空间;一旦使用完毕,可调用系统提供的释放内存的函数,把曾经使用的内存空间还给系统,这样就使内存可以重复利用。

- 多任务管理。嵌入式实时操作系统应该提供丰富的多任务管理函数,以使程序设计人员设计多线程的应用程序。通常,嵌入式实时操作系统都会提供良好的任务调度机制,控制任务的启动、运行、暂停和结束等状态。通常这些调度算法是满足实时性要求的,也就是能使任务运行时的每个动作都会在一个严格要求的时间内执行完毕。
- 外围设备管理。一个完整的嵌入式应用系统,除了系统本身的微处理器、内存之外,还必须有多种外围设备的支持,例如键盘、显示装置、通信端口及外接的控制器等。这些外围设备都是系统中的各个任务可能用到的资源。由于资源有限,因此操作系统必须对这些资源进行合理的调度和管理,才能保证每个要使用资源的任务在运行时获得足够的资源。

嵌入式操作系统的功能如图 1-6 所示。

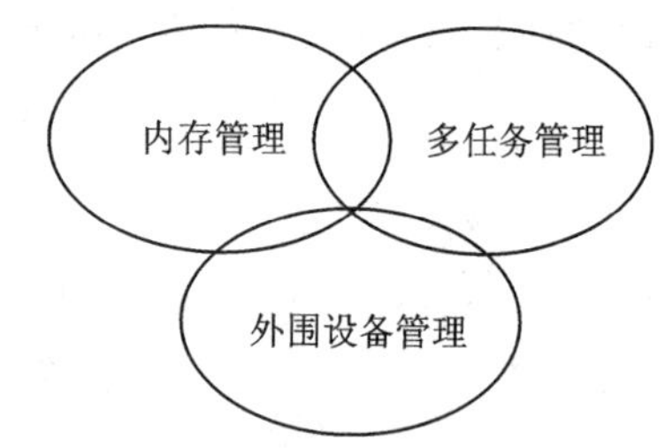

图 1-6　嵌入式操作系统的三项功能

3. 嵌入式操作系统的现状

IT 行业从来不是一个平静的世界,面对嵌入式系统的巨大应用领域和诱人的前景,世界上的各大软件开发公司和厂商甚至个人都纷纷开发出各具特色的嵌入式操作系统。

目前比较常见的嵌入式操作系统有 WindRiver 公司的 VxWorks、pSOS,微软公司的 Windows CE,QNX 公司的 QNX OS,在手持设备嵌入式操作系统中三分天下的 Plam、WinCE、EPOC 等,但是用这些商业操作系统是需要高昂的费用的。面对这种情况,一些组织和个人也开发了一些免费的、源码开放的操作系统,在互联网发布,比较有名的是 μCLinux 和 μC/OS-II。

1.3 嵌入式实时操作系统 μC/OS-II 简介

μC/OS-II 是由 Jean J. Labrosse 于 1992 年编写的一个嵌入式多任务实时操作系统。最早这个系统叫做 μC/OS,后来经过近 10 年的应用和修改,在 1999 年 Jean J. Labrosse 推出了 μC/OS-II,并在 2000 年得到了美国联邦航空管理局对用于商用飞机的、符合 RTCA DO-178B 标准的认证,从而证明 μC/OS-II 具有足够的稳定性和安全性。

μC/OS-II 是用 C 语言和汇编语言来编写的。其中绝大部分代码都是用 C 语言编写的,只有极少部分与处理器密切相关的代码是用汇编语言编写的,所以用户只要做很少的工作就可把它移植到各类 8 位、16 位和 32 位嵌入式处理器上。

由于 μC/OS-II 的构思巧妙,结构简洁精练,可读性很强,同时又具备了实时操作系统的大部分功能,所以虽然它只是一个内核,但非常适合初次接触嵌入式实时操作系统学生、嵌入式系统开发人员和爱好者学习，并且通过适当的扩展之后，还可应用到实际系统中去。

μC/OS－II 的体系结构如图 1－7 所示。

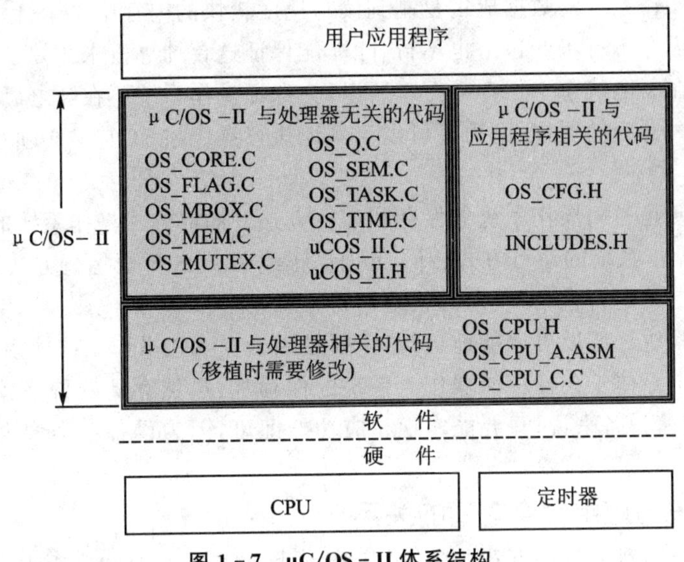

图 1－7 μC/OS－II 体系结构

1.4 通用操作系统与嵌入式操作系统的异同

与远古时期没有分工概念的人类一样，早期的计算机软件根本没有什么操作系统，程序员都是在裸机上编写代码，因为需要完成的任务不多，整个代码也没有多少，再加之计算机硬件的限制，也不允许运行较大的程序。但后来随着硬件技术的发展及软件需求的提高，在软件行业就逐渐出现了分工，精通硬件的人就专门去编写与硬件相关的代码，而熟悉应用业务的人就专门编写应用代码，久而久之，一些与应用不直接相关的代码就因其具有较强的通用性而分离出来，从而形成了一种专以应用程序设计者为顾客的软件商品，这就是所谓的平台软件。随后在一些大型软件厂商的统一组织下，这些平台软件就逐渐形成了现在的操作系统。也就是说，不管通用操作系统还是嵌入式操作系统，它们的共同点都是软件，而且是平台软件，只不过前者通用性强，适用于通用计算机系统，而后者专门性强，适用于某种特殊应用系统。当然，这种不同的适用性也带来了两种操作系统的某些区别。

1. 操作系统运行地的差异

使用过 PC 机的人都知道，计算机一开机时并不会马上出现应用界面，而总是要经过一段时间才会显示操作系统的界面，并且在这个启动时间里计算机的硬盘还会有一些声响。有一些计算机常识的人会知道，在这段时间里计算机是在把操作系统这个软件的代码从磁盘复制到内存，即进行所谓的系统加载。

那么为什么非得有这么一个加载过程呢？难道计算机不能在操作系统的存储地——磁盘中就地运行吗？原理上可行，但实际上不现实，因为磁盘的读写操作太慢，用户等不起，所以需要在运行之前将操作系统的数据成批复制到读写速度较快的内存中再运行。那么一开始就把操作系统保存到内存不行吗？这个也不行，除非能保证这台计算机永久处于带电状态，因为目前的内存都不能在断电状态下保存数据。所以，为保证操作系统不在断电后消失，它必须保存在磁盘之类的持久性存储器中，而为了可以流畅地执行操作系统，它又必须在需要时被复制到内存之中。

上面所说的便是通用操作系统的保存和运行方式。而嵌入式操作系统的运行方式则有两种：一种与通用操作系统的运行方式相同，即所谓操作系统的异地运行方式；另一种则是操作系统的保存地就是其运行地，即所谓的就地运行方式。

嵌入式操作系统之所以可以就地运行，主要是因为嵌入式操作系统规模比较小，可以采用工作速度较高的半导体永久性存储器作为系统的保存地，虽然存储器价格较高，但尚可接受。另外，对于一些慢速设备来说，只要能实现相应功能即可，因为设备不会像人那样会因等待而痛苦。

2. 操作系统与应用程序之间的关系

通用操作系统面对的应用五花八门，极其繁多，因此操作系统和应用程序之间的界限就相当明显和清楚，甚至为了操作系统和应用软件的安全还要在操作系统和应用程序之间设计一些特殊的隔离和保护措施。不仅如此，为了保证服务的无差别性，操作系统的各项操作必须"有板有眼，不差毫厘"，该让应用程序知道的和不该让应用程序知道的都分得清清楚楚。因此，通用操作系统通常都会被设计成是一个单独程序，只不过这个程序由系统上电后自动启动。即通用操作系统也是一种程序，只不过它是为其他应用程序提供服务的，是最先被计算机启动，也最后被终止的程序，如图 1－8 所示。

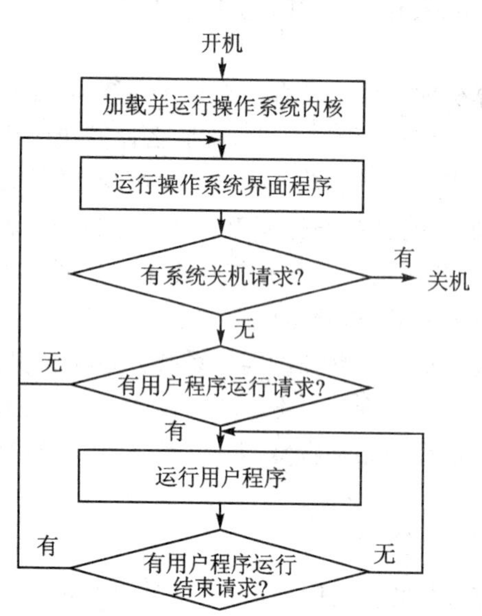

图 1－8　通用操作系统的执行流程及其与应用程序之间的关系

嵌入式系统则不然，由于其应用层具有某种专用性，不会经常更换，因此应用层和操作系统层的界限无需太严格，有时为了提高效率，它们之间也没有什么保护措施，也无需有自己的操作界面，因此许多嵌入式操作系统会与应用程序"同生死共命运"，同时被启动，同时被终止。

特别对于 μC/OS－II 这种微型操作系统内核来说，内核的代码实质上就是一些对硬件和底层软件进行操作的函数,而用户应用程序又是一种固定的单一程序,所以不用将操作系统和用户程序分得很清楚。这就像一个楼宇的物业公司,如果它的物业只对一个商业用户服务,那么把这个物业和这个商业用户分得太清楚就没有什么必要。所以从应用程序来看,嵌入式操作系统(例如 μC/OS-II)就相当于一个提供了底层服务的函数库。

1.5 小 结

- 计算机操作系统是计算机硬件的一个软件包装,它为应用程序设计人员提供了一个更便于使用的虚拟计算机(Virtual Machine)。又由于计算机的硬件系统及其他供应用程序使用的资源是靠计算机操作系统来管理的,所以它也可看作是计算机系统资源的管理者。
- 嵌入到对象体系中,为实现对象体系智能化控制的计算机系统,称作嵌入式计算机系统。
- 实时操作系统必须是多任务系统,任务的切换时间应与系统中的任务数无关,并且中断延迟的时间应该可预知并尽可能短。
- μC/OS-II 是一个操作系统内核,相当于一个提供了底层服务的函数库。

1.6 练习题

1. 什么是计算机的操作系统?它应该具备什么功能?
2. 简述嵌入式系统与普通操作系统的区别。
3. 观察人们日常生活中嵌入式系统的应用。
4. 什么是实时系统?试列举几个日常生活中的实时系统。

第2章 预备知识

嵌入式系统的开发通常会涉及一些初学者不太熟悉的程序设计技术，所以在正式介绍 μC/OS－II 之前，本章先介绍几个预备知识。

本章的主要内容有：

- 开发工具简介；
- 连接文件、makefile 文件及批处理文件的基本概念；
- 利用连接文件、makefile 文件及批处理文件进行工程管理；
- C 指针以及 typedef；
- 操作系统常用数据结构——程序控制块、位图的概念；
- 操作系统常用数据结构——程序控制块、队列、堆栈、位图的概念，并借助 C 语言结构类型的应用，简单地介绍设备驱动程序的管理及面向对象的程序设计思想。

2.1 开发工具

前已述及，操作系统也是一种程序，它的开发也就是程序的开发，因此选用的开发工具合适与否，将直接影响软件产品的最终质量。

2.1.1 Borland C 3.1 及其精简版

鉴于 C 语言的优点，使用 C 语言来编写操作系统几乎是现在普遍的做法，μC/OS－II 也不例外。μC/OS－II 的原作者经过审慎的考虑，选用了当时性能极其优秀的 Borland C/C++ 4.1（当然，Turbo C 也不错）。但为了读者的方便，本书采用了 Borland C/C++ 3.1。

1. Borland C/C++ 3.1 简介

Borland C++ 3.1（简称 BC3.1）是美国 Borland 公司的一款经典产品，可应用于 x86 系列 CPU 平台，配备的软件工具支持 C/C++及汇编编程的集成开发和调试。该产品自推出以来，就以它卓越的编译性能及简单明了的操作界面获得了巨大的成功，深受广大开发工程师的喜爱。

2. BC3.1 精简版

尽管 Borland C++ 3.1 是一种集成开发环境，但对于开发嵌入式软件来说，使用集成开发环境并不一定是个明智的选择，因为集成开发环境为用户做了太多的工作，对于个性化要求极高的嵌入式系统来说，集成开发环境为用户所做的这些工作未必十分合适。

一个程序的最终可执行代码是由程序设计者与开发工具共同完成的，开发者开发的是源码，而开发工具生成的是二进制可执行代码。换言之，软件设计者不仅要在源码设计阶段想方设法来满足嵌入式应用的个性化要求，而且还要在对源代码的编译及连接阶段实施直接的操作和控制，甚至还需要在汇编语言级别对代码进行优化处理，因为只有这样才能使最终产品切实符合嵌入式应用的某种个性化需求。

鉴于上述原因，作为嵌入式系统设计者应尽量使用一些基本开发工具，而不要过于依赖那些已经为开发者做了很多工作的集成开发工具。换句话说，就是在系统的整个开发过程中，尽可能做到事必躬亲，以便对开发过程进行直接控制。

为达到上述目的，本书使用了 BC3.1 精简版。该精简版只保留了 BC3.1 核心开发工具和库，即只保留了 BC3.1 的 bin、include 和 lib 三个目录。bin 目录中为各个开发工具，include 目录中为库代码的头文件，lib 目录中为库文件。

bin 目录中的内容如图 2-1 所示。

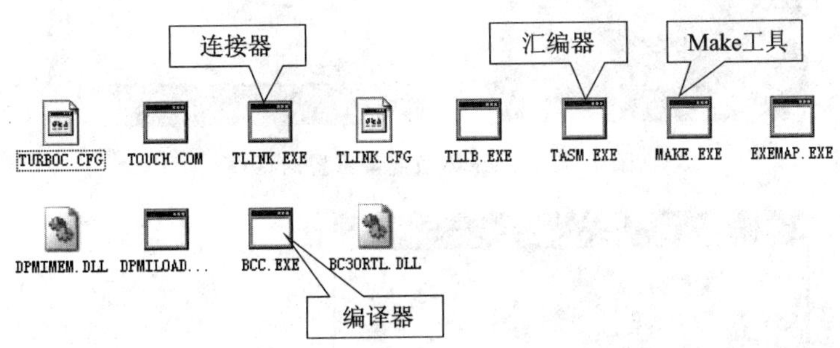

图 2-1 BC3.1 精简版 bin 文件夹中的主要工具

其中，BCC.EXE 为 C 语言程序编译器；TASM.EXE 为汇编器；TLINK.EXE 为连接器。而 MAKE.EXE 则为用来执行 makefile 文件的执行工具，即通常所说的工程管理器。

BC3.1 精简版的安装相当简单，只需将其复制到相应的目录即可。本书作者把它复制到了 C 盘，并将其目录命名为 BC，这样，当开发者需要使用某个开发工具时，其命令格式如下：

```
C:\bc\bin\bcc  …
```

显然，这是一个使用编译器 bcc.exe 对后面的文件进行编译的命令。

如果用户觉得每次都这样带着全路径输入命令很麻烦，也可把命令所在路径设置到系统的环境变量 PATH 中。这样，当系统在自己的系统中找不到命令时，就会到环境变量所指示的路径中去查找;如果用户在环境变量中设置了开发工具所在的路径,那么系统也就能找到相应命令了。于是,用户在使用命令时就没有必要再键入很长的路径名了。

环境变量的设置方法如下:

- 如果用户系统是 Windows 2000 或 Windows XP,则按图 2-2 所示,通过"我的电脑"→"属性"→"高级"→"环境变量",打开如图 2-3 所示窗口。
- 在"环境变量"对话框的用户变量栏目中选中变量 PATH,再单击"编辑"按钮,打开"编

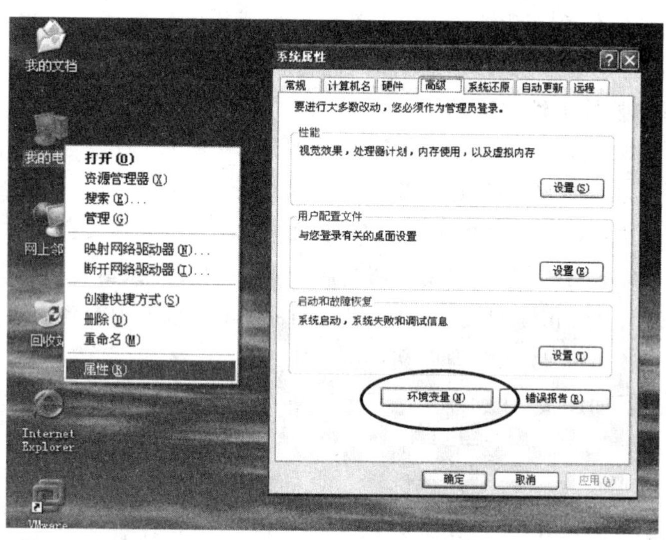

图 2-2 打开环境变量设置对话框

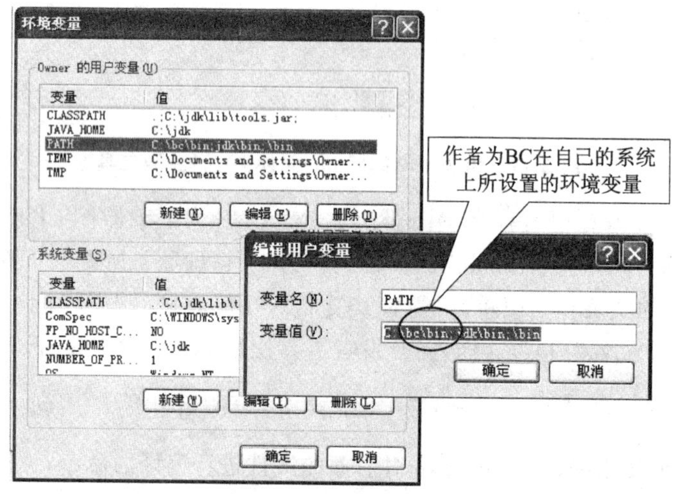

图 2-3 环境变量的设置

辑用户变量”对话框，在变量值中增加 C:\bc\bin，并使用分号把它与环境变量中的其他各项隔开，这样，环境变量就设置好了，从此用户便可以直接使用各个开发工具了。

3. BC3.1 精简版使用示例

下面用一个简单的程序示例来说明 BC3.1 精简版的使用方法。

例 2-1 一个简单的问候程序。

(1) 程序代码

```
#include<stdio.h>
void main()
{
    printf("Hello,World! \n");
}
```

(2) 编辑程序

使用任意一种文字编辑软件来书写程序（这里使用了 Windows 提供的写字板），待程序编写完毕且检查无误后，用 test.c 名称将文件存放到事先创建的一个目录中，例如将目录命名为 exp2-1。

(3) 把程序编译成目标程序

进入命令行环境并进入程序所在目录，然后使用如下命令对源文件 test.c 进行编译：

```
C:\bcc -c -ml -Ic:\bc\include -Lc:\bc\lib test.c
```

其中，bcc 为编译命令，该命令将启动 bin 目录中的 bcc.exe。命令行最后面的 test.c 为待编译的源文件名称。处在编译命令与源文件之间的那些字符则是编译命令的选项，这些选项定义了编译器具体工作方式。也就是说，用户选择了不同的选项，同一个源文件的编译结果将会有所区别，这也正是作者主张使用基本编译器来开发嵌入式软件的原因。

上述命令中使用的选项为：

- 指定将源文件编译成目标文件的选项-c；
- 指定内存模式的选项-ms、-mh、-ml（本书主要使用-ml）；
- 指定包含文件路径的选项-Ixxxx；
- 指定库文件路径的选项-Lxxxx。

编译后，在本目录会产生一个 test.obj 文件。以 obj 为扩展名的文件是一个中间文件，也叫做目标文件。

BC3.1 的其他编译请查阅 BC3.1 使用手册。

(4) 把目标文件连接成可执行文件

为了形成扩展名为 exe 的可执行文件，还需要把目标文件与生成可执行文件所需其他目标文件连接起来。为此，接下来要使用 BC 提供的连接器 tlink.exe。具体做法如下：

```
C:\tlink c:\bc\lib\c0l.obj test.obj,test,test,c:\bc\lib\cl.lib
```

使用连接器的命令格式为：

tlink［选项…］ 目标文件名［目标文件名…］，最终可执行文件名，map文件名，lib文件名，def文件名

为了简单起见，本例并没有使用连接选项和def文件，而只列出了需要连接的两个目标文件和一个库文件。

对于经常使用集成开发环境的读者来说，连接命令中的目标文件test.obj和库文件cl.lib都容易理解，比较难理解的是c:\bc\lib\c0l.obj。原来，由于历史的原因，PC机在发展过程中形成了多种不同的内存模式，于是就使同一源程序会因使用不同内存模式而使其可执行程序代码有所区别，因此为了形成不同的可执行代码，开发环境就在目录lib中提供了一系列的特殊目标文件——启动模块。采用不同的内存模式，要使用不同的启动模块。因为本例在编译时指定了ml内存模式，所以在连接时就要使用支持ml内存模式的启动模块c0l.obj即启动器。

BC3.1中几种不同内存模式所需的启动模块和相应的运行库见表2-1。

表2-1 BC3.1中常用几种不同内存模式的启动模块和库

内存模式	启动模块	数学库	运行库
-mc(compact模式)	C0C.OBJ,C0FC.OBJ	MATHC.LIB	CC.LIB
-ml(large模式)	C0L.OBJ,C0FL.OBJ	MATHL.LIB	CL.LIB
-mh(huge模式)	C0H.OBJ,C0FH.OBJ	MATHH.LIB	CH.LIB

从表2-1中可知，不同的内存模式，其库文件也不同。因为本例需要使用运行库，所以连接命令中用到了与ml模式对应的运行库cl.lib。

本例最终产生了一个可执行文件和一个map文件，并且其名称都被命名为test，用户可通过map文件来查看程序的内存映射。

例2-1程序的连接和运行见图2-4。

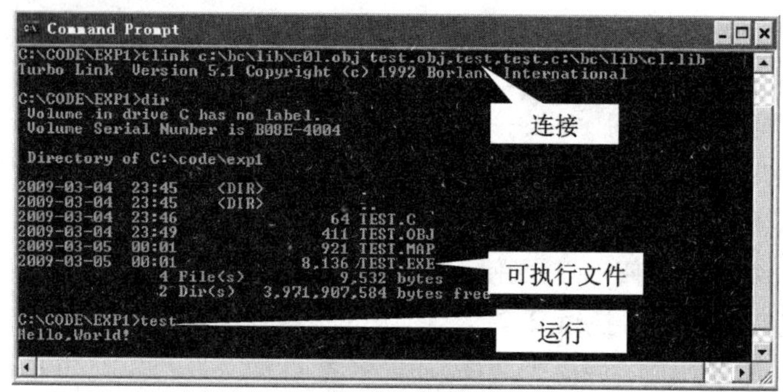

图2-4 例2-1程序的连接和运行

2.1.2 多文件程序的编译和连接

在软件设计的实际工作中，一个工程通常都会有多个源文件，所以通常都会要经过编译和连接两个过程。

一个可执行文件的形成过程如图 2-5 所示。

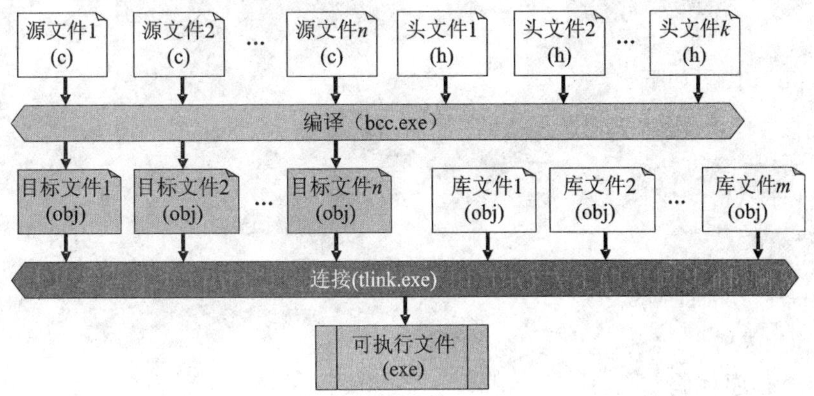

图 2-5 可执行文件的形成

下面用一个简单示例体会一下多文件程序的生成过程。

例 2-2 一个具有三个源文件应用程序的编译及连接示例。

(1) pa 程序代码

头文件 pa.h 代码如下：

```
//pa.h
#ifndef PA_H
#define PA_H
void A_print();
#endif
```

源文件 pa.c 代码如下：

```
//pa.c
#include<stdio.h>
#include"pa.h"
void A_print()
{
    printf("AAAAAAAA\n");
}
```

(2) pb 程序代码

头文件 pb.h 代码如下：

```
//pb.h
#ifndef PB_H
#define PB_H
void B_print();
#endif
```

源程序 pb.c 代码如下：

```
//pb.c
#include<stdio.h>
#include"pb.h"
void B_print()
{
    printf("   BBBBBBBB\n");
}
```

(3) test.c 程序代码

```
//test.c
#include"pa.h"
#include"pb.h"
void main(){
    for(;;)
    {
        A_print();
        B_print();
    }
}
```

(4) 编　译

编译 pa.c 以形成 pa.obj 文件，命令为：

```
>bcc -c -ml -Ic:\bc\include -I.\ -Lc:\bc\lib  pa.c
```

编译 pb.c 以形成 pb.obj 文件，命令为：

```
>bcc -c -ml -Ic:\bc\include -I.\ -Lc:\bc\lib  pb.c
```

编译 test.c 以形成 test.obj 文件，命令为：

```
>bcc -c -ml -Ic:\bc\include -I.\ -Lc:\bc\lib  test.c
```

(5) 连接成可执行文件 test.exe

生成 test.exe 的命令为：

```
>tlink c:\bc\lib\c0l.obj  pa.obj pb.obj test.obj , test , test , c:\bc\lib\cl.lib
```

(6) 运　行

例 2-2 应用程序的运行结果如图 2-6 所示。

图 2-6　例 2-2 应用程序的运行结果

可见，当工程源文件较多时，tlink 命令会很长。为了程序设计人员的方便，BC3.1 允许把连接命令的内容写入一个叫做连接文件的文本文件，这样，以后便可以通过对连接文件的引用来进行目标文件的连接工作。其命令格式为：

tlink @*连接文件名*

使用连接文件的另一个好处就是，连接文件内容可以分行书写，即以原命令中的逗号为界来分行。对于本例来说，连接文件就可以写成如下的形式：

```
c:\bc\lib\c0l.obj pa.obj pb.obj test.obj
test
test
c:\bc\lib\cl.lib
```

如果分行后，一行仍然很长，那么还可用“+”号作为续行符再进行分行书写。例如：

```
c:\bc\lib\c0l.obj +
pa.obj +
pb.obj +
test.obj
test
test
c:\bc\lib\cl.lib
```

用户可以自主定义连接文件的名称和扩展名，例如本例为 testlink。于是，在使用连接命令时，其格式就如下所示：

```
tlink @testlink
```

2.2 工程管理工具 make 及 makefile

与使用连接文件类似，为了减轻工作量，BC 也允许把源文件的编译及目标文件的连接全部工作写成一种叫做 makefile 的文件，并提供了可以执行这种文件的工具 make.exe，从而实现了所谓的“自动”编译和连接。

1. make 工具

make 工具也叫做工程管理工具或项目管理工具，实质上就是开发工具所提供的一个实用程序。该实用程序可按照一个由用户所编写的脚本文件来对工程项目进行管理。

众所周知，稍大一些的软件工程都会有多个源文件，有时其数量可多达数百乃至数千，对数量如此巨大的文件进行编译、连接和管理的确是一件困难的事情。尤其是因程序中的错误而需要多次重复做相同的管理工作时，更是使人不胜其烦。

为了摆脱上述窘境，现代开发工具都配有上述工程管理工具 make.exe。该工具的功能就是运行一种叫做 makefile 的文本文件。该文件由软件项目开发者编写，并在其中说明了工程项目源文件的编译、连接步骤以及一些相应的管理工作步骤。这样，当用户需要时，便可以使用命令 make 启动工程管理工具 make.exe，该工具就会去查找用户编写的 makefile 并执行它，从而实现了项目文件的“自动”管理。

可能是经常使用集成开发环境(IDE)的原因，目前很多人(尤其是学生)都不太清楚 make 工具及 makefile，因为 IDE 都为用户做好了这些工作，通常用户感觉不到它们的存在。但必须指出，作为嵌入式系统的开发则不能完全依赖这些 IDE，因为嵌入式应用常常会有一些个性化需求，而 IDE 所产生的代码往往不能满足这些需求。所以，嵌入式系统的设计往往要求程序设计人员必须事必躬亲，每一步设计工作都要心中有数。因而，对于嵌入式系统设计人员来说，如果不在一定程度上掌握 make 和 makefile，那么就不可能开发出合格的嵌入式软件。所以作者希望读者应尽量使用精简版 BC3.1 来进行本书的试验，以防止不自觉地依赖那些方便的集成环境，从而在面对实际工程的个性化需求时束手无策。

2. makefile 的结构

其实，makefile 就是对源文件进行编译和连接的脚本，这种文件所使用的命令就是我们常用的各种 DOS 命令。也就是说，所谓的 makefile 文件就是用 DOS 命令写出来一个文件，只不过这些命令表达了对工程文件的管理工作。

从结构上来看，一个 makefile 由若干个程序段组成，每个段都有一组用来完成工程管理工作的命令集。为了对程序段进行标注，程序段的前面必须有一个标号（也叫做目标）target。不同的程序段需要关联时，在 target 后面还可以有一个或多个与程序段关联程序段的标号，每个关联标号前面都要带有一个空格。

makefile 的一个程序段的格式如下：

```
程序标号：关联程序段标号 1 关联程序段标号 2…
    命令集
```

注意：命令集中的所有命令行都必须以 TAB 键开头。

3. 标号的作用

标号可看作是一个程序段的名称，用户可在 make 命令的后面用标号来指定要执行的程序段。

例 2－3 标号作用的示例。

(1) makefile 代码

下面按照格式在文本编辑器中编写一个 makefile。其内容如下：

```
target1：
    md 11
target2：
    md 22
target3：
    rd 11
    rd 22
```

检查无误后，将文件命名为 makefile(这是 makefile 的默认名称)。

(2) 说　明

在这个 makefile 中共编写了三个程序段：target1、target2 和 target3。从功能上看，第一段要在本目录下创建一个名称为 11 的目录，第二段要在本目录下创建一个名称为 22 的目录，第三段则是要删除 11 和 22 这两个目录。

(3) 第一次运行

在命令行窗口中进入本 makefile 所在目录，然后在键入命令 make 后按回车键执行该命令。待执行完毕后，会看到本目录中新创建了一个名为 11 的目录。由此可知，make 执行了 makefile 中的第一个段落，即标号为 target1 的那个段，而其余两个段均未被执行。

(4) 第二次运行

这次键入命令：

```
make target2
```

运行结束后，可以看到本目录中又增加了一个目录22。

(5) 第三次运行

键入命令：

```
make target3
```

运行后会发现，目录11和22都被删除了。

(6) 结　论

makefile的首段为make.exe的默认执行段，而其他段的执行则需要在make命令中通过标号来指定。另外，如果程序段只有标号和命令集，则该程序段的执行不会发生任何转移。

由于可在makefile中使用任何命令行命令，当然也包括bcc和tlink等BC命令，所以用户可把源文件的编译及目标文件的连接工作也写到makefile中，即通过执行makefile文件来完成编译及连接工作。

例2-4　为例2-2设计一个具有4个程序段的makefile，并在该文件中实现源文件的编译以及目标文件的连接，从而生成最终可执行文件。

(1) makefile代码

makefile代码如下：

```
###############################################
#                    创建可执行文件(exe)
TEST.EXE:
    TLINK      @TESTLINK
###############################################
#                    创建各个目标文件(OBJ)
PA.OBJ:
    BCC  -c -ml -IC:\BC\INCLUDE -LC:\BC\LIB PA.C
PB.OBJ:
    BCC  -c -ml -IC:\BC\INCLUDE -LC:\BC\LIB PB.C
TEST.OBJ:
    BCC  -c -ml -IC:\BC\INCLUDE -LC:\BC\LIB TEST.C
```

(2) 说　明

为了提高可读性，在这个makefile中使用了文件名来作为标号，而且这个文件名就是本程序段的命令即所要完成的目标。第一个程序段完成各个目标文件的连接，从而形成最终可执行文件TEST.EXE，而另外三个程序段则分别完成了三个源文件的编译，从而形成三个目标文件PA.OBJ、PB.OBJ和TEST.OBJ。

(3) makefile的执行

根据代码可知，要想完成本例程序的编译和连接，用户须在命令行下使用如下4个命令：

```
>make pa.obj
>make pb.obj
>make test.obj
>make
```

4. target 的目标作用

由于使用了文件名作为标号，而这个文件名表示的又是该程序段命令集所要生成的文件，因此这种标号也叫做“目标”，例如上例中的 TEST.EXE、PA.OBJ、PB.OBJ 和 TEST.OBJ 等。

另外，由于工程的编译、连接工作通常会需要多个程序段来完成(例如上例用了 4 个程序段)，但遗憾的是，每生成一个文件就要使用一次 make 命令，所以为了能把相关程序段关联起来，从而只使用一次 make 命令就能完成所有的编译及连接工作，makefile 允许把程序段写成如下形式：

```
目标：生成目标所需要的文件名(依赖文件)
    命令集
```

为了强调目标与其所需文件之间的关系，人们把生成目标所需要的文件叫做“依赖文件”，简称“依赖”。

对于例 2-4 来说，如果要把生成 TEST.EXE 文件的程序段与生成其依赖的程序段关联起来，那么按照上述格式，例 2-4 的第一段程序就为：

```
TEST.EXE：PA.OBJ PB.OBJ TEST.OBJ
    TLINK @TESTLINK
```

其含义是：本程序段的目标为 TEST.EXE，该目标需要由 PA.OBJ、PB.OBJ 和 TEST.OBJ 三个文件来生成，其命令则为 TLINK @TESTLINK。如果目标所依赖的文件都存在，满足生成目标所需要的条件，则连接命令 TLINK 被执行，否则程序会以 PA.OBJ、PB.OBJ 和 TEST.OBJ 为转移目标转向以它们为标号的程序段。也就是说，“目标：依赖文件名”的这种格式是一种多分支条件转移语句。当生成目标的条件不满足(依赖文件不存在)时，程序的执行将要发生转移，其转移目标就是以依赖文件名为标号或目标的程序段。

为了对上述内容有一个初步了解和认识，下面先看一个示例。

例 2-5 为例 2-2 程序编写一个 makefile 文件，并利用依赖把用以完成工程文件编译及连接工作的各程序段之间关联起来，从而使用户仅使用一个 make 命令，便可完成编译及连接任务。

(1) makefile 文件

```
TEST.EXE: PA.OBJ PB.OBJ TEST.OBJ
     TLINK @TESTLINK
PA.OBJ:
     BCC -c -ml -IC:\BC\INCLUDE -LC:\BC\LIB PA.C
PB.OBJ:
     BCC -c -ml -IC:\BC\INCLUDE -LC:\BC\LIB PB.C
TEST.OBJ:
     BCC -c -ml -IC:\BC\INCLUDE -LC:\BC\LIB TEST.C
```

(2) 说　明

在本例中，依赖与其他程序段之间的关系如图 2－7 所示。

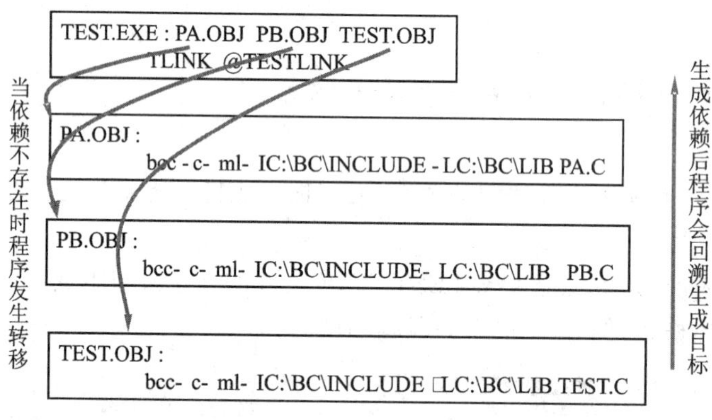

图 2－7　例 2－4 makefile 的工作过程示意图

(3) makefile 的执行过程

如果用户使用如下命令：

```
>make
```

则 makefile 的执行过程如下：

① 由于 make 命令中没有任何参数，因此最开始被执行的就是本 makefile 的第一程序段。如果目标 TEST.EXE 后面的各个依赖文件(PA.OBJ、PB.OBJ 和 TEST.OBJ)都存在，则命令 TLINK 将被执行，从而把各个依赖文件连接成最终可执行文件 TEST.EXE，随着程序的执行即告结束。

② 如果依赖(即本例中的 PA.OBJ、PB.OBJ 和 TEST.OBJ)并不完全存在，那么本程序段的命令也就不会被执行，从而以依赖文件的指示转向以该依赖文件名为目标(标号)的程序段生成本程序段的目标 PA.OBJ、PB.OBJ 或 TEST.OBJ。

可以看到，makefile 的这种执行方式特别像人们做菜，首先指定最终目标(例如做一盘糖醋排骨)并在其后面指定所需原料(依赖),对于糖醋排骨来说,所需依赖就是糖、醋、排骨。于是该 makefile 的写法就是:

```
糖醋排骨:    糖    醋    排骨
    制作糖醋排骨
糖:
    到商店买糖
醋:
    到商店买醋
排骨:
    到商店买排骨
```

也就是说,当用 make 命令执行该 makefile 时,首先执行第一段,如果原料齐全,则执行命令来制作糖醋排骨,程序结束;如果原料不齐全,则不能执行本段命令而转向所缺原料为目标的程序段来执行,当所有原料都齐全时,程序回溯到第一段执行,制作最终产品——糖醋排骨。

另外,为了格式上的整齐,凡是以目标为标号的程序段都要写上目标的依赖,对于例 2-5 的 makefile,其规范的写法如下:

```
TEST.EXE: PA.OBJ PB.OBJ TEST.OBJ
    TLINK @TESTLINK
PA.OBJ:   PA.C PA.H
    BCC -c -ml -IC:\BC\INCLUDE -LC:\BC\LIB PA.C
PB.OBJ:   PB.C PB.H
    BCC -c -ml -IC:\BC\INCLUDE -LC:\BC\LIB PB.C
TEST.OBJ:   TEST.C
    BCC -c -ml -IC:\BC\INCLUDE -LC:\BC\LIB TEST.C
```

5. make 工具对依赖文件时间戳的检查

上述的 makefile 命令执行规则只是一个粗略表示,其实人们使用 makefile 的重要目的在于减少重复的编译、连接工作,以便提高程序的开发效率。

实际上,make 工具在执行 makefile 的各个程序段时,首先会检查目标(target)文件是否已经存在,如果存在,则会进一步检查该目标所依赖文件的时间戳(文件属性中的“创建时间”“修改时间”等时间信息),只有当依赖文件比现有目标新时,其命令集才会被执行。其目的就是:尽量不做不必要的重复编译工作。

6. 伪目标

由上可知,makefile 的 target 有目标和标号两种作用:当它是文件名时,它既是标号也是目标;而当它只是一个标识时,它就是标号。听起来很混乱,所以为了明确起见,人们把 makefile 中的 target 全部叫做目标,把那种仅起标号作用的目标则叫做"伪目标"。

在 makefile 中,伪目标所对应的程序段是一个不与其他程序段相关联的程序段,所以在需要执行它们时,必须在 make 命令中显式地使用其标号,除非它是 makefile 的第一个程序段(几乎没人这样做)。它们通常被用来完成一些创建目录、删除目录、复制文件、移动文件及删除文件等项目管理任务。例如,可以为例 2-5 中的 makefile 添加一个标号为 CLEAN 的伪目标代码段,该段的任务就是为了用户目录的整洁,在已生成了最终可执行文件后,删除那些中间目标文件 PA.OBJ、PB.OBJ 和 TEST.OBJ。

修改后的 makefile 如下:

```
TEST.EXE: PA.OBJ PB.OBJ TEST.OBJ
    TLINK @TESTLINK
PA.OBJ:   PA.C PA.H
    BCC -c -ml -IC:\BC\INCLUDE -LC:\BC\LIB PA.C
PB.OBJ:   PB.C PB.H
    BCC -c -ml -IC:\BC\INCLUDE -LC:\BC\LIB PB.C
TEST.OBJ:   TEST.C
    BCC -c -ml -IC:\BC\INCLUDE -LC:\BC\LIB TEST.C
#以下为伪目标代码段
CLEAN:
    DEL TEST.OBJ
    DEL PA.OBJ
    DEL PB.OBJ
```

如果用户在命令行环境中使用了如下命令:

```
make clean
```

则上述 makefile 文件的 CLEAN 代码段便会被执行,3 个目标文件(PA.OBJ、PB.OBJ 和 TEST.OBJ)就会从目录中被删除。

7. makefile 文件的命名

makefile 是 make 文件的默认名称,如果用户不喜欢该名称,则完全可以自行对其进行命名(包括扩展名),但在 make 命令中要使用参数 f,即

make -f　文件名

8. makefile 中的变量

通常,在一个 makefile 中会有很多经常要重复使用的元素,例如例 2-4 中的编译命令 BCC、编译命令中的参数-c -ml -IC:\BC\INCLUDE　-LC:\BC\LIB,等等。显然,用一些比较简洁且语义清楚的符号变量来表示它们更好,因此 makefile 允许人们定义变量。

定义一个变量的格式为：

变量名＝值

引用变量的格式为：

$(变量名)

如果在例 2-5 的 makefile 中使用变量，则该 makefile 代码如下：

```
####################################################
#                           Makefile
####################################################
#                      用变量来表示所使用的开发工具
BORLAND = C:\BC
CC = $(BORLAND)\BIN\BCC
LINK = $(BORLAND)\BIN\TLINK
####################################################
#                              编译选项说明
#
# -1                        生成 80286 实模式代码
# -c                        编译为.OBJ 文件
# -I                        指示包含文件所在路径
# -k-                       采用标准栈帧
# -L                        指示库文件所在路径
# -ml                       Large memory 内存模式
# -n                        指示生成目标文件的位置
####################################################
#                           C 编译选项变量
C_FLAGS = -c -ml -1 -n.\ -k- -I$(BORLAND)\INCLUDE -L$(BORLAND)\LIB
####################################################
#                           链接选项变量
LINK_FLAGS =
####################################################
#                           创建可执行文件(exe)
TEST.EXE:                      \
             PA.OBJ     \
             PB.OBJ     \
             TEST.OBJ
             $(LINK) $(LINK_FLAGS)      @TESTLINK
####################################################
```

```
#                       创建各个目标文件(OBJ)
PA.OBJ:                 \
            PA.C        \
            PA.H
            $(CC)  $(C_FLAGS)            PA.C

PB.OBJ:                 \
            PB.C        \
            PB.H
            $(CC)  $(C_FLAGS)            PB.C

TEST.OBJ:               \
            TEST.C      \
            PA.H        \
            PB.H

            $(CC)  $(C_FLAGS)            TEST.C
#################################################
```

其中,前面带有符号"#"的为注释行;如果依赖文件表示行过长,也可以反斜杠"\"为换行符分行书写。

关于 makefile 的内容还有很多,但上述内容已足够本书使用,因此不再赘述,感兴趣的读者可自行参阅其他相关文献。

2.3 复杂工程项目的管理

2.3.1 批处理文件与 makefile 的综合使用

相信大多数读者都熟悉批处理文件,它不仅可以一次启动一批命令,而且还可以用鼠标双击图标的方式来启动,是一种很方便的命令行工具。因此,人们通常会把批处理文件、makefile 和连接文件结合起来使用,从而极大地提高了程序开发效率。

例 2-6 使用批处理文件、makefile 和连接文件来处理例 2-2 源程序的编译和连接。

(1) 批处理文件

由于在前面已经介绍了本例所需的 makefile 和连接文件,所以这里只介绍批处理文件。

本例的批处理 MAKETEST.BAT 文件如下:

```
ECHO OFF
ECHO ****************************************
ECHO *                 批处理文件
ECHO****************************************
ECHO *
ECHO ON
C:\BC\BIN\MAKE  -f TEST.MAK
```

(2) 说　明

为了逐步与本书的内容靠近，本例中的 make 文件被命名为 TEST. MAK，而连接文件被命名为 TEST. LNK。

(3) 批处理文件的启动

批处理文件的启动如图 2-8 所示。

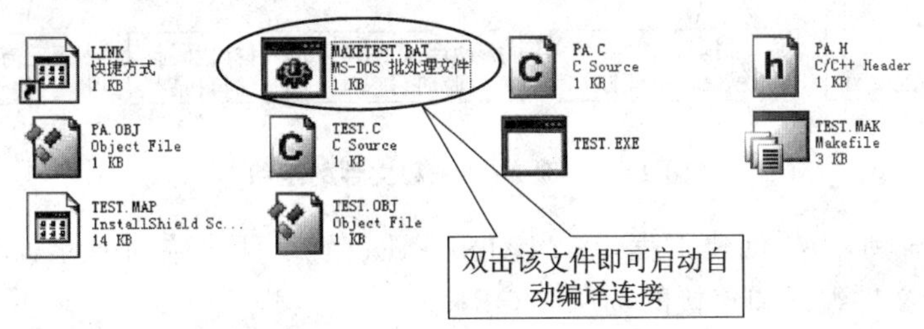

图 2-8　批处理文件的使用

2.3.2　复杂工程管理示例

在一个实际工程的创建和管理中，其众多的各种文件常会因各种原因而分别放在不同的目录中。例如，第三方代码通常不会与系统代码放置于同一个目录，而用户代码也不会与系统文件或第三方等其他文件混杂在一起。不仅如此，即使同是用户文件，在编译过程中所产生的各种中间临时文件也会被单独分类放置。总之，为了清楚有序，开发人员应该为工程设置多个目录，从而使不同的代码各有其所。也就是说，设计者应该充分利用批处理文件和 makefile 的强大功能，负起对各个目录的管理责任，使工程的创建工作规范有序，从而尽可能减少不必要的错误，提高工作效率。

下面使用一个示例来说明批处理文件和 makefile 文件在工程管理上的作用。

例 2-7　本例使用了两个来源不同的第三方源程序，一个存放在目录 PORT\PT，另一个存放在目录 PC。用户自己的源文件 TEST. C 和连接文件 TEST. LNK 存放在目录 SOURCE，批处理文件和 makefile 文件被存放在目录 TEST，同时该目录还要负责存放将来创建出来的最终可执行文件 TEST. EXE。

(1) 程序目录的组织

为了层次清晰,用户的两个目录作为子目录设置在目录 MAIN,然后把全部目录都设置在本例的总目录 exp5 中。整个目录组织结构如图 2-9 所示。

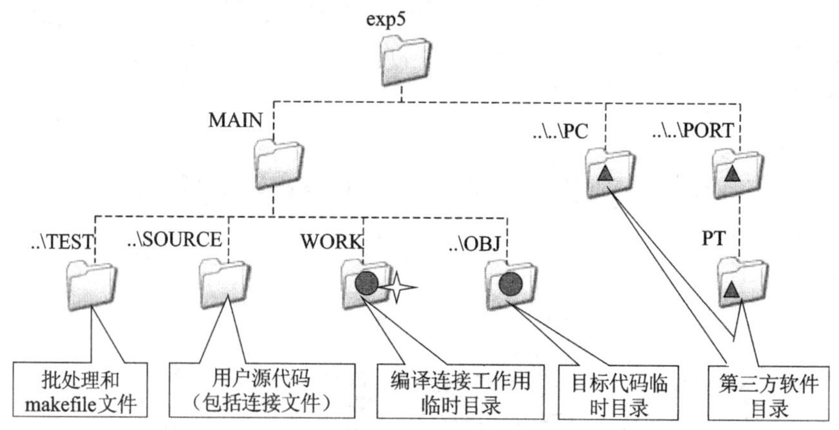

图 2-9 例 2-7 工程文件的组织

从图中可以看到,为了创建工程,在 MAIN 下还设置了两个临时目录:用来暂存中间文件的 OBJ 及进行文件编译和连接的场所 WORK。

其中,WORK 也常常被叫做工作目录,其作用就是为编译和连接工作提供一种场所。之所以如此,就是因为某些工程可能不会用到所有的基础文件(源文件、已存在的目标文件、头文件等),为了防止混乱,人们常常会把一个工程所需要的基础文件事先复制到 WORK 目录,然后就在这个目录中进行编译和连接,而把得到的中间目标文件复制到 OBJ 目录以备查询。

由于 WORK 是编译和连接的工作场所,所以它总是 makefile 工作的地点,为了编写 makefile 方便,图 2-9 中,也把基于 WORK 位置的其他目录的相对路径标注了出来。例如,在 WORK 中访问 SOURCE,则该目录的路径就为..\SOURCE,而访问 PC 的路径就为..\..\PC。

(2) 批处理文件

批处理文件要负责临时文件目录的创建及删除,同时还要负责 makefile 文件的启动。本例批处理文件代码如下:

```
ECHO OFF
ECHO ****************************************************
ECHO *   批处理文件    文件名为 MAKETEST.MAK
ECHO ****************************************************
ECHO ON
```

```
MD      ..\WORK
MD      ..\OBJ
CD      ..\WORK
COPY   ..\TEST\MAKETEST.MAK     TEST.MAK
C:\BC\BIN\MAKE - f TEST.MAK
CD      ..\
DEL WORK
DEL OBJ
RD .\WORK
RD .\OBJ
```

其中,头两句创建了两个临时目录 WORK 和 OBJ。接下来便用 CD 命令进入工作目录 WORK,然后把存放在 TEST 中的 MAKETEST.MAK 复制到工作目录 WORK,接下来便启动 makefile 文件进行编译和连接,以创建本例的可执行文件。

最后 5 条语句则用来删除临时目录,当然在删除之前系统会向用户发出询问:"是否真的要删除?"

(3) makefile 文件

makefile 文件代码如下:

```
##################################################
#                make 文件   文件名为 MAKETEST.MAK
##################################################
#                    用变量来表示所使用的开发工具
BORLAND = C:\BC
CC = $(BORLAND)\BIN\BCC
LINK = $(BORLAND)\BIN\TLINK
##################################################
#                              用变量来表示各个目录
OBJ = ..\OBJ
SOURCE = ..\SOURCE
TARGET = ..\TEST
WORK = ..\WORK
PC = ..\..\PC
PORT = ..\..\PORT\PT
##################################################
#                                编译参数变量
C_FLAGS = -c -ml -1 -n..\OBJ -I$(BORLAND)\INCLUDE -L$(BORLAND)\LIB
##################################################
```

```
#                          链接参数变量
LINK_FLAGS =
###################################################
#                          包含文件变量
INCLUDES =      $(SOURCE)\INCLUDES.H  \
                $(PC)\PC.H             \
                $(PORT)\PT.H
###################################################
#                        创建可执行文件(exe)
###################################################
$(TARGET)\TEST.EXE:                   \
                $(WORK)\INCLUDES.H \
                $(OBJ)\PT.OBJ          \
                $(OBJ)\PC.OBJ          \
                $(OBJ)\TEST.OBJ        \
                $(SOURCE)\LINK.LNK

                COPY      $(SOURCE)\LINK.LNK
                $(LINK)  $(LINK_FLAGS)       @LINK.LNK
                COPY      $(OBJ)\TEST.EXE    $(TARGET)\TEST.EXE
                DEL       TEST.MAK
###################################################
#                       创建各个目标文件(OBJ)
$(OBJ)\PT.OBJ:                         \
                $(PORT)\PT.C           \
                $(PORT)\PT.H
                COPY      $(PORT)\PT.C            PT.C
                $(CC)    $(C_FLAGS)              PT.C

$(OBJ)\PC.OBJ:                         \
                $(PC)\PC.C              \
                $(PC)\PC.H
                COPY      $(PC)\PC.C              PC.C
                $(CC)    $(C_FLAGS)              PC.C

$(OBJ)\TEST.OBJ:                      \
                $(SOURCE)\TEST.C      \
                $(SOURCE)\INCLUDES.H
                COPY      $(SOURCE)\TEST.C      TEST.C
```

```
                    $(CC)   $(C_FLAGS)              TEST.C


$(WORK)\INCLUDES.H:                          \
                    $(INCLUDES)
                    COPY    $(SOURCE)\INCLUDES.H  INCLUDES.H
                    COPY    $(PC)\PC.H            PC.H
                    COPY    $(PORT)\PT.H          PT.H
```

(4) makefile 的说明

本例 makefile 的代码与本章前几个示例基本相同。不同之处有两点：一是使用了一些命令行命令来完成文件在不同目录中的复制；二是最后一个代码段没有与目标(target)编译相关的命令，只完成了一些头文件的复制工作。

2.4 C 指针

指针是 C 语言极富特色的一种数据类型，其作用几乎无法替代。利用指针可以直接对内存地址进行操作，从而使 C 程序具有较强的硬件访问能力，这也是大多数操作系统都用 C 语言来编写的原因。

2.4.1 指针的基本概念

1. 指针是一个程序实体所占用内存空间的首地址

为了对数据、函数、数组等程序实体进行识别，为它们定义相应的名称是通常的做法，例如常量名、变量名、函数名、数组名等。但有时人们对程序实体占用内存空间的情况更感兴趣，例如希望知道它们的首地址，因为通过地址来操作这些程序实体更加方便和直接，特别是在需要访问连续存放的程序实体时。

由于一个程序实体一定占用一个连续内存空间，于是 C 语言规定，程序实体所占用内存空间的第一个单元地址，就叫做这个程序实体的指针，因为它起到了指示一个程序实体位置的作用。

2. 指针变量

指针也是数据，可以使用一个变量来保存，这种专用于保存指针的变量叫做指针变量。但需注意，指针变量不仅保存了程序实体所占用内存空间的首地址，而且还隐式地保存了该实体所占空间的大小及布局等信息。通常，在不会引起歧义的前提下，指针变量也常常简称为指针。定义一个指针变量的语法格式如下：

```
数据类型 *变量名;
```

例如语句:

```
int *p1;
```

就定义了一个指针变量,其名称为 p1,它可以存放一个大小正好可以容纳一个 int 类型数据的内存空间的首地址。

定义指针变量的方法与定义普通变量的方法相似,只不过在数据类型与变量名之间加了一个符号“*”,该符号表示其后的变量名不是普通变量名,而是一个指针变量名;符号“*”前面的数据类型,则说明了从指针变量中地址开始的连续内存空间的大小,即它的大小等于这个数据类型的字节数(单元数)。

指针变量的定义格式很有意思,因为符号“*”处于数据类型与变量名之间,所以既可以将这个符号与数据类型结合起来看成是一种新的数据类型,也可以把它与变量名结合起来看成是变量名。以上面的定义(int *p1;)为例,如果把符号“*”看成属于数据类型这一边,即看成如下形式:

```
int*   p1;
```

那么 int* 就是一种新的数据类型——整型指针类型,后面的标识符 p1 则是这个类型的一个变量,即 p1 是一个指针变量;如果把符号“*”看成属于变量名那一边,即看成如下形式:

```
int    *p1;
```

则 *p1 就是一个整型变量,只不过这个整型变量标识由符号“*”和 p1 组成,而其中的 p1 则是这个整型变量的指针。

3. 指针变量必须赋值之后才能使用

指针定义了之后,总是很快就会被赋值,因为指针变量必须赋值之后才有实际意义。指针变量的值只能为指针(首地址)而不能是其他数据,否则将会引起错误。例如,如果已知某个整型数据的指针(首地址)为 0x44600000,那么就可以编写如下代码来保存它:

```
int *p2;                          //定义指针变量
p2 = (int*)0x44600000;            //将指针赋予指针变量 p2
```

或

```
int *p2 = (int*)0x44600000;     //将指针赋予指针变量 p2 并赋值
```

在上面的代码中,在地址值 0x44600000 前必须使用强制类型转换(int*),以便通知编译器,0x44600000 是一个整型数据所占内存空间的首地址,是一个 int 类型指针,代表了一个整型数据所占用的内存空间。如果没有这个类型转换,那么编译器就会报错。

4. 取址运算符与取值运算符

其实,在实际工程中,除了在编写操作系统、驱动程序和嵌入式系统等底层软件时能事先知道某些程序实体的指针(首地址)之外,大多数时候不可能事先就知道一个程序实体的首地址,知道的只是各种程序实体的名称,为此 C 语言提供了"取址"运算符"&",以使用户可以获得一个程序实体的指针。即当"&"作用在一个变量名上时,其结果就是该变量的指针,例如如下两段代码:

```
int a;              //定义了一个整型 a
int *p;             //定义了一个整型指针变量 p
p = &a;             //使用运算符"&"将整型变量 a 的指针赋予指针变量 p
```

和

```
int a;              //定义了一个整型 a
int *p = &a;        //使用运算符"&"将整型变量 a 的指针赋予指针变量 p
```

与取址运算符"&"相对应,C 语言还提供了"取值"运算符"*",如果把该运算符作用于指针变量前面,那么运算的结果将是该指针指向的变量的值。其实这并不奇怪,因为前面已经说过,在定义了一个指针变量 p1 之后,*p1 代表的是这个指针所指向的变量。例如如下代码:

```
#include <stdio.h>
int main()
{
    int *p1;
    int a = 5;
    p1 = &a;
    printf ("%d\n", *p1);                  //输出*p 的值 5
    printf ("%p\n",p1);                    //输出 p 的值(首地址)
}
```

程序的运行结果将是在显示器上显示变量 a 中的数据"5"和其首地址。

2.4.2 函数指针

函数指针是最重要的 C 指针之一,它可以指向一个函数。

一个函数就是一段代码,C 编译器会为这段代码分配一段连续内存空间,同时把首地址作为常量值赋予以函数名定义的常量。这就是说,函数名就是该函数的指针。

函数指针可以保存于一个指针变量,并在程序中通过这个函数指针变量调用这个函数。指针变量也称为"指向函数的指针变量"或函数指针变量。在不会产生歧义的情况下,函数指针变量也叫做函数指针。

与定义一个变量的指针变量方法相似,在函数定义格式中,如果在函数名的前面作用了符号"*",那么这里的函数名就变成了函数指针变量,即定义一个函数指针变量的格式如下:

返回值类型 (* 变量名)(参数1类型,参数2类型,……);

其中:

返回值类型 (*)(参数1类型,参数2类型,……);

为函数指针变量的类型。

例如,一个具有整型返回值且具有两个参数(一个类型为int,另一个类型为float)的函数指针变量类型的写法如下:

```
int (*)( int, float);
```

下面便是把pf定义为上述类型的指针变量的代码:

```
int (*pf)( int, float);
```

在这里需要提醒的是,上述定义千万不能写成如下的样子:

```
int *pf( int, float);
```

因为这个写法是定义了一个具有int*类型返回值的函数pf,而不是一个函数指针变量pf。

下面给出了一个函数指针的用法示例:

```
#include <stdio.h>
//定义了函数 function_1
int function_1(int, float)
{
    printf("%s\n", "function_1");
    return 0;
}
//定义了函数 function_2
int function_2(int, float)
{
    printf("%s\n", "function_2");
    return 0;
}
//定义了函数指针 pf
int (*pf)(int, float);
//主函数------------------------------------------------------
int main()
{
    pf = function_1;                //函数指针指向了 function_1
    pf(10, 3.14);                   //调用了函数 function_1
```

```
    pf = function_2;                //函数指针指向了 function_2
    pf(100, 63.24);                 //调用了函数 function_2
    return 0;
}
```

通过上面示例代码可知，不仅可以通过函数指针变量来间接调用函数，而且同一个函数指针变量还可以随时通过改变与之关联的函数名来改变它所指向的函数，因而使得同一个指针变量可以调用不同的函数，只要它们的返回类型和参数类型相同。其中，函数指针的第二个特性特别受欢迎，因为对于那些需要不断升级且函数名还需要经常改变的函数，使用函数指针变量来调用是再合适不过了。例如，某系统有一个缴费函数 fei_x()，因其函数名含有版本号 x，故为了适应函数名的变化，那么在程序中使用指向这个函数的函数指针变量来进行调用就是一种合理的做法。

2.4.3 函数指针作为函数参数及回调函数

在 C 语言中，任何合法类型数据都可以作为函数的参数，故函数指针也不例外。例如如下函数定义：

```
void function(int (*pf)(int, float))
{
    pf(10, 8.888);
}
```

函数的参数 pf 就是一个函数指针，其类型为 int (*)(int, float)。即具有如下返回值及参数类型的函数的函数名（函数指针）均可以作为上述 function()函数的实参，例如 int usr_1(int, float)、int usr_2(int, float)、int usr_3(int, float)，等等。

程序示例如下：

```
//-----------------------------------------------------------------
#include <stdio.h>
//-----------------------------------------------------------------
//定义了函数 usr_1
int usr_1(int, float)
{
    printf("%s\n", "usr_1");
    return 0;
}
//-----------------------------------------------------------------
//定义了函数 usr_2
int usr_2(int, float)
{
```

```
    printf("%s\n", "usr_2");
    return 0;
}
//------------------------------------------------------------
//定义了函数 usr_3
int usr_3(int, float)
{
    printf("%s\n", "usr_3");
    return 0;
}
//------------------------------------------------------------
//定义了函数指针变量 pf
int (*pf)(int, float);
//------------------------------------------------------------
//以函数指针为参数的函数
void sys_function(int (*pf)(int, float))
{
    printf("这是在 function 函数中调用用户函数");
    pf(10, 8.888);
    printf("本函数自己的功能\n\n\n");
}

//主函数 ----------------------------------------------------
int main()
{
    sys_function(usr_1);//调用了函数 usr_1
    sys_function(usr_2);//调用了函数 usr_2
    sys_function(usr_3);//调用了函数 usr_3
    return 0;
}
//------------------------------------------------------------
```

示例程序的运行结果如图 2-10 所示。

将函数指针作为函数参数,可以将一个函数传递到另一个函数内来调用。这种用法在操作系统这类系统软件中应用得相当频繁,因为操作系统的某些函数的功能需要用户配合才能实现,常需要调用用户提供的函数。目前,大致有两种方法来实现用户函数的调用:一种方法就是像上例中的 sys_function()那样以函数指针来传递被调用的用户函数;另一种方法就是在系统函数中设置所谓的"钩子函数",即在系统函数中需要调用用户功能的地方调用一个空函数,然后由用户去实现这个空函数的功能。在第一种方法中,由于是系统函数调用用户函

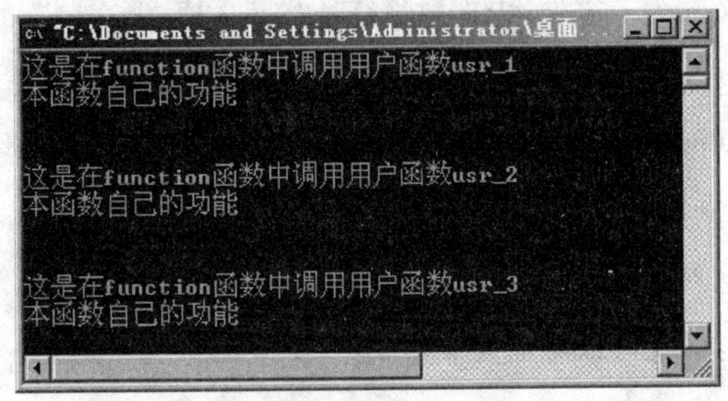

图 2-10 示例程序的运行结果

数,与常用的用户程序调用系统函数的调用方向不同,故人们将这种调用叫做"回调",而被系统调用的这个函数就叫做"回调函数"。

2.5 typedef 常用方法

C 语言的关键字 typedef 特别容易被初学者所忽略,因为大多数教材只用简单的一句话来介绍它的用途:为数据类型定义别名。但这个关键字特别有用,尤其是在设计可移植代码时。

typedef 的作用是给已知数据类型命名别名,因为有时使用别名更方便,语义更清楚。

1. 复杂的数据类型名称的简化

typedef 的典型应用就是可以用一个较为简短的别名去表示一个复杂数据类型。例如,如果程序需要一个如下形式的函数指针类型:

```
void (*)(int,int);
```

并且程序中还需要定义较多的这种类型的指针变量,那么每定义一个变量就写一遍这个类型,不仅麻烦而且还容易出错,所以使用关键字 typedef 为它定义一个简短的别名就会好得多,例如如下定义:

```
typedef void (*PFON)(int,int);
```

这样,再定义一个 void (*)(int,int)类型的函数指针变量 function 的语句便是:

```
PFON function;
```

显然,现在比原来清楚多了。

再例如有一个更为复杂的定义:

```
void (*b[10]) (void (*)(int,int));
```

由于这个定义中的程序实体名称为 b,因为其后面有一个数组符号"[]",所以这一定是一

个名称为 b 的数组定义。为了方便,先把数组符号"[]"去掉,那么剩下的便是如下的样子:

```
void ( * b) (void ( * )(int,int));
```

所以它的右边括号里的 void (*)(int,int)是一个类型,并且是一个指针类型,于是先为这个指针类型定义一个别名:

```
typedef void ( * pFunParam)();
```

于是原来的初始定义就可以写成如下形式:

```
void ( * b) (pFunParam);
```

现在看得清楚些了,b 是一个无返回值,参数类型为 pFunParam 的函数指针,如果在该定义前使用 typedef,并用 pFunx 代替变量名 b:

```
typedef void ( * pFunx)(pFunParam);
```

于是这个函数指针类型别名就是这个 pFunx,原来声明语句就可表示成如下语句:

```
pFunx b[10];
```

即声明的是一个其元素为函数指针的数组。

2. 用 typedef 来定义与平台无关的数据类型

众所周知,不同的程序运行平台,它们所支持的数据类型会有少许区别,如果不采取措施,程序的跨平台应用就会很困难。

例如平台 A 的 64 位数据的数据类型为 long double,而平台 B 的 64 位数据类型为 double,那么基于平台 A 所设计的程序就不能运行于平台 B,因为平台 B 的 long double 不是 64 位数据,或者它就不支持 long double 类型。

自从有了关键字 typedef,事情就好办得多了。具体做法就是在程序中不使用特定平台的数据类型,而使用一个别名。例如对于上述问题,在设计程序时,凡是需要 64 位数据的定义,都是用一个别名 REAL 表示,如果希望这个程序运行于平台 A,则在程序代码之前作如下声明:

```
typedef long double REAL;
```

于是在此声明之后,所有的 REAL 就是 long double 了。

同理,如果希望程序运行于平台 B,那么就在程序代码之前作如下声明:

```
typedef double REAL;
```

那么程序中的所有 REAL 也就是 double 了。

也就是说,当跨平台时,只要改下 typedef 本身就行,不用对其他源码做任何修改。

3. 增强代码的可读性

在程序设计中,经常会出现不同用途的数据属于同一种数据类型数据的情况,由于数据类型的标识不含有用途的信息,因此当程序的规模特别大时,程序的可读性会变得非常差。这时最好为这种数据类型声明多个别名,而且在选择别名的标识时使之带有用途的信息。例如:

```
typedef int AGE;            //年龄
typedef int SIZE;           //尺寸
typedef int NUM;            //数量
typedef int WITH;           //宽度
typedef int FIGH;           //高度
```

等等。显然,使用这些别名在程序中定义 int 类型数据将会大大提高程序的可读性,从而也就提高了程序可维护性。

4. 避免错误

前面已经知道,定义指针变量时要使用符号"*",但这个符号可能会使人们产生误解。例如下面的定义:

```
int* pa, pb;
```

这个定义究竟是定义了两个整型指针,还是定义了一个整型指针和一个整型变量呢?当然,概念清楚的读者知道,正确的答案是后者。因为定义两个整型指针的定义应为:

```
int* pa, * pb;
```

但人总有马虎的时候,不小心漏掉一个符号"*"的情况还是多有发生的。

为了避免上述问题的发生,使用 typedef 为 int* 这个类型定义一个别名是个好主意,即

```
typedef int* PINT;
```

于是,在这个定义之后,再定义多个整型指针就可以写成如下形式了:

```
PINT pa,pb;
```

2.6 常用数据类型及数据结构

由于操作系统具有与普通软件不同的任务,因此它也就有些不同的特点,包括一些对数据结构的不同使用方法,及早掌握这些特点对快速理解操作系统有很大的帮助。

2.6.1 结构类型及其应用

在操作系统中,C语言的结构类型极其有用,"没有结构类型就没有操作系统"的说法绝不夸张,因为在操作系统中,各种资源的控制块就是结构类型对象。

1. 结构类型及其声明

C语言的结构类型(struct)也叫做结构或结构体,它是一种自定义数据类型。有定义这么说:结构类型是一系列具有相同类型或不同类型数据的集合,其中的那些数据从不同的侧面描述了一类事物。

其实通俗地说,结构类型实质是人们日常生活中常用的数据表的C语言表示。

相信读者对表或表格都很熟悉。当学生时填过学生表,加入学生会时填过会员表,检查身体时医院会给出一个身体健康状态信息表,参加工作后还要填写职工表。这些表的共同特点就是它是一个数据集合,这些数据通常还会具有不同的类型,例如字符串类型、整型类型、双精度类型,等等。但这些林林总总的数据都是从不同的角度来描述同一类主体的,例如图2-11示出了一个学生个人信息表的样子。

Table Personal

Name		Sex		Birthday		Nationality	
Health		Age		Height		Email	
Address							

图2-11 个人基本信息表

其中,表标题中的Table表示这是一个表,后面的Personal则是表的名称,这个表名通常就是这个表要描述的事物类别,也表明了这个表的用途。表中的各个项目(表项)也都具有名称,这些名称指明了描述事物的角度(侧面),例如这个Personal表就从Name(名字)、Sex(性别)、Birthday(出生日期)、Nationality(民族)、Health(健康状况)……一共7个角度描述了一个人的个人自然情况。

既然这7个数据都是描述同一类事物的,那么在程序中把所有数据组织成一个整体就是一个合理做法。具体做法就是按照C语言规则把这些数据用大括号括起来,然后逐行列举各个表项,如下所示:

```
{
    char * Name;
    char * Sex;
    char * Birthday;
    char * Nationality;
    char * Health;
```

```
    int Age;
    char * Height;
    char * Email;
    char * Address;
};
```

当然,还要给表命名。按照图 2-11 所示,本表的名称似乎应该是 Table Personal,但C 语言规定,在程序中这种日常人们称之为"表"的东西在 C 语言中应该叫做"结构(struct)",于是本例的这个表的名称也就被称为 struct Personal 了。即图 2-11 表的完整声明如下:

```
struct Personal
{
    char * Name;
    char * Sex;
    char * Birthday;
    char * Nationality;
    char * Health;
    int Age;
    char * Height;
    char * Email;
    char * Address;
};
```

这里的 struct 是一个关键字,表示要声明一个结构或"表",关键字 struct 的后面则是这个结构的名称,在这里是 Personal。大括号中的那些数据叫做结构的数据成员,简称成员。由于这个声明是一个 C 语句块,所以大括号的后面要使用分号作为结尾。

但要注意的是,这里 struct Personal 表示的是一个数据类型,其地位与系统预置的 int、double、char 等这些数据类型等同,只不过 struct Personal 是用户自定义类型,因为系统没有办法预先为用户声明这种复杂的类型。

因为 struct 的英文原意为结构,所以它也就被叫做结构类型,或结构体类型。

根据用户所使用的 C 编译器,当程序中使用结构类型来定义对象(现代程序设计语言中通常使用"对象"这个词,而不使用"变量")时,有的只使用名称 Personal 即可,有的则需使用全名 struct Personal。下面是在一个要求使用全名的 mingw32-gcc.exe 编译器条件下,编写的一个使用了上述 struct Personal 结构类型对象的 C 程序示例。

例 2-8 为图 2-11 所示个人基本信息表声明一个结构类型,然后定义这个类型的对象并为其成员赋初值,最后输出它们。

解:

(1) 程序代码

依照题意,编写程序代码如下:

```
#include <stdio.h>
#include <stdlib.h>
//声明结构类型 struct Personal
struct Personal
{
    char * Name;
    char * Sex;
    char * Birthday;
    char * Nationality;
    char * Health;
    int Age;
    char * Height;
    char * Email;
    char * Address;
};
//主函数
int main()
{
    //定义 struct Personal 类型对象(变量)prl
    struct Personal prl;
    //为各数据成员赋初值
    prl.Name = "liling";
    prl.Sex = "female";
    prl.Birthday = "1990 - 12 - 2";
    prl.Nationality = "han";
    prl.Health = "good";
    prl.Age = 22;
    prl.Height = "165";
    prl.Email = "null";
    prl.Address = "beijing";
    //读取并输出结构体部分成员的值
    printf("Name: %s, Sex: %s, Age %d\n", prl.Name, prl.Sex, prl.Age);
    return 0;
}
```

(2) 程序说明

读写结构成员数据的格式为：

```
结构对象.成员名
```

例如，为成员赋值时：

```
prl.Age = 22;
```

读取成员值时：

```
prl.Name
```

(3) 程序运行结果

本示例程序的运行结果如图 2－12 所示。

```
Name:liling, Sex:female, Age22
```

图 2－12　示例程序的运行结果

上面谈了那么多其实就谈了一件事，因实际应用的复杂性，系统不可能预置所有类型，故 C 语言系统为人们提供了自定义类型的手段，其中最重要的是结构(表)类型。它特别适用于对一类事物进行描述，因为它允许使用所有合法类型变量作为其数据成员。

但这里还是要强调一下，struct 不是具体类型，而只是一个用来声明结构类型的关键字。也就是说，当需要在程序中声明一个结构类型时，关键字 struct 后面通常会跟着结构名，以表示这是一个结构类型，例如上例中的 struct Personal。一旦声明了一个结构类型，那么这个类型就会与 int、flot、double 等类型处在同一地位，在程序中就可以像使用预置类型那样定义它的对象并进行初始化了，如例 2－8 程序定义的 prl。

总结一下：

- struct 是声明结构类型的关键字。
- 声明时，关键字 struct 后面的是结构类型名，这时系统并未为其分配内存空间。
- 在定义语句中，结构类型后面定义的是对象，这时系统才会真正地为其分配内存空间并成为真正的程序实体。
- 程序不能对结构类型对象整体进行访问，只能通过对象名访问其成员。格式如下：

```
结构类型对象.成员
结构类型对象指针->成员
```

前者是通过对象访问成员，后者是通过对象指针访问成员。

2. 结构类型对象的三种定义方法

定义结构类型对象有如下三种方法：

① 首先声明结构类型,然后再定义结构类型对象。这种方法在例 2-8 程序中已述及,不再赘述。

② 在声明结构类型的同时,定义结构类型对象。其格式如下：

```
struct 结构类型名
{
    ……
}结构类型对象 1,结构类型对象 2,…;
```

即在结构体大括号后面直接定义其对象,最后以分号结尾,这是一个完整的 C 语句。例如：

```
struct Personal
{
    char * Name;
    char * Sex;
    ……
    char * Address;
}prl;     //定义了对象 prl
```

③ 使用匿名结构类型定义结构类型变量。如果在声明结构类型的同时定义了所需要的所有对象且确保以后不会再使用这个结构类型,则可以不声明结构类型名,从而使之成为匿名结构类型。其格式如下：

```
struct
{
    ……
}结构体变量 1,结构体变量 2,…;
```

例如：

```
struct      // 匿名结构类型
{
    char * Name;
    ……
    char * Address;
}prl;     //定义了对象 prl
```

3. 结构类型对象成员的初始化

结构类型对象成员除了可以像例 2-8 中那样在程序中逐一初始化外,还可以使用语句块进行集中初始化。

示例如下：

```
struct Personal
{
    char * Name;
    char * Sex;
    char * Birthday;
    char * Nationality;
    char * Health;
    int Age;
    char * Height;
    char * Email;
    char * Address;
};
int main()
{
    //在大括号中集中初始化
    struct Personal prl =
    {
    .Name = "liling",
    .Sex = "female",
    .Birthday = "1990 - 12 - 2",
    .Nationality = "han",
    .Health = "good",
    .Age = 22,
    .Height = "165",
    .Email = "null",
    .Address = "beijing"
};
//读取结构体成员的值
    printf("Name: % s, Sex: % s, Age % d\n", prl.Name, prl.Sex, prl.Age);
    return 0;
}
```

C 语言还提供了集中初始化的简捷方法：

```
struct Personal prl =
{
    "liling",
    "female",
    "1990 - 12 - 2",
    "han",
```

```
        "good",
        22,
        "165",
        "null",
        "beijing"
    };
```

但不言而喻,这种方法一定要按照成员在结构类型中的顺序进行初始化,否则将会产生错误。

4. 结构类型嵌套

所谓结构类型嵌套,就是结构类型中再定义结构类型数据。例如,由于需要,希望在图2-11所示的个人信息表基础上再增加一个如图2-13所示的学习经历表,然后将这两个表组合成一个学生信息表。

Table Studing_Experience

School	
University	

图 2-13 学习经历表

由图2-13可知,学生学习经历表 Studing_Experience 可以声明如下:

```
struct Studing_Experience
{
    char * school;
    char * university;
};
```

于是,与学生个人信息表组合起来之后的学生信息表 Student_Message 则可声明如下:

```
struct Student_Message
{
    struct Personal prl_tab;
    struct Studing_Experience stu_exp;
};
```

该结构类型在程序中的使用方法示例见例2-9。

例 2-9 嵌套结构类型的应用程序示例。

(1) 程序代码

程序代码如下:

```
#include <stdio.h>
#include <stdlib.h>
//声明个人基本信息表
struct Personal
{
    char * Name;
    ……
    char * Address;
};
//声明学习经历表
struct Studing_Experience
{
    char * school;
    char * university;
};
//声明学生信息表
struct Student_Message
{
    struct Personal prl_tab;
    struct Studing_Experience stu_exp;
};
int main()
{
    //定义个人基本信息表并初始化
    struct Personal prl =
    {
        "liling",
        ……
    };
    //读取结构体成员的值
    printf("Name:%s,Sex:%s,Age%d\n\n",prl.Name,prl.Sex,prl.Age);
    //定义学习经历表对象并初始化
    struct Studing_Experience se =
    {
        "jilin 6 school",
        "changbaishan university"
    };
    printf("school:%s,university:%s\n\n",se.school,se.university);
    //定义学生信息表对象并初始化
```

```
    struct Student_Message sm =
    {
        prl,
        se
    };
    printf("Name: %s, university: %s\n", sm.prl_tab.Name, sm.stu_exp.university);
    return 0;
}
```

(2) 程序运行结果

例 2-9 应用程序的运行结果如图 2-14 所示。

```
Name:liling, Sex:female, Age22

school:jilin 6 school, university:changbaishan university

Name:liling, university:changbaishan university
```

图 2-14　例 2-9 应用程序的运行结果

还有一种嵌套方法,就是使用结构类型指针。示例如下:

```
#include <stdio.h>
#include <stdlib.h>
struct Personal
{
    char * Name;
    ……
};
struct Studing_Experience
{
    char * school;
    char * university;
};
//声明学生信息表
struct Student_Message
{
    struct Personal  * prl_tab;                    //定义个人信息表指针
    struct Studing_Experience  * stu_exp;          //定义经历表指针
};
int main()
```

```
{
    struct Personal prl =
    {
        "liling",
        ……
    };
    //读取结构体成员的值
    printf("Name: %s, Sex: %s, Age %d\n\n", prl.Name, prl.Sex, prl.Age);
    struct Studing_Experience se =
    {
        "jilin 6 school",
        "changbaishan university"
    };
    printf("school: %s, university: %s\n\n", se.school, se.university);
    //初始化学生信息表,在其中使用子表指针初始化相应成员
    struct Student_Message sm =
    {
        .prl_tab = &prl,
        .stu_exp = &se
    };
    //输出部分成员值
    printf("Name: %s, university: %s\n",
           sm.prl_tab->Name, sm.stu_exp->university);
    return 0;
}
```

5. 结构类型的函数指针成员

C 语言规定,函数不能作为结构类型成员,如果实际应用中确有需要,则可以使用函数指针成员来达到相同的效果,例如如下代码便在例 2-9 结构 struct Student_Message 中包含了函数指针成员 void(* Dsp)(struct Student_Message x)。

代码如下:

```
#include <stdio.h>
#include <stdlib.h>
struct Student_Message;                                //对象前置声明
void ShowMessage(struct Student_Message x);            //函数前置声明
struct Personal
{
    char * Name;
```

```
    ......
};
struct Studing_Experience
{
    char * school;
    char * university;
};
struct Student_Message
{
    struct Personal  * prl_tab;
    struct Studing_Experience  * stu_exp;
    void( * Dsp)(struct Student_Message x);
};
int main()
{
    struct Personal prl =
    {
        "liling",
        ......
    };
    //读取结构体成员的值
    printf("Name: % s, Sex: % s, Age % d\n\n", prl.Name, prl.Sex, prl.Age);
    struct Studing_Experience se =
    {
        "jilin 6 school",
        "changbaishan university"
    };
    printf("school: % s, university: % s\n\n", se.school, se.university);

    struct Student_Message sm =
    {
        .prl_tab = &prl,
        .stu_exp = &se,
        .Dsp = ShowMessage
    };
    sm.Dsp(sm);//通过结构类型对象的函数指针调用了函数 ShowMessage
    return 0;
}
//定义结构中函数指针 struct Student_Message 所指向的函数
```

```
void ShowMessage(struct Student_Message x)
{
    //输出部分成员数据
    printf("Name: %s, university: %s\n", x.prl_tab->Name, x.stu_exp->university);
}
```

6. 结构类型与指针的典型应用

下面给出了一个修改自例 2-9 的示例程序。本示例程序为结构类型 struct Student_Message 在原来的基础上又添加了两个函数指针 *Set_Age 和 *Get_Age,并为此定义了两个函数 SetAge()和 GetAge(),效果与 struct Student_Message 增加了两个函数等价。

代码如下:

```
#include <stdio.h>
#include <stdlib.h>
//前置声明
struct Student_Message;
void ShowMessage(struct Student_Message x);
//设置 Age 值函数前置声明
void SetAge(struct Student_Message x,int y);
//获取 Age 值函数前置声明
int GetAge(struct Student_Message x);
struct Personal
{
    ......
    int Age;
    ......
};
struct Studing_Experience
{
    char * school;
    char * university;
};
struct Student_Message
{
    struct Personal *prl_tab;
    struct Studing_Experience *stu_exp;
    void( *Dsp)(struct Student_Message x);
    //Set 函数指针
```

```
    void( * Set_Age)(struct Student_Message x,int y);
    //Get 函数指针
    int( * Get_Age)(struct Student_Message x);
};
    //主函数
int main()
{
    //定义 struct Personal 对象并初始化
    struct Personal prl =
    {
        ……
        22,
        ……
    };
    //定义 struct Studing_Experience 对象
    struct Studing_Experience se =
    {
        "jilin 6 school",
        "changbaishan university"
    };
    //定义 struct Student_Message 对象
    struct Student_Message sm =
    {
        .prl_tab = &prl,
        .stu_exp = &se,
        .Dsp = ShowMessage,            //为函数指针赋值
        .Set_Age = SetAge,             //为函数指针赋值
        .Get_Age = GetAge              //为函数指针赋值
    };
    sm.Dsp(sm);
    //调用 Set_Age 函数()
    sm.Set_Age(sm,34);
    //调用 Get 函数()并输出之
    printf("Age: % d\n\n",sm.Get_Age(sm));
    return 0;
}
void ShowMessage(struct Student_Message x)
{
    printf("Name: % s, university: % s\n\n",
```

```
        x.prl_tab->Name, x.stu_exp->university);
}
//为 Age 设置数据的函数
void SetAge(struct Student_Message x,int y)
{
    x.prl_tab->Age = y;
}
//获取 Age 值的函数
int GetAge(struct Student_Message x)
{
    return x.prl_tab->Age;
}
```

学过 C++的读者会发现，这个 Student_Message 很像个类类型。它继承自 Studing_Experience和 Personal，可以看成是 Student_Message 的两个基类，继承关系属于多继承；Student_Message 还有三个函数指针成员 Dsp、Set_Age 和 Get_Age，效果与三个成员函数等价。这个类型有属性，有行为，虽然没有 C++类的封装级别，但至少可以算作是“仿类类型”。

这种仿类类型的嵌套结构类型在 C 程序设计中的应用特别多。下面为了方便常常会借用面向对象术语，将嵌入到其他结构内的结构类型称为基类，而将外层结构类型称为派生类或子类。

人们之所以喜欢使用这种嵌套结构类型，原因之一是当内嵌对象被安置在外层对象的第一个成员位置时，该结构类型对象的首地址既是内嵌对象地址也是外层对象地址。这样，一个持有该结构类型对象首地址的指针既可以指向内嵌对象，也可以指向外层对象，其结果取决于指针的类型。如果指针类型为外层对象类型，则指针指向外层对象；如果指针类型为内嵌对象类型，则指针指向内嵌对象。对于多级嵌套结构类型来说，亦是如此。

程序例 2-10 示出了嵌套结构类型指针的特点。

例 2-10 体现了嵌套结构类型指针特点的程序示例。

(1) 程序代码

程序代码如下：

```
#include <stdio.h>
//声明了一个只有一个成员的结构类型(鹦鹉类型)
struct Parrot
{
    char * color;                          //鹦鹉颜色
};
//声明嵌套结构类型(小鹦鹉)，其中内嵌了 struct Parrot 对象
```

```
struct Child_Parrot
{
    struct Parrot p;                    //内嵌对象
    char * color;                       //鹦鹉颜色
};
//主函数
int main()
{
    struct Child_Parrot chi =           //定义了一个包含有内嵌对象的外层对象
    {
        .p.color = "red",               //为内嵌对象 color 成员赋值
        .color = "yellow"               //为外层对象 color 成员赋值
    };
    struct Parrot * q = &chi;           //把首地址赋予了内嵌对象类型指针
    printf("%s\n",q->color);            //输出内嵌对象的 color 值
    return 0;
}
```

(2) 程序说明

当外层对象地址 &chi 被赋予内嵌对象指针 * q 后，该指针便指向了内嵌对象，从而能通过运算符"->"直接访问内嵌对象成员。本程序运行后，输出的是内嵌对象的 color 值 red，而不是外层对象的 yellow。

既然赋值语句"struct Parrot * q=χ"成立，那就意味着如果一个函数的形参类型为基类指针，那么它就可以接收派生类对象地址，并使指针指向派生类的基类对象，从而可以在函数中使用指针操作符"->"直接访问基类对象成员。

在面向对象程序设计中有个里氏代换原则：任何基类(内嵌类型)可以出现的地方，其子类(派生类)一定可以出现。意思是说，子类可以代替父类执行任务，因为子类继承了父类，具有父类的所有能力。

对于 C 语言程序设计来说，自从有了嵌套结构类型，里氏代换原则经常被用于一些特殊场合，前提是使用对象指针。即 C 语言中的里氏代换原则可以叙述为：凡是基类对象指针都可以接收该基类的所有派生类对象指针(地址)，并可以用这个指针直接访问基类成员。

如果编写一个如下函数：

```
void showParrot(struct Parrot * x)      //参数为基类类型指针
{
    printf("%s\n",x->color);
}
```

然后在上述程序的主函数中以派生类对象地址为实参调用它：

```
int main()
{
    //定义派生类对象
    struct Child_Parrot chi =
    {
        .p.color = "red",
        .color = "yellow"
    };
    showParrot(&chi);//用派生类对象 chi 的地址做实参调用函数
    return 0;
}
```

程序运行结果为 red，而不是派生类的 yellow。

函数 showParrot()的参数就是里氏代换原则的一种应用。

这种嵌套结构类型指针还有一个特别有用的特点：基类指针还可以再转换回派生类指针，从而使之可以去访问派生类成员，例如下面这个函数 showChild_Parrot()：

```
void showChild_Parrot(struct Parrot * x)      //参数为基类类型指针
{
    //把基类对象指针再转换成派生类指针并访问派生类成员
    printf(" % s\n",((struct Child_Parrot * )x) - >color);
}
```

形参为基类指针，但函数内却又将传进来的指针转换成了派生类指针，当然前提是实参必须为派生类对象指针。也就是说，这里发生了两次类型转换：第一次是实参的派生类指针（或地址）被形参类型转换成了基类指针；第二次则是在函数内又被转换成了原来的派生类指针，于是在函数内便可以访问派生类成员。说得再清楚一些就是，这种具有继承关系的结构类型指针之间的类型转换，可以在基类中定义的，以基类指针为参数的钩子上挂接为派生类服务的函数。

对于例 2-10 程序来说，就是程序中定义的函数 showParrot()和这里定义的函数 showChild_Parrot()都可以具有同样的参数类型，故而都可以被挂接于如下定义的函数指针：

```
void ( * _show)(struct Parrot * p);
```

想象一下，如果把这个函数指针安置在基类作为函数钩子（埋伏在某处的函数指针的一个俗称）会怎么样？

答案是所有这个基类的派生类对象都会有这个钩子，而钩子上又可以挂接任何其签名与钩子签名相同的函数，于是这些派生类对象就具有了通过钩子调用不同函数的能力。有人把这种钩子叫做一个派生类家族的“祖传钩子”。

例 2-11 示例程序很好地说明了祖传钩子的作用。

例 2-11 此程序是在例 2-10 程序基础上修改的,用来展示基类钩子效果的示例程序。

(1) 程序代码

程序代码如下:

```
#include <stdio.h>
//内嵌类型(基类)
struct Parrot
{
    char * color;
    void ( * _show)(struct Parrot * p);              //函数钩子
};
//外层类型(派生类)
struct Child_Parrot
{
    struct Parrot p;                                 //内嵌 struct Parrot 类型对象
    char * color;
};
//基类类型的 show 函数
void showParrot(struct Parrot * p)
{
    printf("Parrot    color = %s\n",p->color);
}
//派生类的 show 函数
void showChild_Parrot(struct Parrot * p)
{
    //将 p 转换为派生类类型
    printf("Child_Parrot  color = %s\n",((struct Child_Parrot * )p)->color);
}

//主函数
int main()
{
    //定义基类对象并初始化
    struct Parrot parrot;
    parrot.color = "red";
    parrot._show = showParrot;            //为钩子挂接函数 showParrot
    //定义派生类对象并初始化
    struct Child_Parrot child_parrot =
```

```
    {
        .p._show = showChild_Parrot,        //为钩子挂接函数 showChild_Parrot
        .color = "yellow"
    };
    //使用对象调用钩子
    parrot._show(&parrot);
    child_parrot.p._show(&child_parrot);
    //定义两个基类类型指针
    struct Parrot * p1, * p2;
    p1 = &parrot;
    p2 = &child_parrot;
    //使用基类类型指针调用钩子(调用界面完全相同)
    p1->_show(&parrot);
    p2->_show(&child_parrot);
    return 0;
}
```

(2) 程序运行

程序运行结果如下：

```
Parrot          color = red
Child_Parrot    color = yellow
Parrot          color = red
Child_Parrot    color = yellow
```

为了便于比较，程序中使用了对象调用和对象指针调用两种方法。显然，使用对象指针调用的界面完全相同：p1、p2 类型相同(都是基类指针 struct Parrot *)；钩子名相同；钩子上函数的形参类型也相同(都是基类指针 struct Parrot *)。这说明可以用一个函数来封装这种调用，下面给出了这个函数的代码：

```
void show(struct Parrot * _Parrot)   //派生类对象指针被转换为基类指针
{
    //调用基类钩子上的函数
    _Parrot->_show(struct Parrot * _Parrot);
}
```

可见，这个函数可以接收基类及其所有派生类对象指针作为它的实参，从而使 show()函数可以根据实参对象的不同而执行不同的钩子函数，进而使得 show()函数的响应也不同。

这是什么？多态！所谓多态，本是人类自然语言中的一种语言现象，有点像动词中的“一词多义”，同一个动词作用于不同的名词，其语义会不同。例如“打枪”“打电话”“打牌”中的动词“打”，作用于不同的名词，其语义就不同。

现代面向对象语言为了更接近人类语言，致使多态成了它们必须具备的能力。在面向对象程序设计中，多态指的是同一个函数(动词)可以根据实参(名词)类型的不同而有不同的响应。如果这里把函数 show()看做动词，函数的实参看做名词，这里的代码实现无疑就是一种多态，至少是一种“准多态”。

为了看清这个实现了多态特性的程序全貌，现将程序的全部代码示于例 2－12。

例 2－12 一个实现了多态特性的程序示例。

(1) 程序代码

程序代码如下：

```
#include <stdio.h>
//内嵌类型(基类)
struct Parrot
{
    char * color;
    void ( * _show)(struct Parrot * p);      //函数钩子
};
//外层类型(派生类)
struct Child_Parrot
{
    struct Parrot p;                          //内嵌 struct Parrot 类型对象
    char * color;
};
//基类类型的 show 函数
void showParrot(struct Parrot * p)
{
    if(NULL == p)//指针为空返回
        return;
    printf("Parrot     color = %s\n",p->color);
}
//派生类的 show 函数
void showChild_Parrot(struct Parrot * p)
{
    if(NULL == p)                             //指针为空返回
        return;
    //将 p 转换为派生类类型
    printf("Child_Parrot  color = %s\n",((struct Child_Parrot * )p)->color);
}
```

```
//同一个函数因接收对象的类型不同,其 show 的结果也不同
void show(struct Parrot * _Parrot)
{
    if(NULL == _Parrot)//指针为空返回
    return;
    //调用钩子上的函数
    _Parrot->_show(_Parrot);
}
//主函数
int main()
{
    //定义基类对象并初始化
    struct Parrot parrot;
    parrot.color = "red";
    parrot._show = showParrot;              //为钩子挂接函数 showParrot
    //定义派生类对象并初始化
    struct Child_Parrot child_parrot =
    {
        .p._show = showChild_Parrot,        //为钩子挂接函数 showChild_Parrot
        .color = "yellow"
    };
    //以 struct Child_Parrot * 类型对象为实参调用 show()
    show(&child_parrot);
    //以 struct Parrot * 类型对象为实参调用 show()
    show(&parrot);
    return 0;
}
```

(2) 程序运行结果

程序运行结果如下:

```
Child_Parrot   color = yellow
Parrot         color = red
```

综上所述,C 语言确实可以实现一些面向对象思想的编程。但因为它的封装并不完善,所谓的继承也是简单的嵌套,多态也仅是伪多态,所以还不能算是真正的面向对象编程。不过在不会显著影响程序的效率的情况下,利用面向对象的思想进行 C 语言编程还是可以使用的,这是因为它可以提高程序的可读性及模块化程度。

但请注意,过多地使用 C 语言进行面向对象程序设计极易陷入炫技的漩涡,弄不好就会事倍功半。作者之所以在这里介绍 C 语言与面向对象的关系,主要目的还是要借助于这些相

对复杂代码的介绍和示例，为读者展示 C 语言的结构类型与指针的各种用法及其应用特点，从而能更深刻地了解并灵活使用结构类型和各种指针所能产生的巨大功效。

7. 计算外层对象指针的宏定义 container_of

看了上面关于内嵌结构类型的介绍，自然会产生一个问题，那就是如果内嵌对象不是外层类型第一个成员，但还是想通过内嵌对象访问外层成员怎么办呢？

这里介绍一个 Linux 操作系统提供的 container_of 宏。该宏可以在已知内嵌对象指针的条件下获取外层对象指针。它的设计极为巧妙，充分利用了指针变量提供的有关程序实体占用内存空间的信息，了解它对理解 C 语言指针有极大的帮助。

宏 container_of 的设计思想如图 2－15 所示。

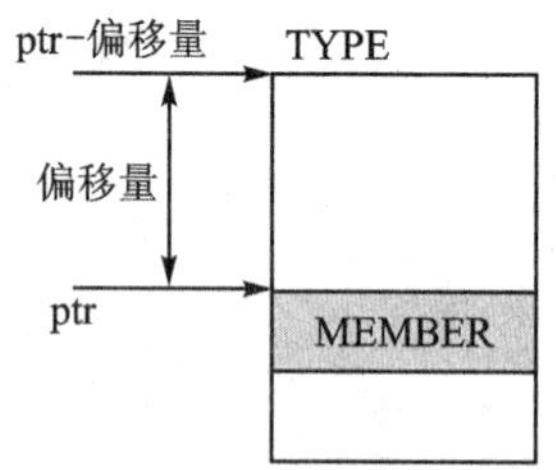

(a) 内嵌对象为MEMBER的TYPE类型首地址为ptr-偏移量

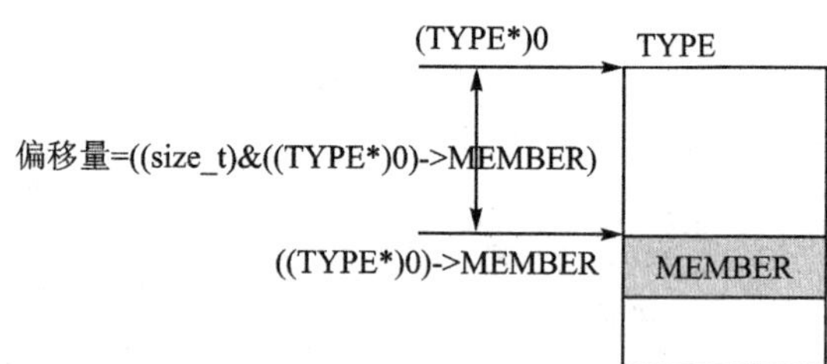

(b) 用于计算偏移量的首地址指针为0的TYPE类型模型

图 2－15　外层对象指针等于内嵌对象指针减偏移量

图 2－15(a)中，TYPE 是外层类型，MEMBER 是内嵌成员，ptr 是已知内嵌成员指针，待求的是 TYPE 类型对象的指针，即图中的 ptr－偏移量。

图 2－15(b)示出的是偏移量的计算模型。其中的(TYPE ＊)0 是理解这个模型的关键，它的意思是声明一个基地址为 0 的 TYPE 类型指针。前面曾提到过，指针不只是地址，它还表达了指针所属类型的内存布局，包括各个成员的位置，显然在这种以 0 为首地址的内存布局中，内嵌成员 MEMBER 的地址值即是图(a)所示的待求偏移量。

具体的算法为：由((TYPE ＊)0)－>MEMBER 得到内嵌对象，然后经取址运算符 & 得到 MEMBER 的地址，并将其转换成 size_t 类型后得到偏移量。把这个过程写成宏就是如下的 offsetof：

```
#define offsetof(TYPE, MEMBER) ((size_t)&((TYPE *)0) - >MEMBER)
```

接下来计算外层对象指针的运算则定义成了宏 container_of：

```
#define container_of(ptr, type, member) ({\
    const typeof( ((type *)0) - >member ) * __mptr = (ptr);\
    (type *)( (char *)__mptr - offsetof(type, member) );})
```

宏 container_of 在把内嵌对象指针 ptr 经一系列变换后，减去宏 offsetof 得到的偏移量，得到的便是外层对象指针。其中，typeof 为类型识别运算符，其功能是获得后面括号中对象的类型。

另外，在宏 container_of 中还使用了一个 C 语言的扩展语法规则({})，即小括号加大括号括起来了多个用分号隔离的表达式(这里是两个)，整个表达式的结果等于最后表达式的结果，即宏 container_of 的结果为"(type *)((char *)__mptr - offsetof(type, member));"的结果。

下面是一个使用了 container_of 宏的应用程序示例，其中结构类型 struct childStruct 中内嵌了 struct parentStruct 结构类型的成员 parent。因有一个以内嵌对象指针为参数的函数 show()要在函数内输出外层对象 child 成员 b 的值，故需在函数内使用宏 container_of 来获得外层对象的指针。此示例程序代码如下：

```
#include <stdio.h>
//offsetof 和 container_of 的定义
#define offsetof(TYPE, MEMBER) ((size_t) &((TYPE *)0)->MEMBER)
#define container_of(ptr, type, member) ({ \
        const typeof( ((type *)0)->member ) *__mptr = (ptr); \
        (type *)( (char *)__mptr - offsetof(type,member) );})
//定义了结构 struct parentStruct(本例中，它为内嵌对象的结构类型)
struct parentStruct
{
    int a;
};
//定义了结构 struct childStruct(本例中，它为外层对象的结构类型)
struct childStruct
{
    int b;
    struct parentStruct parent;
};
//参数为内嵌结构类型指针的函数 show()
void show(struct parentStruct *p)
{
    //使用宏 container_of 获得外层对象指针
    struct childStruct * child_p = container_of(p,struct childStruct,parent);
    printf("%d,%d\n",p->a,child_p->b);
}
void main(void)
{
    //定义外层对象
    struct childStruct child =
```

```
    {
        .b = 100,
        .parent.a = 600,     //为内嵌对象成员 a 赋值
    };
    show(&child.parent);
}
```

程序运行结果如下：

a=600,b=100

2.6.2 μC/OS-II 中的控制块

前面一再讲到，操作系统实质上是一种管理软件。而所谓的管理，就是在了解被管理对象的基本信息之后，在需要时，按照某种规则对这些被管理对象进行分配、调度等操作。详细并有条理地掌握被管理对象的信息是搞好管理工作的基础，而掌握这些信息的手段就是对被管理对象进行登记、造册，在必要时还要随着情况的变化及时更新信息。总之一句话，就是要对所有的被管理对象登记造册，建立一些管理用表并在这些表格中记录被管理对象的信息。从某种意义上可以这样说，操作系统就是由各种表格和对这些表格的操作组成的。所以作者认为，如果掌握了一个操作系统的管理表格，那么也就基本上理解了这个操作系统的工作原理。

目前，无论是什么操作系统，在它的诸多管理用表中，控制块最为重要。之所以这么说，是因为操作系统中的每一个被管理对象，不管这个对象是一个软件模块还是一个硬件装置，它们都至少会有一个记录其基本信息的数据结构，操作系统就依据这个控制块提供的信息来对这些对象进行管理。控制块就是被控制对象在操作系统这个世界中的“身份证”。

从代码上来看，控制块就是一个 C 结构体，作为例子下面提供了一个函数模块的控制块代码：

```
typedef struct tcb {
    char * code_name;           //代码名称
    int p;                      //重要性级别
    int v_number;               //版本号
    void ( * fun)(void);        //指向被管理代码的指针
} TCB;
```

其中，函数指针 fun 指向的便是被管理的函数模块，而结构 tcb 中的其他各域都是这个被管理函数模块的相关管理信息。图 2-16 表示上面这个软件模块控制块的结构。

顺便说一下，这种软件模块控制块也叫做程序控制块或程序描述块。

例 2-13 编写一个程序，在程序中使用程序控制块来管理 3 个代码段，这 3 个代码段各自都为一个函数，分别为 function_1()、function_2() 和 function_3()，而它们的名称各自为

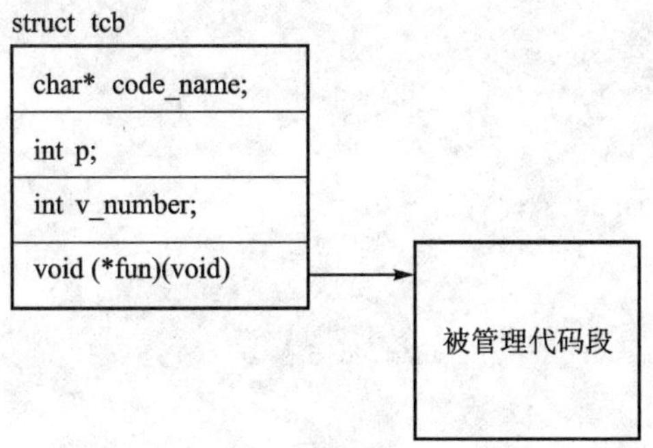

图 2-16　可被管理代码段的结构

F1、F2 和 F3。当用户自键盘输入代码名称时，程序可以运行对应代码。

(1) 程序代码

```
#include<stdio.h>
#include<string.h>
//TCB 的定义
typedef struct tcb
{
    char * code_name;
    int p;
    int v_num;
    void ( * fun)();
}TCB;
//被管理代码 1
void function_1()
{
    int i;
    for(i = 0;i<10;i++)
        printf("11111111111\n");
}
//被管理代码 2
void function_2()
{
    int i;
    for(i = 0;i<10;i++)
        printf("222222222222\n");
}
//被管理代码 3
```

```
void function_3()
{
    int i;
    for(i = 0;i<10;i++)
        printf("333333333333\n");
}
//创建控制块函数
TCB GreateTCB(char * name,int pp,int vnum,void ( * f)())
{
    TCB tcb;
    tcb.code_name = name;
    tcb.p = pp;
    tcb.v_num = vnum;
    tcb.fun = f;
    return tcb;
}
//应用程序代码
int main()
{
    char code_name[10];
    int t,i;
    //定义一个含有 3 个控制块的数组
    TCB tcbTbl[3];
    //定义代码 function_1 的控制块
    tcbTbl[0] = GreateTCB("F1",2,1,function_1);
    //定义代码 function_2 的控制块
    tcbTbl[1] = GreateTCB("F2",2,4,function_2);
    //定义代码 function_3 的控制块
    tcbTbl[2] = GreateTCB("F3",4,5,function_3);

    printf("Input CodeName:");
    //由键盘输入待运行程序名称
    scanf("%s",code_name);
    t = 0;
    //在控制块中查找符合条件的程序来运行
    for(i = 0;i<3;i++)
    {
        if(strcmp(tcbTbl[i].code_name,code_name) == 0)
        {
```

```
            tcbTbl[i].fun();
            t = 1;
        }
        if(i == 2&&t == 0)
            printf("No %s\n",code_name);
    }
}
```

(2) 程序运行结果

例 2-13 应用程序的运行结果如图 2-17 所示。

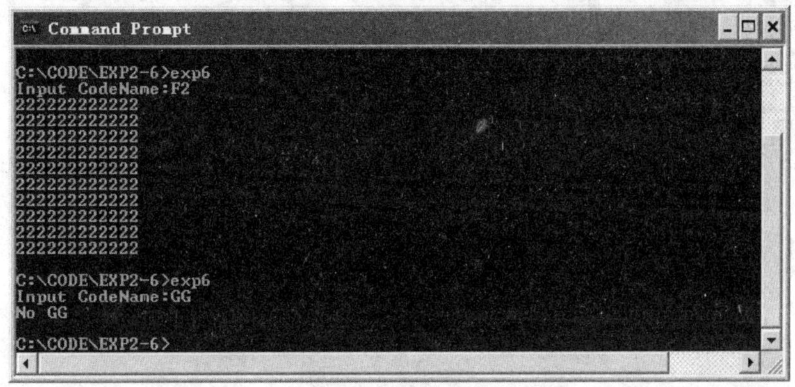

图 2-17　例 2-13 应用程序的运行结果

由于本例旨在说明程序控制块的概念，所以这个控制块也就相当简单。实际操作系统所使用的程序控制块远比例 2-13 中的复杂，一是它们需要记录的信息众多，二是有时它们的结构也很复杂。例如图 2-18 所示的就是一个稍微复杂一些、具有两级结构的程序控制块。但

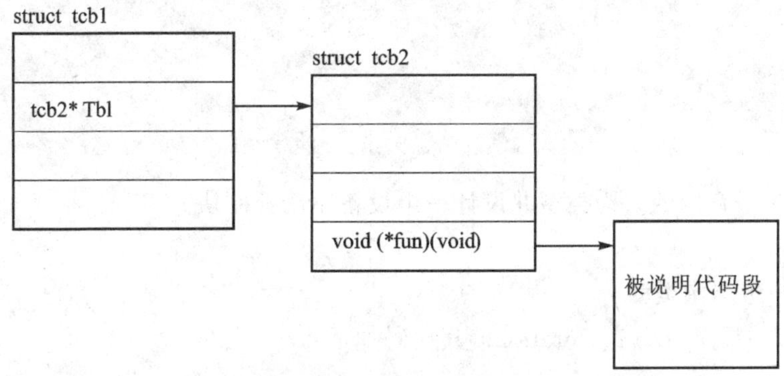

图 2-18　具有两级控制块的可管理代码的结构

不管怎么复杂,既然是程序控制块,那它总是要与相应代码相关联的,而关联代码的手段就是函数指针。

2.6.3 同类控制块的登记造册

人们在做管理工作时,通常会将同一个组织或系统中成员的登记表集中装订成册,操作系统也不例外,它也要把控制块集中存放到某种数据结构中。

凡是使用C语言编过程序的读者都知道,数组最适合集中存放同数据类型的数据,因此操作系统使用数组对控制块进行登记造册是一个合理的选择。

为了能建立起一个相对完整的概念,同时也能使读者对操作系统对计算机外部设备驱动程序管理方式有一个初步的了解,下面给出了一个设备驱动程序简单管理程序示例(仅限于控制块及其注册表部分)。

首先要弄清楚,不管什么设备驱动,只要涉及计算机的操作,那么它一定是一组函数的集合,只不过有的需要函数(操作动作)多一些,有的少一些。既然是集合,那么使用结构类型对它们进行管理便是合适的选择。

例 2-14 某设备 Dev1 的驱动程序由如下三个函数组成(因为只是示意,所以函数功能很简单,输出一串与设备名相关的字符串):

```
void Dev1_Open()              //打开函数
{
    printf("dev1 open\n");
}
char * Dev1_Read()            //读操作函数
{
    return "dev1 read";
}
void Dev1_Write()             //写操作函数
{
    printf("dev1 write\n");
}
```

请设计一个包含了它们的结构类型并设计一个设备驱动控制块。

解:

(1) 设计一个结构类型

结构类型为 struct Dev1_Oprations,其代码如下:

```
struct Dev_Operations
{
```

```
    void ( * DevOpen)();      //打开函数指针
    char * ( * DevRead)();    //读操作函数指针
    void ( * DevWrite)();     //写操作函数指针
};
```

因为结构类型不能包含函数，所以这里使用了函数指针。

(2) 设计控制块

操作系统通常会有多个设备，为了对它们进行区分，所以会为这些设备编写一个结构类型 struct Dev_Driver，以便包含各个设备的特征信息(类似于学生个人信息表)，这就是所谓的控制块。其代码如下：

```
struct Dev_Driver
{
    char * Name;                  //驱动名称
    int ID;                       //编号
    void * pData;                 //void 指针(备用)
    struct Dev_Operations * dev_operations;      //驱动程序函数集指针
};
```

本驱动控制块使用了一个结构类型指针 * dev_operations 关联了驱动程序函数集。整个设备驱动结构类型的结构如图 2 - 19 所示。

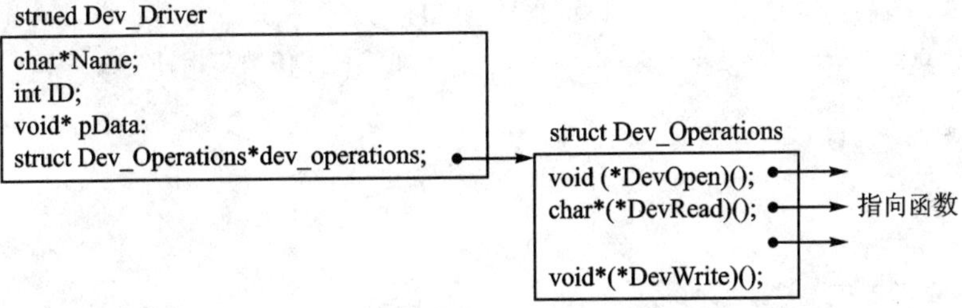

图 2 - 19　设备驱动程序结构图

(3) 编写实验程序

实验程序完整代码如下：

```
#include <stdio.h>
#include <stdlib.h>
//Dev1 驱动程序函数
void Dev1_Open()                  //打开函数
{
```

```
    printf("dev1 open\n");
}
char * Dev1_Read()                  //读操作函数
{
    return "dev1 read";
}
void Dev1_Write()                   //写操作函数
{
    printf("dev1 write\n");
}
//声明驱动函数集合结构类型
struct Dev_Operations
{
    void ( * DevOpen)();
    char * ( * DevRead)();
    void ( * DevWrite)();
};
//声明驱动程序结构类型
struct Dev_Driver
{
    char * Name;                    //驱动名称
    int ID;                         //编号
    void * pData;                   //void 指针(备用)
    struct Dev_Operations * dev_operations;     //驱动程序函数集指针
};

//主函数
int main()
{
    //定义驱动函数集对象并初始化
    struct Dev_Operations dev1_operations =
    {
        .DevOpen = Dev1_Open,
        .DevRead = Dev1_Read,
        .DevWrite = Dev1_Write
    };
    //定义驱动程序对象
    struct Dev_Driver dev1_driver =
    {
```

```
        .Name = "MyDev",
        .ID = 1,
        .dev_operations = &dev1_operations
    };
    //调用写操作函数
    dev_driver.dev1_operations->DevWrite();
    //调用读操作函数并输出函数返回值
    printf ("%s\n",dev1_driver.dev_operations->DevRead());
    return 0;
}
```

例 2-14 程序的运行结果 1 如图 2-20 所示。

```
dev1 write
dev1 read
```

图 2-20　例 2-14 程序的运行结果 1

(4) 说　明

由上可见，只要在应用程序中获得了驱动程序控制块，那么就可以顺藤摸瓜地获得所需的驱动函数，从而实现对设备的操作。如果把驱动函数看做“目”，那么驱动程序控制块就是“纲”。

(5) 使用数组作为设备驱动注册表

通常，当系统中设备驱动程序较多时，会定义一个 struct Dev_Driver 类型数组把它们都管理起来，如图 2-21 所示。

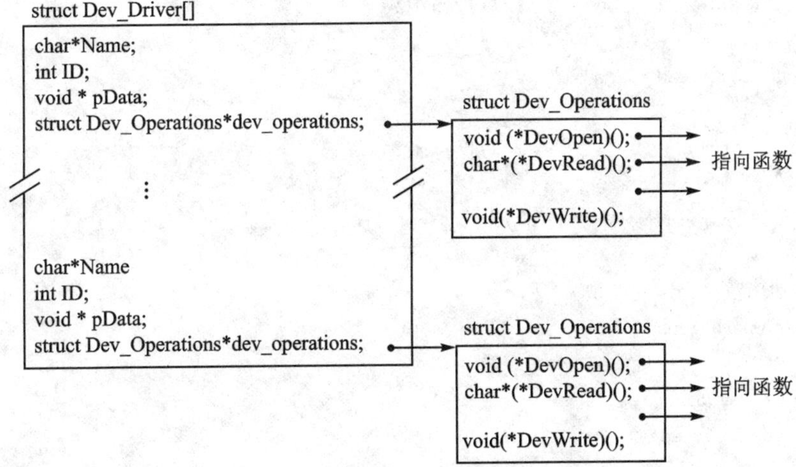

图 2-21　使用数组对驱动程序控制块进行管理

如果把 struct Dev_Driver 类型数组看做注册表，那么定义了两个驱动程序且带有注册表的程序示例代码如下：

```
#include <stdio.h>
#include <stdlib.h>
//Dev1 驱动程序函数
void Dev1_Open()                    //打开函数
{
    printf("dev1 open\n");
}
char * Dev1_Read()                  //读操作函数
{
    return "dev1 read";
}
void Dev1_Write()                   //写操作函数
{
    printf("dev1 write\n");
}
//Dev2 驱动程序函数
void Dev2_Open()                    //打开函数
{
    printf("dev2 open * * * * \n");
}
char * Dev2_Read()                  //读操作函数
{
    return "dev2 read * * * * ";
}
void Dev2_Write()                   //写操作函数
{
    printf("dev2 write * * * * \n");
}
//声明驱动函数集合结构类型
struct Dev_Operations
{
    void ( * DevOpen)();
    char * ( * DevRead)();
    void ( * DevWrite)();
};
//声明驱动程序结构类型
struct Dev_Driver
{
```

```
    char * Name;                //驱动名称
    int ID;                     //编号
    void * pData;               //void 指针(备用)
    struct Dev_Operations * dev_operations;     //驱动程序函数集指针
};
//驱动程序注册表(数组)
struct Dev_Driver dev_drivers[10];
//主函数
int main()
{
    //定义驱动函数集对象并初始化
    struct Dev_Operations dev1_operations =
    {
        .DevOpen = Dev1_Open,
        .DevRead = Dev1_Read,
        .DevWrite = Dev1_Write
    };
    //定义驱动程序对象
    struct Dev_Driver dev1_driver =
    {
        .Name = "MyDev",
        .ID = 1,
        .dev_operations = &dev1_operations
    };
    //定义驱动函数集对象并初始化
    struct Dev_Operations dev2_operations =
    {
        .DevOpen = Dev2_Open,
        .DevRead = Dev2_Read,
        .DevWrite = Dev2_Write
    };
    //定义驱动程序对象
    struct Dev_Driver dev2_driver =
    {
        .Name = "YouDev",
        .ID = 2,
        .dev_operations = &dev2_operations
    };
    //驱动程序注册(加入总表)
```

```
    dev_drivers[0] = dev1_driver;
    dev_drivers[1] = dev2_driver;
    //调用 Dev1 驱动
    dev_drivers[0].dev_operations->DevWrite();
    printf ("%s\n",dev_drivers[0].dev_operations->DevRead());
    //调用 Dev1 驱动
    dev_drivers[1].dev_operations->DevWrite();
    printf ("%s\n",dev_drivers[1].dev_operations->DevRead());
    return 0;
}
```

例 2-14 应用程序的运行结果 2 如图 2-22 所示。

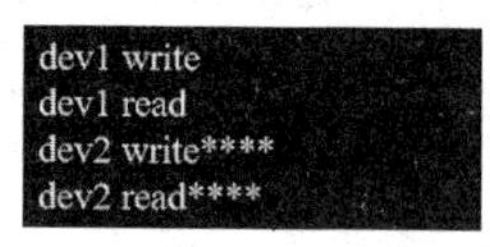

图 2-22　例 2-14 应用程序的运行结果 2

(6) 程序说明

本例只是从介绍设备驱动控制块与驱动程序函数集,以及它们与驱动程序注册表之间关系的角度设计了本程序。其实想要实现一个较为完整的设备驱动管理系统,还需要做更多的工作,至少还要把其中一些稳定且与用户无关的代码作为框架代码固定并分离出来,将其编写于另一个文件,而只需把用户需要做的定义驱动程序集结构类型对象及其初始化工作交由用户自己完成。这个练习由读者自行完成,这里就不再赘述。

当系统中驱动程序较多时,数组便不是作为注册表的最佳选择,因为在这种情况下,数组需要占用大片连续内存空间,对内存要求较为苛刻。这时,那种能够在非连续空间中存放大量大型数据的链表就成了一种对控制块进行登记的手段。具体做法为:在程序控制块中再添加两个指针成员,一个用来指向前一个控制块,另一个用来指向下一个控制块,从而把所有被管理代码的控制块用链表组织起来,如图 2-23 所示。

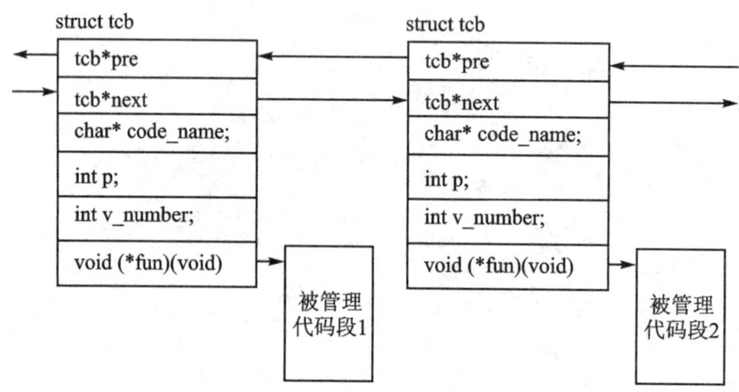

图 2-23　用链表来组织的程序控制块

但使用链表作为注册表也有一个弊端,那就是在链表中来查询一个项目十分耗时,因为必须从链表头沿着指针一个一个地查询。为了提高查询效率，系统常常会为链表再配一个数组，并在这个数组的各个元素中存储了指向各个链表成员的指针，这样便可以通过数组来实现链表元素的快速随机查询了。

链表与数组相配合的结构如图 2-24 所示。

如果把控制块按照图 2-24 所示的方式组织起来，那么这个组织方式就真的形成了一个册子，数组的下标就相当于这个册子的页码，链表头元素是首页，而链表尾元素为末页。管理者可以从头一页一页地翻到尾，也可以从尾一页一页地翻到头，当然也可以按照页码直接翻到某一页。用起来很是方便快捷。

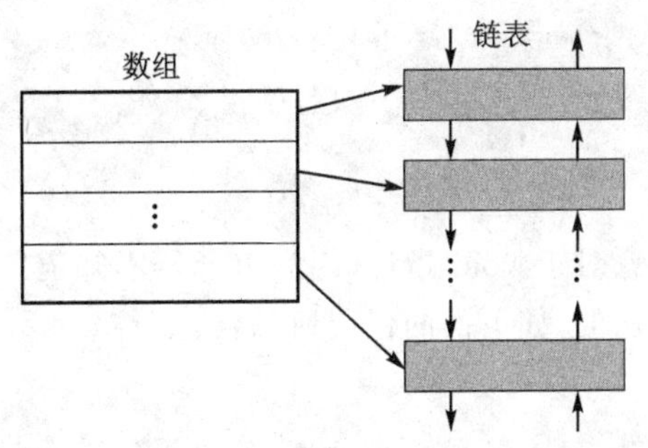

图 2-24　链表和数组的配合

尽管这种链表和数组配合的造册方式很优秀，但在系统中被管理对象越来越多的今天，这种方式也显得很吃力，因此人们又发展了哈希表等新型数据结构来解决这种问题。鉴于本书的宗旨，关于控制块的集中管理造册就介绍到这里，感兴趣的读者可以自行参阅其他文献。

2.6.4　void 指针及其应用

本来有关指针的问题应该在前面关于指针的内容中介绍，但因无应用背景介绍起来会非常吃力，于是就把无类型指针 void * 的介绍放到这里了。

无类型指针 void * 是一种特殊指针，在某些情况下很有用，其特点是可以指向任何类型的数据且无需进行强制类型转换，如下面的代码所示：

```
void * p;
int x = 2;
p = &x;   //将整型变量 x 的地址赋予 void 指针
```

或

```
void * p1;
int * p2;
…
p1 = p2;   //将 int 类型指针赋予 void 指针
```

但反过来，将 void 指针赋值给其他类型指针，则必须进行强制类型转换，如下面的代码所示：

```
void * p1;
int * p2;
…
p2 = (int * )p1;
```

在 ANSI C 标准中它被用来代替 char * 作为通用指针的类型。ANSI C 标准规定,进行算法操作的指针必须确切地知道其指向数据类型的大小。也就是说,必须知道内存目的地址的确切值,如下面的代码所示:

```
char c[20] = "qwartyuiop";
int * p = (int * )c;
p++;
printf("%s", p);
```

对于 void 指针,因为编译器不知道所指对象的大小,所以对 void 指针进行算术操作都是非法的,如下面的代码所示:

```
void * p;
p++;              //ANSI:错误
p+= 1;            //ANSI:错误
```

一般来说,只要不出现上述错误,void 指针在一些特殊情况时,还是很有用的。在上面的例 2-14 驱动程序的示例中,结构类型 struct Dev_Driver 中就定义了一个 void * 指针 pData 作为备用指针:

```
struct Dev_Driver
{
    ……
    void * pData;   //void 指针(备用)
    ……
};
```

之所以这么做,是因为 struct Dev_Driver 是一个类型,而众所周知,一个类型一经被使用,则在其后的应用程序中会有大量这种类型的对象存在,直接后果就是这个类型轻易不能进行修改。想象一下,如果在使用某个类型定义了数不清的对象之后,突然要为类型增加一个成员,这会给以往的代码造成多大的混乱和麻烦。但是,由于各种原因,导致类型需要修改的情况又是极难避免的。于是,void 指针就有了用武之地。例如例 2-14 中,为了使 struct Dev_Driver 结构类型能有一个在以后进行修改的机会,在类型设计之初就为其设置了一个 void 指针。

那么为什么选择 void 类型指针呢?因为既不知道将来需要扩充什么类型的成员,也不知道需要扩充多少个成员,所以只能使用这种不仅可以指向任何类型对象的 void 指针,而且它还有可以通过指向数组、链表、结构类型这类复杂对象,以嵌套方式对成员的数目进行无限扩充的能力。也就是说,这里的这个 void 指针是一粒可以长出参天大树的种子!

作为 void 指针应用示例,例 2-15 对例 2-14 驱动程序做了部分修改,目的是使 struct Dev_Driver 结构类型中的 void 指针指向一个作为写操作存储缓冲区的数组 a(当写数据量较大时,为外部设备在内存设置一个缓冲区是必要的)。

例 2-15 定义一个数组 a[3],并使例 2-14 中 struct Dev_Driver 结构类型的 void 指针指向它,从而使数组 a 成为 struct Dev_Driver 结构类型的一个扩充成员,目的是将数组 a 作为驱动程序写操作的数据缓冲区。

解:

(1) 程序代码

程序代码如下:

```
#include <stdio.h>
#include <stdlib.h>
//Dev1 驱动程序函数
……
//Dev2 驱动程序函数
……
void Dev2_Write(void * p,int x)                    //修改了写操作函数
{
    *(int *)p = x;
    printf("dev2 write * * * * ");
}
int a[3];                                          //为 Dev2 驱动定义了一个数组 a 作为写操作缓冲区
//声明驱动函数集合结构类型
……
//声明驱动程序结构类型
struct Dev_Driver
{
    ……
    void * pData;                                  //void 指针
    struct Dev_Operations * dev_operations;        //驱动程序函数集指针
};
//驱动程序注册表(数组)
struct Dev_Driver dev_drivers[10];
//主函数
int main()
{
    //定义 Dev1 驱动函数集对象并初始化
    struct Dev_Operations dev1_operations =
    {
        ……
    };
    //定义 Dev1 驱动程序对象
```

```
    ……
    //定义 Dev2 驱动函数集对象并初始化
    struct Dev_Operations dev2_operations =
    {
        ……
    };
    //定义 Dev2 驱动程序对象
    struct Dev_Driver dev2_driver =
    {
        .Name = "YouDev",
        .pData = a,//将数组 a 首地址赋予指针 pData,使之指向内存缓冲区
        .ID = 2,
        .dev_operations = &dev2_operations
    };
    //驱动程序注册(加入总表)
    ……
    //输出驱动 Dev2 基本信息:
    printf ("Dev2 Name: % s\n",dev_drivers[1].Name);
    printf ("Dev2 ID: % d\n",dev_drivers[1].ID);
    //调用 Dev2 驱动
    dev_drivers[1].dev_operations->DevWrite(dev_drivers[1].pData,600);
    //输出 a[0]的值
    printf (" % d\n",(int)a[0]);
    //为数组 a 继续赋值(演示使用 void 指针为数组赋值的方法)
    *((int *)dev_drivers[1].pData + 1) = 200;
    *((int *)dev_drivers[1].pData + 2) = 300;
    //输出数组 a 的各元素值(为了演示指针的传址作用)
    printf (" % d,   % d, % d\n",(int)a[0],(int)a[1],(int)a[2]);
    return 0;
}
```

(2) 程序运行结果

例 2－15 应用程序的运行结果如图 2－25 所示。

```
dev1 write
dev1 read
Dev2 Name:YouDev
Dev2 ID:2
dev2 write****600
dev2 read****
600, 200, 300
```

图 2－25　例 2－15 应用程序的运行结果

(3) 说　明

程序中有两个设备驱动程序 Dev1 和 Dev2，它们都定义了 struct Dev_Driver 类型对象，虽然只有 Dev2 为其成员 * pData 进行了扩展，但这个

扩展并没有要求对 Dev_Driver 的代码进行任何修改。这就是 Dev_Driver 类型中设置了一个 void 指针的意义，即这种修改不会波及其他代码，程序可维护性极高。即指针具有代码解耦作用，指针之所以有这种能力，在于它不是实际被访问对象，而只是一个可以接收某个特定类型(这里把 void 也看做一种类型)对象地址的中介，当这个中介所持有的实际被访问对象的地址发生变化时，指针的名称却不会变化，从而也就不会影响到使用指针的程序代码，这也就是人们所说的"解耦"或"隔离"作用。所以人们也常把指针叫做"代码隔离件"，前面"代码"这两个字的意思是说，指针这个隔离件只隔离了代码，但并没有隔离信息的传递。

相对于被访问的实际对象(也叫具体对象)，可以持有实际对象地址的指针是一种抽象对象，所以面向指针编程也属于面向抽象编程。从本例来看，面向抽象编程的最大特点就是代码对扩展是开放的。

(4) 对设备驱动程序函数集的说明

本例为驱动程序提供了 DevOpen()、DevRead()和 DevWrite()三个函数，后两个函数的作用不言而喻，而 DevOpen()通常会最先被调用，其任务是为设备进行初始化。如例 2-15 中的那个为读写缓冲区预先定义的数组 a，按照正规的做法，其定义应该放在 DevOpen()函数中并且应该以动态方式获得内存。当然，这么做的结果就是需要为设备再定义一个关闭函数 DevClose()，以便在退出设备驱动程序时，用户通过这个函数的调用处理动态内存的销毁等事宜。

除了上述的函数之外，常用的设备驱动函数还有用于为设备控制寄存器进行设置的控制函数以及其他操作函数。总的来说，一个设备的驱动函数主要有 5 个：DevOpen()、DevWrite()、DevRead()、DevCtl()和 DevClose()。它们的名称可以任意，只要是你自己设计的系统。

对于 μC/OS-II 这种小型、开放，代码可以被用户完全掌控的系统来说，只要按照一般程序那样使用驱动程序函数即可，没有必要像例 2-15 那样复杂。但像 Windows、Linux 这类通用操作系统，不仅外部设备众多，而且还要应付它们的频繁插拔、更换，所以这种系统不仅都在其中预置了多达十多种可以应付各种需要的驱动函数指针，并且在调用路径上还设置了多重检查以及为驱动进行相关资源配置的各种复杂操作，所以它们的驱动管理工作都很复杂。但好在上述那些操作都已由操作系统承担了，对于一般驱动程序设计者来说，只需根据自己的需要选择并编写相应的驱动函数，最后将这些函数正确地安装到系统提供的驱动程序函数集对应的指针即可。需要提醒读者注意，囿于本书的宗旨，这里没有涉及外设的中断管理。

2.6.5 队列与堆栈

1. 队　列

在日常生活中，人们经常需要通过排队来享用某些稀缺服务，例如春节时买火车票需要排队，到银行办理业务时如果人多也会需要排队。这些请求服务的人所排列的队就叫做队列。

如果把一个人看作一个数据，那么这个由多个等待者组成的队列就可以看作一个数组或链表；但它们与普通的数组或链表有所不同，队列中的数据是按照一个方向移动的，先进入队列的数据将会被先移出去接受服务，后进入队列的数据会被后移出接受服务。在计算机技术中，按照这种“先进先出”原则组织的数据结构叫做队列。

在操作系统中，凡是比较稀缺的资源，例如处理器，操作系统都会为它们配置队列，凡是需要使用这个资源，而又因这个资源正在被先来者占用而不得的那些对象就必须进入队列排队，具体办法就是把等待资源的那个对象的控制块或控制块指针从队尾插入队列。每当资源被前面的使用者释放后，队列中的控制块均向前移动一个位置，直至得以享用资源的服务。

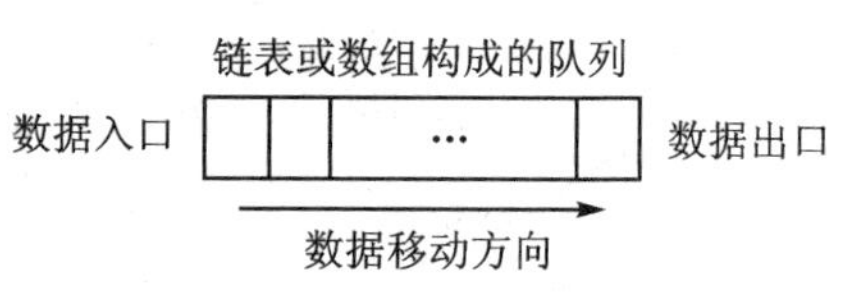

图 2-26　队列的图形表示

队列的图形表示如图 2-26 所示。

2. 堆　栈

所谓堆栈，就是一段按照“先进后出”方式进行数据存储的内存区域，它可以看成是如图 2-27 所示只有一个开口端的数据容器，数据只由这个开口端输入和输出。当输入数据时，数据被堆放到先输入数据的上方，因而随着数据量的增加使得存储区形成了一个数据垛。当输出数据时，从数据垛的垛顶输出，数据垛随着数据量的减少会变低。

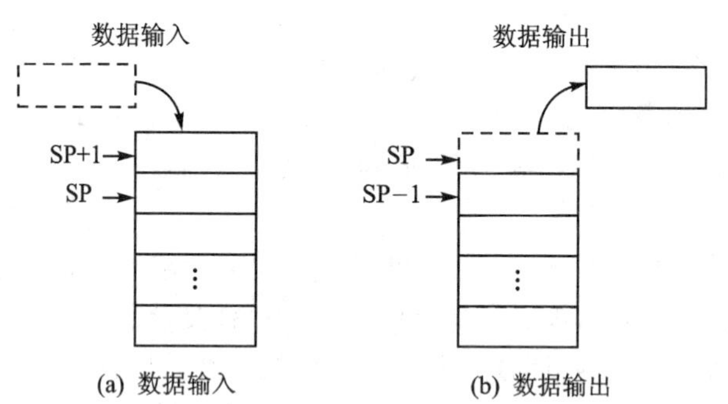

图 2-27　堆栈的图形表示

图中的 SP 是堆栈的栈顶地址，每当向堆栈输入一个数据时，SP 就会增加并指向新的栈顶；与之相反，每当从堆栈输出一个数据时，SP 就会减少并指向新的栈顶。也就是说，从用户的角度看，堆栈就是一个以 SP 为地址的存储器，当存放数据时，就以 SP 为目标地址存放；当输出数据时，就以 SP 为源地址输出，但输出的一定是最后存入的数据。

人们设计堆栈的最初用途是为了在发生函数调用时保护程序断点。所谓程序断点，就是当函数调用发生时，程序被打断的位置，这个位置必须在程序流程转移到新函数之前保留下来，因为新函数执行完毕之后还需要返回被打断程序的断点位置接续执行。如图 2-28 所示，函数 1 在调用函数 2 时，在转向函数 2 执行之前，必须将函数 1 断点处下一条指令的地址(即处理器程序计数器 PC 中的值)PC1 保存起来,而当函数 2 执行完毕,再把保存起来的 PC1 送回 PC,从而使得处理器可以从 PC1 的位置接续执行函数 1 的其余代码。

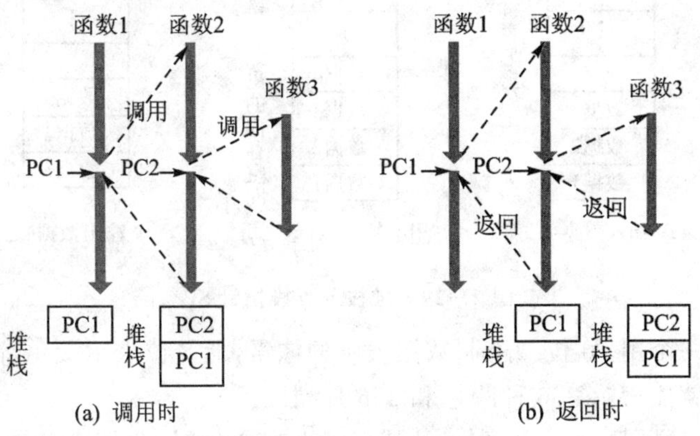

图 2-28 堆栈的作用

从图 2-28 还可以看出,为了实现 C 程序经常出现的函数调用嵌套,使用堆栈来保存断点是最合理的一个方案。当函数 1 调用函数 2 时,系统会将函数 1 的断点 PC1 压入堆栈,而当函数 2 在调用函数 3 时,系统会将函数 2 的断点 PC2 压入堆栈。而在函数返回时,断点将从堆栈中弹出,即当程序流程需要从函数 3 返回函数 2 时,会先从堆栈的顶部取出断点 PC2 并将它赋予计算机的程序计数器,从而使程序流程转向了 PC2 处接续执行函数 2 余下的代码,当 PC2 弹出后,堆栈顶的数据就是 PC1 了。于是,当程序流程需要从函数 2 返回函数 1 时,系统会从堆栈顶部取出断点 PC1 并将之赋予程序计数器,从而使程序流程转向 PC1 处接续执行函数 1 所余下的代码。

从上面的过程中可看到,用堆栈保护断点的好处是系统只需保存栈顶的地址即可,因为每次从堆栈中读取断点都是读栈顶的数据。

通常,在程序中是使用数组申请的一个连续空间作为堆栈的,为了能够访问栈顶数据,这个堆栈必须设置一个总是指向栈顶的指针,随着数据的增加和减少,这个指针会浮动其指向位置,从而保证无论是输入数据还是输出数据,系统都从 SP 处操作。这个指针叫做堆栈指针 SP (见图 2-29)。

2.6.6 位 图

位图这个词很有意思,它本是计算机图像技术中用于表示一种图像的术语。所谓位图图像(bitmap),亦称为点阵图像或绘制图像。众所周知,一幅图像是由图 2-30 所示的一些大小相等且被称做像素(图片元素)的单个点组成的。这些点的不同排列和不同颜色便构成图样。当一幅图像的像素足够多时,图样就显得平滑和连续。

在计算机系统中,位图的每一个像素都是用数字来表示的,这个数字就包含了像素颜色和

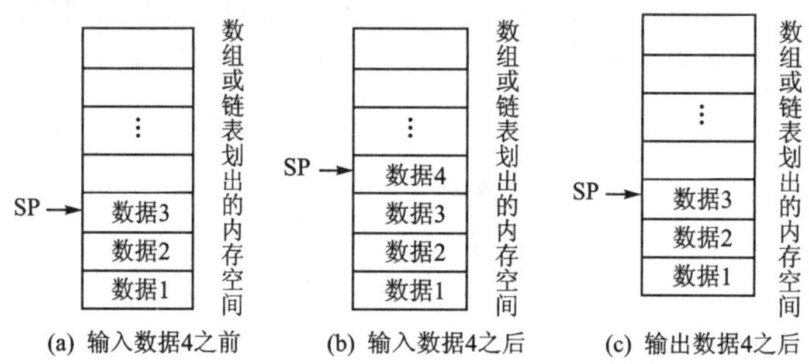

图 2-29 堆栈及堆栈指针 SP

亮度的信息。例如一个用 16 位二进制数据表示的像素,低 8 位表示颜色,高 8 位表示亮度,那么这个位图的像素就能表示 256 种颜色和 256 种亮度。

特别地,当一个位图只有两种颜色,且其亮度没有变化时,只用一位二进制数据就能表达这种位图的像素了。例如,一个如图 2-31 所示具有 64 个像素的黑白位图图像,其计算机中的数据表达就是 8 个 8 位的二进制数,数据中的每一位都对应位图中的一个像素。在这个例子中,数据“1”表示位图该位置上的像素为黑色,而“0”则表示白色。从图 2-31 中还可以看到,如果把这 8 个 8 位二进制数按照位图像素的顺序排列出来,那么在这个由“0”和“1”组成的阵列里也能看出那个黑白位图的图像来。

图 2-30 位图图像及其像素

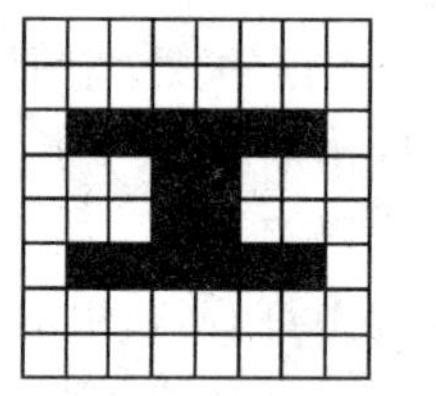

00000000
00000000
01111110
00011000
00011000
01111110
00000000
00000000

图 2-31 一个黑白位图图像及其数据

稍微动一下脑子就可以知道,如果把一个二进制位代表一个具有两个状态的事物,那么这种位图就可以表示多个这种事物的状态。

这种位图在操作系统中用得特别多,因为操作系统是一种对计算机软、硬件资源进行管理的软件,常常需要对某些资源的使用情况进行记录,最简单的也要记录一个资源是正在被使用还是未被使用。如果将正在被使用叫做忙状态,用“1”来表示,那么就可以用“0”来表示其未被使用的空闲状态。例如,某段内存被分成了 16 个块,为了记录这 16 块中有哪些块已被使用,哪些块尚未被使用,就可以使用如图 2-32 所示的位图数

1	0	0	1	1	0	0	0

0	1	0	0	0	1	0	0

图 2-32 一个 16 位的位图

据来记录。

再如,一个用方格纸制作的学生考勤表,班级的每个同学占据一格,如果他来上课了,那么就在他所对应的小格中写个“1”,否则就写个“0”。于是,谁没有来上课,在这个表格上就会一目了然。其实,在操作系统中的位图还有很多其他用途,请读者在学习中注意加深对位图这种数据结构的理解。

2.7 程序流程转移的中断实现方法

中断这个词很形象:在某个过程的中间打断其流程。在计算机技术中,所谓的中断就是打断某个程序的执行过程,目的是执行另外一个程序,因为这个程序的事务比被中断程序的事务要紧急或者重要,需要即刻处理。显然,这种中断不会是被中断程序自己发生的主动行为,而是另有实施者,这个实施者便是计算机系统的中断管理机构。

通常,引发一个中断的原因是计算机的外部设备有事情需要计算机来做,例如计算机用户在键盘上按下了一个键,这时就需要计算机及时将这个键的键码读入内存,因此这时需要中断计算机正在运行的程序,从而将执行流程转移到一个能读取键码的程序上运行。那么这个过程是如何进行的呢?因为键盘是硬件设备,故当有键按下时,键盘向计算机发出的是一个电信号,因此计算机必须具有接收这种电信号的硬件设备,这种硬件设备就叫做中断管理器。当操作系统读到中断管理器有中断信号时,就会中止现行程序,而转向一个专门处理这个中断的程序(即所谓的中断服务程序),并通过这个中断服务程序中的读键盘代码将键值读到内存中。在计算机技术中,把这种能发出中断申请的装置叫做中断源。也就是说,引发中断的源头是中断源。中断源的中断申请在中断管理器的管理下中止现行程序并按中断管理器给出的地址将程序流程转向中断服务程序。

上面之所以讲了这么多就是要说明一件事:一个程序向另一个程序的转移除了程序主动的调用转移之外,还有中断这种被动的转移。这两种转移貌似相同,其实却有着实质性的区别。调用转移,当被调用程序执行完后,系统会保证程序流程返回调用程序,因为被中止程序的断点是系统自动保存和恢复的;而中断这种被动的转移却没有这个保证,因为断点的保存和恢复是由中断服务程序设计者在中断服务程序中自行决定的。即中断服务程序执行之后可能返回到被中断程序,也可能转移到另外一个新的程序上运行,这取决于设计者的设计。

调用转移与中断转移的区别如图 2-33 所示。

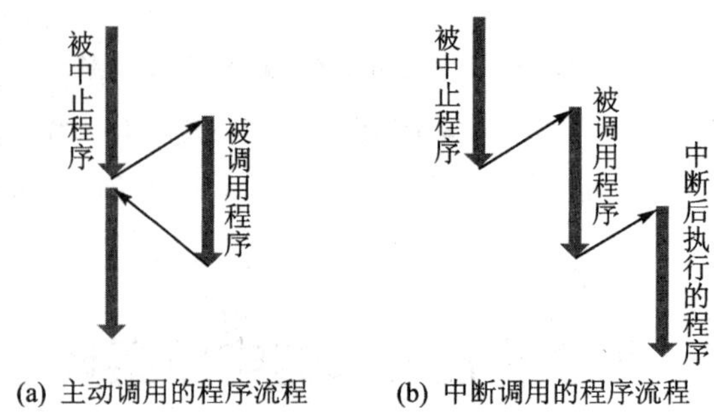

图 2－33　两种调用转移的流程

2.8　小　结

● 为简化目标文件的连接工作,开发者可以使用连接文件,其命令格式为:

tlink @连接文件名

● 为实现工程项目的自动管理,通常要设计一个合适的 makefile。所谓 makefile,就是一种可由工程管理工具 make.exe 运行的文本文件,该文件主要是源文件编译及目标文件连接的脚本。结合批处理文件,合理地利用 makefile,可以实现程序的"自动"编译和连接。

● 结构类型是一种用户自定义类型,在操作系统中具有大量的应用,其特点是可以以任何合法类型数据作为其成员。但要注意,结构类型不能包含函数成员,但能通过包含函数指针收到同样的效果。

● 设备驱动实质上是一个函数集合,其中的成员都是用于操作设备的函数。通常,为了这个函数集合需要创建一个结构类型对象,并用该对象中的函数指针指向驱动函数集中的函数。当然,这个结构对象中也可以含有与设备有关的其他成员,因此这个结构对象被叫做驱动程序控制块。用于集中保存驱动程序控制块的数组或链表叫做驱动程序注册表。

● 与代码相关联的 struct 结构是操作系统管理程序代码的重要手段,由于该结构记录了被关联代码的相关信息,因此这种结构是系统用来掌握可控制代码的主要手段,所以这种结构通常被叫做程序控制块。

● 队列通常是那些等待享用资源的对象进行排队的场合;堆栈通常用来保护程序的断点(函数调用断点或中断断点);位图是以位为单位来记录二值信息的一种数据结构。

2.9 练习题

1. 为什么本书主张读者使用 BC3.1 精简版来学习 μC/OS－II？

2. 如果读者对 Turbo C 比较熟悉，请制作一个适合 μC/OS－II 使用的 Turbo C 精简版。

3. 什么叫做连接文件？它有什么用途？如何使用？

4. 什么叫做 make 及 makefile？

5. 什么是指针？什么是函数指针？它们有什么用途？

6. 函数指针的定义与返回值为指针的函数在定义上有什么区别？为什么它们会是那个样子？

7. 函数指针能否作为函数的参数？什么时候需要这么做？

8. 函数指针能否作为函数的返回值？什么时候需要这么做？

9. 什么叫做回调函数？思考一下，main()函数是不是回调函数？为什么？

10. 在你的学习中什么时候碰到过回调函数？

11. 中断处理函数是不是回调函数？

12. 什么叫做程序控制块？它有什么用途？

13. 为什么结构类型是一种自定义类型？它相当于日常生活中的哪种文件？

14. 表和学生基本信息表是不是同一种东西？为什么？

15. 我的表和我的学生基本信息表是不是同一种东西？

16. 请说明什么是结构类型嵌套。

17. 如何访问内嵌对象成员？共有几种方法？

18. void 指针的使用规则是什么？

19. 嵌套结构类型与 C++的类继承有何异同？

20. 结构类型对象的指针什么时候指向整个对象？什么时候指向第一个成员？

21. 能否设法使结构类型对象的指针指向其任意成员？

22. 能否设法使结构类型对象的任意成员指针指向整个对象？

23. 什么是设备驱动程序？什么是设备驱动程序集？

24. 设备驱动程序注册表有什么用？不用行不行？为什么？

25. 设备驱动程序最常用的函数有几个？都是什么函数？

26. 思考一下，能不能用例 2－15 设备驱动程序集结构类型中的 void 类型指针指向一个文件系统的控制块？即将例 2－15 中的数组扩展成一个文件系统？

27. 在操作系统中还有什么事物是可以按照设备驱动程序管理方式管理的？

28. void 指针是否可以作为函数参数类型？

29. 简述函数指针的代码隔离作用。

30．为什么说指针是它指向的那个程序实体的抽象？

31．什么是面向抽象编程？

32．在同学中开展一个竞赛，看看谁能用最短的几句话说清楚 C 语言实现多态的思路。

33．把正文中多态例子中的函数参数类型改成 void * 类型试试。如果希望程序能成功地运行，哪些地方需要修改？如何修改？这么改有什么实际应用意义吗？

34．试一下，你能否在实际生活中找到使用队列的实例？

35．自动步枪的子弹匣是以队列还是堆栈方式工作的？

36．试一下，你能否在实际生活中找到适用堆栈方式的实例？

37．什么叫做位图？它有什么用途？

38．幼儿园的黑板上画上了格子，每个孩童一个格，用插红旗的方式来对他们进行表扬，这是不是位图？为什么？

第3章 μC/OS－II中的任务

μC/OS－II操作系统内核的主要工作就是对任务进行管理和调度。弄清楚什么是任务、任务的结构和μC/OS－II对任务的管理方法，对理解μC/OS－II的体系结构无疑是极其重要的。

本章的主要内容有：

- 任务的基本概念，用户任务和系统任务；
- 任务代码、任务控制块和任务堆栈；
- 任务的优先权及表示任务优先权的参数——优先级别；
- 任务就绪表结构及其操作；
- 任务切换及任务调度；
- 任务的创建、删除、挂起、恢复和查询；
- μC/OS－II的初始化和启动。

3.1 任务的基本概念

3.1.1 任务及其种类

1. 任务和任务控制块

在实际生活中，人们处理一个大而复杂的问题时，一个惯用而又有效的方法就是“分而治之”，即把一个大问题分解成多个相对简单、比较容易解决的小问题，小问题逐个被解决了，大问题也就随之解决了。当然，如果这些小问题还能同时处理那就更为理想了，因为这样可以大大提高解决问题的效率。

同样，人们在设计一个较为复杂的应用程序时，也是这样把这个应用程序看成一个大任务并将其分解成多个小任务，然后在计算机中通过运行这些小任务，最终达到完成大任务的目的。

在μC/OS－II中，与上述小任务对应的程序实体就叫做“任务”，μC/OS－II就是一个能对这些小任务的运行进行管理和调度，从而可以并发方式执行这些小任务的多任务操作系统。

所谓程序或任务的并发方式,实质上就是一种尽可能同时运行多个任务的方法。因为一个计算机系统处理器的数目总是有限的,而需要运行的任务数目通常都会大于处理器的数目,特别是在嵌入式系统中,其处理器的数目通常只有一个,因此系统中的多个任务只能以某种轮换方式轮流被处理器所运行,这种实质上"串行",而宏观上看起来"并行"的多个任务运行方式就叫做"并发"方式。这种方式的最大特点就是可以使处理器始终处于"忙"状态,从而提高程序的运行效率。

从代码上来看,μC/OS-II 的任务就是一个 C 函数。当然,作为任务,这个 C 函数要接受操作系统的管理,应该具有一个控制块,即所谓的任务控制块。

粗看起来任务控制块应该与第 2 章介绍的程序控制块相差不多,在控制块中只需使用一个函数指针指向任务的 C 函数即可;其实不然,任务的控制块不仅与程序控制块有区别,而且区别还很大。因为任务是一个独立运行单位,在 μC/OS-II 中类似于普通平台上的 main()函数,需要自己来保护其因调用或中断而产生的断点,所以它需要一个自己的私有堆栈——任务堆栈。

在任务控制块中包含任务代码,实质上就是通过任务控制块中的指针成员或指针链指向任务代码。但要注意,与普通程序块代码指针指向程序首地址不同,任务控制块的代码指针要指向任务的断点(任务函数的起始地址也是一个断点)。因断点始终保存在任务堆栈,所以,一个 μC/OS-II 任务的任务控制块及其代码的存储结构如图 3-1 所示。

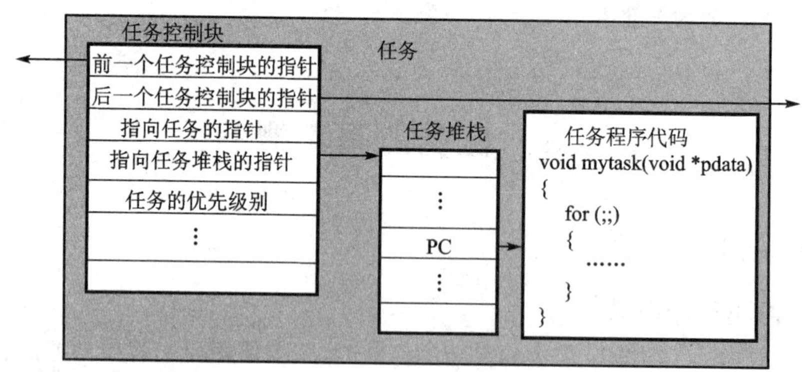

图 3-1 μC/OS-II 任务的组成

2. 任务的管理

μC/OS-II 中的任务有两种:用户任务和系统任务。由应用程序设计者编写用于实现业务逻辑的任务,叫做用户任务;由系统提供并为系统管理服务的任务叫做系统任务。用户任务是为了解决应用问题而编写的;系统任务是为应用程序提供某种服务或为系统本身服务的。μC/OS-II 最多可以含有 64 个任务(包括用户任务和系统任务)。

为了对系统中的多个任务进行管理，必须将任务的任务控制块登记造册，即按照第 2 章所介绍的方法，μC/OS-II 用链表把系统中的所有任务控制块链接了起来，如图 3-2 所示。这个链表也常常被叫做任务注册表，把一个任务控制块加入这个链表也叫做任务的注册。

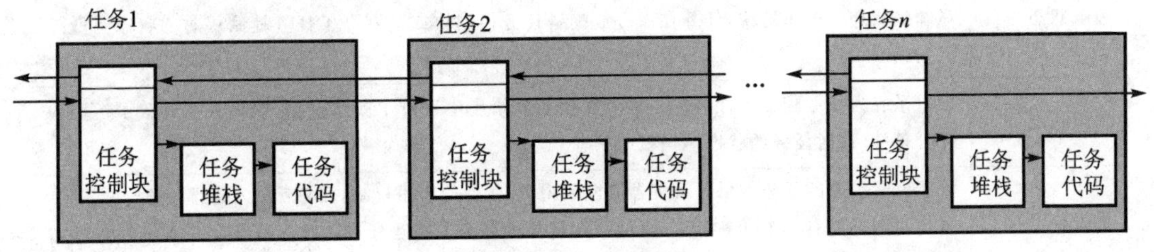

图 3-2　任务链表

在此附带说明一下，在计算机技术中，人们把能实现某种功能的代码叫做程序，自从有了操作系统之后，这种程序就不能直接运行了，因为操作系统没有足够的信息来管理它。所以当把这种程序加载到系统后，系统必须为这个程序分配并建立一个控制块，在 μC/OS-II 这里就是任务控制块，并在这个块中记录管理所需要的各种信息，其中最基本的信息就是任务堆栈和程序代码。显然，程序进入操作系统并有了任务控制块之后就不能再叫做程序了，必须另外再起一个合适的名字。那么起什么名好呢？由于控制块中记录了程序断点值，也就是程序断点处程序计数器 PC 的值，而这个值又是程序待执行指令的地址，它反映了一个程序的运行进程，于是上述存在于内存并接受系统管理的带有任务控制块的程序实体，在计算机技术中根据不同情况就被叫做了“进程”或“线程”。具有独立内存运行空间的，叫做“进程”，例如我们通常编写的 C 程序，在运行时它在内存中的实体就叫做进程。而多个运行程序实体共用一个内存空间的，它们的整体叫做进程，而这里面的单个实体则叫做“线程”。从 μC/OS-II 任务的组成来看，μC/OS-II 并没有给任务分配独立的运行空间，而是 μC/OS-II 中的所有任务都共同使用一个内存空间，故这里的任务属于线程。

这段内容不懂没关系，读者只需注意到有这么个概念，对以后的学习就大有益处，如果真感兴趣，可以参阅相关的资料。这里只需记住一个事实，即系统可以根据任务控制块来了解任务代码的相关信息，当然也就能够找到任务代码。

3.1.2　任务的状态

μC/OS-II 是按照系统中只有一个 CPU 来设计的。在这种系统中，一个具体时刻只会有一个任务占用 CPU 处在运行状态，而其他任务只能处在其他状态。根据具体情况，μC/OS-II 系统中的任务共有 5 种状态，如表 3-1 所列。

表 3－1　μC/OS－II 任务的 5 种状态

任务的状态	说　明
睡眠状态	任务只是以代码的形式驻留在程序空间(ROM 或 RAM)，还没有交给操作系统管理时的情况叫做睡眠状态。简单地说，任务在没有被配备任务控制块或被剥夺了任务控制块时的状态叫做任务的睡眠状态
就绪状态	如果系统为任务配备了任务控制块且在任务就绪表中进行了就绪登记，则任务就具备了运行的充分条件，这时任务的状态叫做就绪状态
运行状态	处于就绪状态的任务如果经调度器判断获得了 CPU 的使用权，则任务就进入运行状态 任何时刻只能有一个任务处于运行状态，就绪的任务只有当所有优先级高于本任务的任务都转为等待状态时，才能进入运行状态
等待状态	正在运行的任务，需要等待一段时间或需要等待一个事件发生再运行时，该任务就会把 CPU 的使用权让给其他任务而使任务进入等待状态
中断服务状态	一个正在运行的任务一旦响应中断申请就会中止运行而去执行中断服务程序，这时任务的状态叫做中断服务状态

在系统的管理下，一个任务可以在 5 个不同的状态之间发生转换。其转换关系如图 3－3 所示。

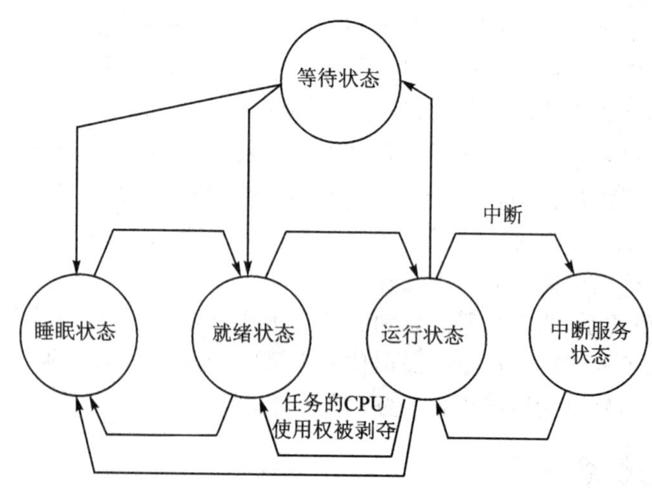

图 3－3　任务状态及其转换关系

3.1.3　用户任务代码的一般结构

1. 用户任务代码的一般结构介绍

根据嵌入式系统任务的工作特点，任务的执行代码通常是一个无限循环结构(当然，一次性任务例外)，并且在这个循环中可以响应中断，这种结构也叫做超循环结构。例 3－1 就是一个具有超循环结构的任务的示意性代码。

例 3－1 一个用 C 语言编写的任务。

```
void MyTask(void * pdata)
{
    for (;;)
    {
        可以被中断的用户代码；
        OS_ENTER_CRITICAL();     //进入临界段(关中断)
        不可以被中断的用户代码；
        OS_EXIT_CRITICAL();      //退出临界段(开中断)
        可以被中断的用户代码；
    }
}
```

从程序设计的角度来看，一个 μC/OS－II 任务的代码就是一个 C 语言函数。为了可以传递各种不同类型的数据甚至是函数，所以 μC/OS－II 把任务的参数定义成了一个 void 类型的指针。

代码中的 OS_ENTER_CRITICAL()和 OS_EXIT_CRITICAL() 是 μC/OS－II 定义的两个宏。OS_ENTER_CRITICAL()中封装了关中断的代码，而 OS_EXIT_CRITICAL()封装了开中断的代码。也就是说，处于这两个宏之间的代码是不会被中断的。μC/OS－II 把这种受保护的代码段叫做临界段，所以 OS_ENTER_CRITICAL()叫做进入临界段宏，而 OS_EXIT_CRITICAL()叫做退出临界段宏。

当有了任务函数和建立了任务堆栈空间之后，通过调用 μC/OS－II 提供的任务创建函数 OSTaskCreate()即可为任务函数创建任务控制块，从而使任务函数在内存中程序可接受系统管理和调度的真正任务。

2. 用户应用程序的一般结构

前面已经介绍过，μC/OS－II 是一个简单的实时操作系统内核，而且简单到它就是一个用户应用程序可以直接调用的函数集，它并不能像通用操作系统那样单独运行。从程序代码的形式上来看，一个使用了 μC/OS－II 操作系统的用户应用程序就是一个 main()函数。与普通 C 程序相同，用户应用程序可以有一些被 main()函数调用的函数。但要注意，与普通 C 程序不同的是，作为一个可以为 μC/OS－II 操作系统所管理的用户应用程序，必须要名字不能是 main，而且不被 main()函数调用的任务函数，这些任务函数只被系统的调度器所调度运行和中止乃至终止。对于任务函数来说，作为程序入口点的 main()只负责任务的创建并将它们交给系统，一旦系统被启动，至于什么时候运行这些任务，则与 main()函数无关。

从代码上来看，用户应用程序的结构大体上如例 3－2 所示。

例 3－2 用户应用程序的结构。

```
void MyTask1(void * pdata)          //定义用户任务 1
{
    for (;;)
    {
        ……
    }
}
void MyTask2(void * pdata)          //定义用户任务 2
{
    for (;;)
    {
        ……
    }
}
void MyTask3(void * pdata)          //定义用户任务 3
{
    for (;;)
    {
        ……
    }
}
void main()
{
    ……
    OSInit();                       //初始化 μC/OS－II
    ……
    OSTaskCreate(MyTask1,……);       //创建用户任务 1
    OSTaskCreate(MyTask2,……);       //创建用户任务 2
    OSTaskCreate(MyTask3,……);       //创建用户任务 3
    ……
    OSStart();                      //启动 μC/OS－II
    ……
}
```

其中，OSTaskCreate()是 μC/OS－II 提供的用来创建任务的函数；OSStart()启动 μC/OS－II 的函数。系统被启动之后，任务就由操作系统来管理和调度了。

3.1.4 系统任务

作为管理者，操作系统除了要管理用户任务之外，也总会有一些内部事务需要处理，最起码要有一个没有用户任务可执行时需要做的事，因为除非掉电或时钟脉冲丢失，否则计算机硬件是不能停下来的。换句话说，任何时刻都要为计算机找点儿事干，哪怕是空操作的循环。

为与用户任务相区别，这种系统自己所需要的任务叫做系统任务。

μC/OS-II 预定义了两个系统任务：空闲任务和统计任务。其中，空闲任务是每个应用程序必须使用的，而统计任务则是应用程序可以根据实际需要来选择使用的。

1. 空闲任务

任务在系统中可以有 5 种状态。系统运行时，系统极有可能会在某个时间内无用户任务可运行而处于所谓的空闲状态。为了使 CPU 在没有用户任务可执行时有事可做，μC/OS-II 提供了一个叫做空闲任务 OSTaskIdle()的系统任务。其代码如下：

```
void OSTaskIdle(void * pdata)
{
# if OS_CRITICAL_METHOD == 3
    OS_CPU_SR cpu_sr;
# endif

    pdata = pdata;                    //防止某些编译器报错
    for(;;)
    {
        OS_ENTER_CRITICAL();          //关闭中断
            OSdleCtr ++ ;             //计数
        OS_EXIT_CRITICAL();           //开放中断
    }
}
```

从上面的代码中可以看到，这个空闲任务几乎不做什么事情，只是对系统定义的一个空闲任务运行次数计数器 OSdleCtr 进行加 1 操作。当然，如果用户认为有必要，那么也可在空闲任务中编写一些做用户工作的代码。

μC/OS-II 规定，一个用户应用程序必须使用这个空闲任务，而且这个任务不能通过程序来删除。

至于代码中的“pdata = pdata;”，是为了防止编译器报错而使用的一个程序设计技巧，因为空闲任务没有用参数 pdata，而某些 C 编译器会对这种情况报错(说定义了参数却没有使用)，有了这行代码，编译器就不会报错了。

顺便说一下，如果在这个空闲任务中实现了一个用户可以输入命令并且系统可以按照命令执行相应操作的界面,那么这个μC/OS-II就有点类似于一个通用操作系统的样子了。

2. 统计任务

μC/OS-II提供的另一个系统任务就是统计任务OSTaskStat()。该任务每秒计算一次CPU在单位时间内被使用的时间,并把计算结果以百分比的形式存放在变量OSCPUsage中,以便其他应用程序来了解CPU的利用率。

是否使用统计任务,用户可以根据应用程序的实际需要来进行选择。如果用户应用程序决定要使用统计任务,则必须把定义在系统头文件OS_CFG.H中的系统配置常数OS_TASK_STAT_EN设置为1,并且在程序中要调用函数OSStatInit()对统计任务进行初始化。

3.1.5 任务的优先权及优先级别

当有多个任务需要运行时,操作系统必须在这些待运行任务中选择一个来运行,因为系统只有一个CPU。既然是选择,那么就需要一个规则,根据嵌入式系统的特点,μC/OS-II采用按优先级抢占式规则。即系统中的每个任务都按照其任务的重要性分配有一个唯一的优先级别,优先级别高的任务先运行,优先级别低的任务后运行。

由于最多可以在μC/OS-II中创建64个任务,所以任务的优先级别最多有64级,每个级别都用一个整数数字来表示,即0、1、2、…、63。数字越小,优先级别越高。

由于大多数应用程序的任务数小于64,所以为了使用户可以设置所需要任务的实际数目,μC/OS-II在系统配置文件OS_CFG.H中定义了一个用来表示最低优先级别的常数OS_LOWEST_PRIO,如果用户为其赋了值,那么就意味着系统中可供使用的优先级别为0、1、2、…、OS_LOWEST_PRIO,对应地,任务的总数也不能超过OS_LOWEST_PRIO+1个。

另外,为了用户的方便,系统总是把最低优先级别OS_LOWEST_PRIO自动赋给空闲任务。如果应用程序使用了统计任务,则系统还会把优先级别OS_LOWEST_PRIO-1自动赋给统计任务,因此用户任务可以使用的优先级别是0、1、2、…、OS_LOWEST_PRIO-2,共OS_LOWEST_PRIO-1个。当然,用户任务的优先级别要由用户在创建一个任务时显式地定义。

例3-3 如果希望应用程序中任务的优先级别为28个,则表示最低优先级别的常数OS_LOWEST_PRIO值应该是多少?如果应用程序中使用了系统提供的空闲任务和统计任务,则该应用程序最多可以安排多少个任务?

答 表示最低优先级别的常数OS_LOWEST_PRIO的值应该为27,优先级别分别为0、1、2、3、…、27;由于系统空闲任务占用了优先级别27,统计任务占用了优先级别26,则应用程序中最多可以安排优先级别分别为0、1、2、…、25的26个任务。

给某一个用户任务定义的优先级别,需要在调用系统函数OSTaskCreate()来创建任务时,用该函数的第4个参数prio来指定。

另外,由于每个任务都具有唯一的优先级别,因此这个优先级别也是这个任务在系统中的标识。

3.2 任务堆栈

任务堆栈是任务的重要组成部分。

所谓堆栈，就是在存储器中按数据“后进先出(LIFO)”的原则组织的连续存储空间。为了满足任务切换和响应中断时保存 CPU 寄存器中的内容及任务调用其他函数时的需要，每个任务都应该配有自己的堆栈。所有 μC/OS-II 任务的任务控制块中都含有一个指向该任务堆栈的指针。

3.2.1 任务堆栈的创建

为了方便定义任务堆栈，在文件 OS_CPU.H 中专门定义了一个数据类型 OS_STK：

```
typedef   unsigned   int    OS_STK;                //该类型长度为 16 位
```

这样，在定义任务堆栈的栈区时，只要定义一个 OS_STK 类型的数组即可。例如：

```
#define        TASK_STK_SIZE          512       //定义堆栈的长度(1 024 字节)
OS_STK TaskStk[TASK_STK_SIZE];                  //定义一个数组来作为任务堆栈
```

当调用函数 OSTaskCreate()来创建一个任务时，把数组的指针传递给函数 OSTaskCreate()中的堆栈栈顶参数 ptos，就可以把该数组与任务关联起来而成为该任务的任务堆栈。

例 3-4 已知创建任务函数 OSTaskCreate()的原型如下：

```
INT8U  OSTaskCreate (
                       void ( * task)(void * pd),     //指向任务的指针
                       void * pdata,                  //传递给任务的参数
                       OS_STK * ptos,                 //任务堆栈栈顶的指针
                       INT8U prio                     //指定任务优先级别的参数
                 );
```

使用例 3-1 的代码来作为任务代码创建一个任务，任务堆栈长度为 128 字节，优先级别为 20，任务参数 pdata 的实参为 MyTaskAgu。试写出 main()函数的代码。

答

```
#define MyTaskStk      N      64
OS_STK MyTaskStk[MyTaskStkN];


void main(void)
{
    ……
```

```
    OSTaskCreate(
                MyTask,                        //任务的指针
                &MyTaskAgu,                    //传递给任务的参数
                & MyTaskStk[MyTaskStkN - 1],   //任务堆栈栈顶地址
                20                             //任务的优先级别
                );
    ......
}
```

需要注意的是，堆栈的增长方向是随系统所使用的处理器不同而不同的。有的处理器要求堆栈的增长方向是向上的，而另一些处理器要求堆栈的增长方向是向下的，如图 3-4 所示。因此在使用函数 OSTaskCreate()创建任务时，一定要注意所使用的处理器所支持的堆栈增长方向。

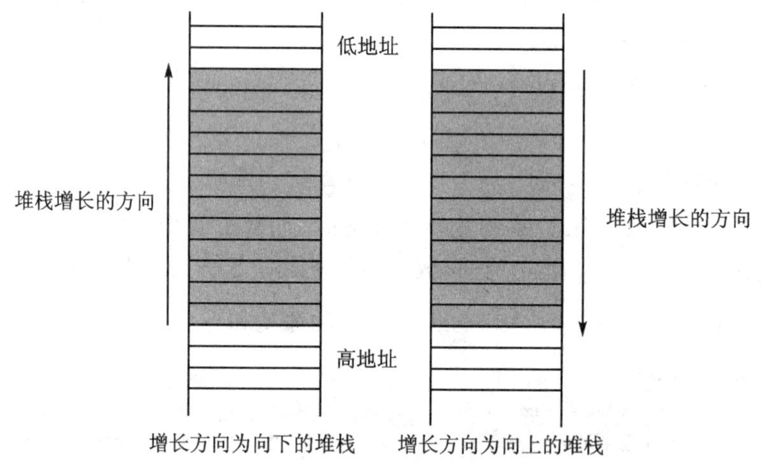

图 3-4　堆栈的不同增长方向

例 3-4 是假设使用了支持堆栈向下增长方式的处理器的条件下设置的函数参数 ptos。如果使用的处理器支持堆栈的增长方向是向上的，则对于例 3-4 来说，调用函数 OSTaskCreate()创建任务时应写成如下形式：

```
OSTaskCreate(MyTask, &MyTaskAgu, & MyTaskStk[0], 20);
```

为了提高应用程序的可移植性，在编写程序时也可把两种代码都编写出来，利用 OS_CFG.H 文件中的常数 OS_STK_GROWTH 作为选择开关，使用户可通过定义该常数的值来选择相应的代码段，以适应不同的堆栈增长方式的需要。这种情况下一个可能的代码段如下：

```
#define MyTaskStk     N     64
OS_STK MyTaskStk[MyTaskStkN];

void main(void)
{
    ……
#if OS_STK_GROWTH == 1
    OSTaskCreate(
                MyTask,                          //任务的指针
                &MyTaskAgu,                      //传递给任务的参数
                & MyTaskStk[MyTaskStkN-1],       //任务堆栈栈顶地址
                20                               //任务的优先级别
                );
#else
    OSTaskCreate(
                MyTask,                          //任务的指针
                &MyTaskAgu,                      //传递给任务的参数
                & MyTaskStk[0],                  //任务堆栈栈顶地址
                20                               //任务的优先级别
                );
#endif
    ……
}
```

3.2.2 任务堆栈的初始化

当 CPU 在启动运行一个任务时,CPU 的各寄存器总是需要预置一些初始数据,例如指向任务的指针、程序状态字 PSW 等。由于它们都是任务的私有数据,所以应该将它们都存放在任务堆栈。为此,应用程序在创建一个新任务时,必须把在系统启动这个任务时所需要的 CPU 各寄存器初始数据(任务指针、任务堆栈指针及程序状态字等)事先存放在任务堆栈。这样当任务获得 CPU 使用权时,就把堆栈的内容复制到 CPU 的各寄存器,从而可使任务顺利地启动并运行。

把任务初始数据存放到任务堆栈的工作就叫做任务堆栈的初始化。为了完成这个任务,μC/OS-II 提供了任务堆栈初始化函数 OSTaskStkInit()。该函数原型如下:

```
OS_STK * OSTaskStkInit(
                        void ( * task)(void * pd),
                        void * pdato,
                        OS_STK * ptos,
                        INT16U opt
                        );
```

通常用户不会直接接触到这个函数，该函数由 μC/OS-II 所提供的任务创建函数 OSTaskCreate()来调用。

另外，因为处理器中寄存器及对堆栈的操作方式不尽相同，所以该函数需要用户在进行 μC/OS-II 的移植时，按所使用的处理器来编写。实现这个函数的具体细节，将在本书有关 μC/OS-II 移植的章节中做进一步介绍。

3.3 任务控制块及其链表

μC/OS-II 用来记录任务的堆栈指针、任务的当前状态、任务的优先级别等一些与任务管理有关的属性的表就叫做任务控制块。任务控制块相当于一个任务的身份证，系统就是通过任务控制块来感知和管理任务的，没有任务控制块的任务不能被系统承认和管理。μC/OS-II 把系统所有任务的控制块链接为两条链表，并通过它们管理各个任务。

3.3.1 任务控制块结构

任务控制块是一个结构类型数据。当用户应用程序调用 OSTaskCreate()函数创建一个用户任务时，该函数就会对任务控制块中的所有成员赋予与该任务相关的数据，并驻留在 RAM 中。

任务控制块结构的定义如下：

```
typedef struct os_tcb {
    OS_STK          * OSTCBStkPtr;          //指向任务堆栈栈顶的指针

#if OS_TASK_CREATE_EXT_EN
    void            * OSTCBExtPtr;          //指向任务控制块扩展的指针
    OS_STK          * OSTCBStkBottom;       //指向任务堆栈栈底的指针
    INT32U          OSTCBStkSize;           //任务堆栈的长度
    INT16U          OSTCBOpt;               //创建任务时的选择项
    INT16U          OSTCBId;                //目前该域未被使用
#endif
```

```
    struct os_tcb      * OSTCBNext;          //指向后一个任务控制块的指针
    struct os_tcb      * OSTCBPrev;          //指向前一个任务控制块的指针

#if (OS_Q_EN && (OS_MAX_QS >= 2)) || OS_MBOX_EN || OS_Sem_EN
    OS_EVENT           * OSTCBEventPtr;      //指向事件控制块的指针
#endif

#if (OS_Q_EN && (OS_MAX_QS >= 2)) || OS_MBOX_EN
    void               * OSTCBMsg;           //指向传递给任务消息的指针
#endif

    INT16U             OSTCBDly;             //任务等待的时限(节拍数)
    INT8U              OSTCBStat;            //任务的当前状态标志
    INT8U              OSTCBPrio;            //任务的优先级别
    INT8U              OSTCBX;               //用于快速访问就绪表的数据
    INT8U              OSTCBY;               //用于快速访问就绪表的数据
    INT8U              OSTCBBitX;            //用于快速访问就绪表的数据
    INT8U              OSTCBBitY;            //用于快速访问就绪表的数据

#if OS_TASK_DEL_EN
    BOOLEAN            OSTCBDelReq;          //请求删除任务时用到的标志
#endif
} OS_TCB;
```

其中成员 OSTCBStat 用来存放任务的当前状态，该成员变量可能的值见表 3-2。

表 3-2　OSTCBStat 可能的值

值	说　明
OS_STAT_RDY	表示任务处于就绪状态
OS_STAT_SEM	表示任务处于等待信号量状态
OS_STAT_MBOX	表示任务处于等待消息邮箱状态
OS_STAT_Q	表示任务处于等待消息队列状态
OS_STAT_SUSPEND	表示任务处于被挂起状态
OS_STAT_MUTEX	表示任务处于等待互斥型信号量状态

3.3.2　任务控制块链表

众所周知，人们在管理某种证件时，总是要按照预测的数目先印制一定数量的空白证，以后当有人申请该证件时，就可以及时拿到一个空白证并填上该申请人的相关信息，从而快速形成一个有效证件，其目的是提高办事效率。与此类似，μC/OS－II 在初始化时也要按照配置文件所设定的任务数事先定义一批空白任务控制块，这样当程序创建一个任务需要一个任务控制块时，只要拿一个空白块填上任务的属性即可。也就是说，在任务控制块的管理上，μC/OS－II 需要两条链表：一条空任务块链表(其中所有任务控制块还未分配给任务)和一条任务块链表(其中所有任务控制块已分配给任务)。具体做法为：系统在调用函数 OSInit()对 μC/OS－II 系统进行初始化时，就先在 RAM 中建立一个 OS_TCB 结构类型的数组 OSTCBTbl[]，然后把各个元素链接成一个如图 3－5 所示的链表，从而形成一个空任务块链表。

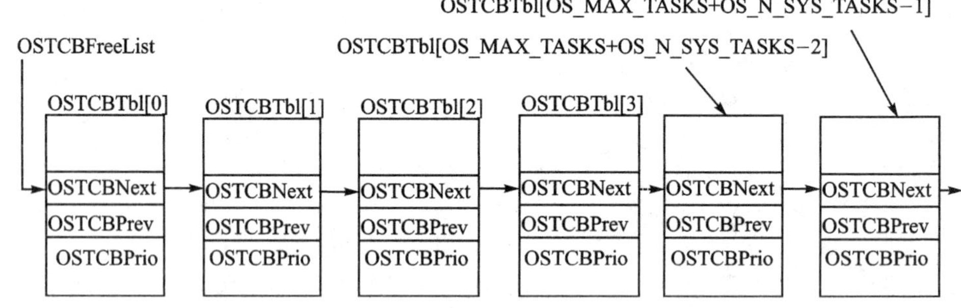

图 3－5　μC/OS－II 初始化时创建一个空任务控制块链表

从图 3－5 中可以看到，μC/OS－II 初始化时建立的空任务链表的元素一共是 OS_MAX_TASKS＋OS_N_SYS_TASKS 个。其中定义在文件 OS_CFG.H 中的常数 OS_MAX_TASKS 指明了用户任务的最大数目；而定义在文件 UCOS_II.H 中的常数 OS_N_SYS_TASKS 指明了系统任务的数目(在图 3－5 中，其值为 2：一个空闲任务，一个统计任务)。

以后每当应用程序调用系统函数 OSTaskCreate()或 OSTaskCreateExt()创建一个任务时，系统就会将空任务控制块链表头指针 OSTCBFreeList 指向的任务控制块分配给该任务。在给任务控制块中的各成员赋值后，系统就按任务控制块链表的头指针 OSTCBList 将其加入到任务控制块链表中。

图 3－6 是在图 3－5 所示空任务控制块链表的基础上，应用程序创建了两个用户任务并使用了两个系统任务(空闲任务和统计任务)的情况时，空任务块链表和任务块链表的结构示意图(图中阴影区域为任务块链表)。

为了加快对任务控制块的访问速度，除了任务控制块链表被创建为双向链表之外，μC/OS－II 在 uCOS_II.H 文件中还定义了一个数据类型为 OS_TCB * 的数组 OSPrioTbl[]。该数组以任务的优先级别为顺序在各个元素里存放了指向各个任务控制块的指针，这样在访问一个任务的任务控制块时，就可以不必遍历任务控制块链表了。数组 OSPrioTbl[]与链表中任务控制块之间的关系如图 3－6 所示。

为了方便起见，人们把正在占有 CPU 而处在运行状态的任务所属的控制块叫做当前任

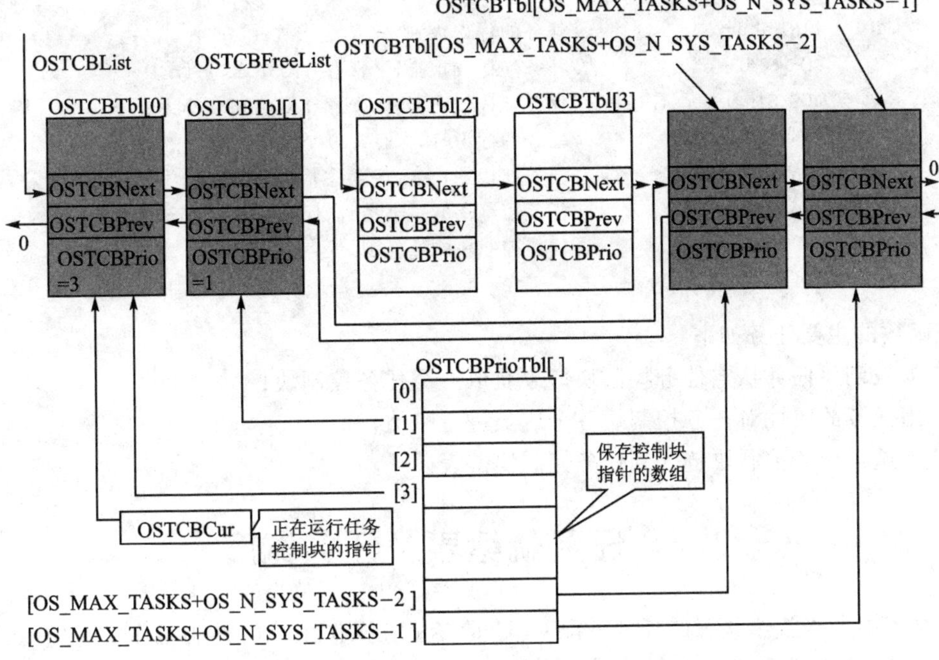

图 3-6 μC/OS-II 任务控制块链表和 OSTCBPrioTbl[]数组及变量 OSTCBCur

务控制块。显然，当前任务控制块是 μC/OS-II 访问频度最高的控制块，所以为了方便，μC/OS-II 还专门定义了一个变量 OSTCBCur 来存放当前任务控制块指针。图 3-6 是假设正在运行的任务优先级别为 3 时变量 OSTCBCur 的指向。

μC/OS-II 允许用户应用程序使用函数 OSTaskDel()删除一个任务。删除一个任务，实质上就是把该任务的任务从任务控制块链表中删掉，并把它归还给空任务控制块链表。这样，μC/OS-II 对这个没有任务控制块的任务就不再理会了，因为与这个任务对应的任务控制块已经被“吊销”了。由此可见，任务的任务控制块就如同人的身份证一样重要。

3.3.3 任务控制块的初始化

给用户任务分配任务控制块及对其进行初始化也是操作系统的职责。当应用程序调用函数 OSTaskCreate()创建一个任务时，这个函数会调用系统函数 OSTCBInit ()来为任务控制块进行初始化。

初始化任务控制块函数 OSTCBInit ()的原型如下：

```
INT8U OSTCBInit (
            INT8U prio,           //任务的优先级别,保存在 OSTCBPrio 中
            OS_STK * ptos,        //任务堆栈栈顶指针,保存在 OSTCBStkPtr 中
            OS_STK * pbos,        //任务堆栈栈底指针,保存在 OSTCBStkBottom 中
            INT16U id,            //任务的标识符,保存在 OSTCBId 中
            INT16U stk_size,      //任务堆栈的长度,保存在 OSTCBStkSize 中
            void * pext,          //任务控制块的扩展指针,保存在 OSTCBExtPtr 中
            INT16U opt            //任务控制块的选择项,保存在 OSTCBOpt 中
            );
```

该函数的主要任务如下：

- 为被创建任务从空任务控制块链表获取一个任务控制块；
- 用任务的属性对任务控制块各个成员进行赋值；
- 把这个任务控制块链入到任务控制块链表。

3.4 任务就绪表及任务调度

为系统中处于就绪状态的任务分配 CPU 是多任务操作系统的核心工作。这项工作涉及两项技术：一是判断哪些任务处于就绪状态;二是进行任务调度。所谓任务调度,就是通过一个算法在就绪任务中确定应该马上运行的任务,操作系统用于负责这项工作的程序模块叫做调度器。

3.4.1 任务就绪表结构

从图 3－3 任务的状态转换图中可以看到,系统总是从处于就绪状态的任务中来选择一个任务运行。为此,系统需要一个就绪任务登记表,它登记了系统中所有处于就绪状态的任务。在 μC/OS－II 中,这个就绪表就是一个位图,系统中的每个任务都在这个位图中占据一个二进制位,该位值的状态(1 或 0)就表示任务是否处于就绪状态。

图 3－7 表示的是一个最多可以记录 32 个任务就绪状态的任务就绪表。实际上,它就是一个类型为 INT8U 的数组 OSRdyTbl[],只不过它的每一个二进制位多对应一个任务。即在就绪表中,以任务优先级别(也是任务的标识)的高低为顺序,为每个任务安排了一个二进制位,并规定该位的值为 1 表示对应的任务处于就绪状态,而该位的值为 0 则表示对应的任务处于非就绪状态。

从图 3－7 中可以看到,由于每个任务的就绪状态只占据一位,因此 OSRdyTbl[]数组的一个元素可表达 8 个任务的就绪状态。在本例的情况下,数组的 4 个元素就一共可表达 32 个任务的就绪状态。也就是说,每一个数组元素描述了 8 个任务的就绪状态,于是这 8 个任务就可看成一个任务组。为了便于对就绪表进行查找,μC/OS－II 又定义了一个数据类型为

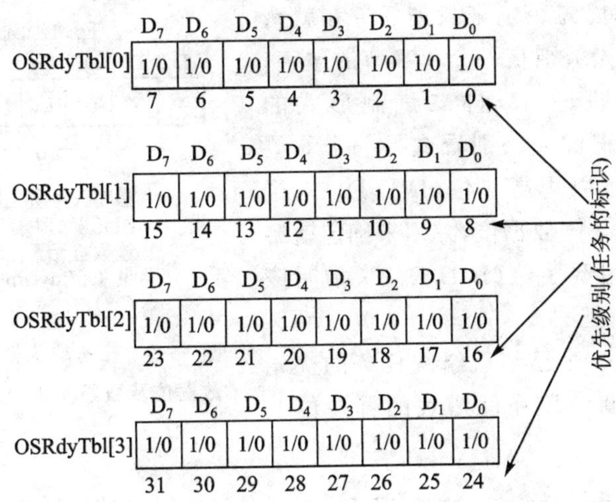

图 3-7 任务就绪表

INT8U 的变量 OSRdyGrp，并使该变量的每一个位都对应 OSRdyTbl[]的一个任务组(即数组的一个元素)，如果某任务组中有任务就绪，则在变量 OSRdyGrp 里把该任务组所对应的位设置为 1；否则设置为 0。例如，如果 OSRdyGrp＝11100101，那么就意味着 OSRdyTbl[0]、OSRdyTbl[2]、OSRdyTbl[5]、OSRdyTbl[6]、OSRdyTbl[7]任务组中有任务就绪。

变量 OSRdyGrp 的格式如图 3-8 所示。

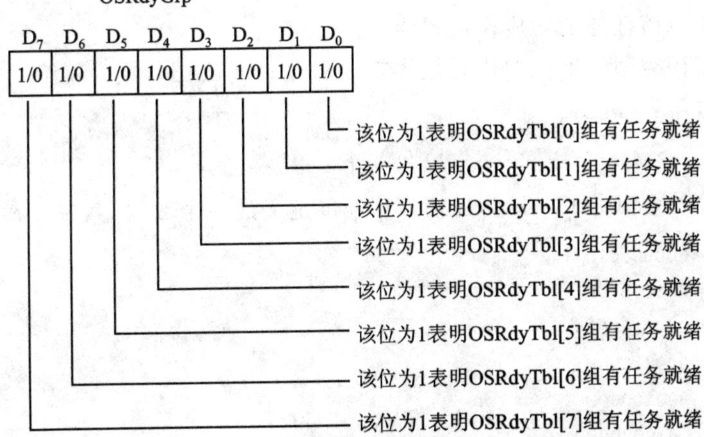

图 3-8 变量 OSRdyGrp 的格式及含义

由于变量 OSRdyGrp 有 8 个二进制位，每位对应 OSRdyTbl[]数组的一个元素，每个元素又可以记录 8 个任务的就绪状态，因此 μC/OS-II 最多可以管理 8×8＝64 个任务。

如何根据任务的优先级别来找到任务在就绪表的位置呢？由于优先级别是一个单字节的数字，而且其最大值不会超过63，即二进制形式的00111111，因此，可以把优先级别看成是一个6位的二进制数，这样就可以用高3位($D_5D_4D_3$)来指明变量OSRdyGrp的具体数据位，并用来确定就绪表数组元素的下标，用低3位($D_2D_1D_0$)来指明该数组元素具体数据位，见图3-9。

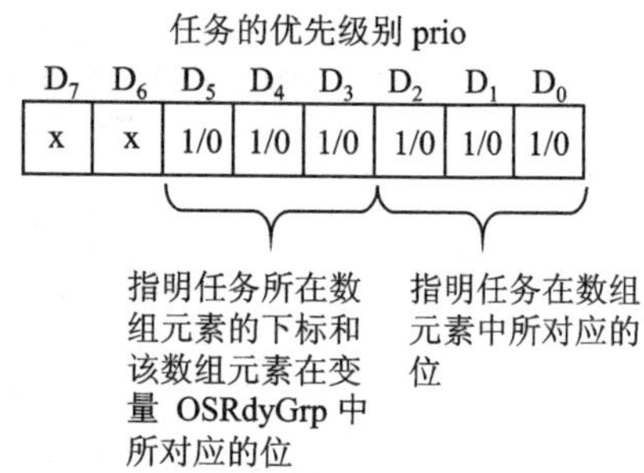

图3-9 任务的优先级别与OSRdyGrp各数据位及数组元素中各数据位之间的关系

例3-5 已知某一个已经就绪的任务的优先级别prio=30，试判断应该在就绪表的哪一位上置1。

答 30的二进制形式为00011110，其低6位为011110，于是可知应该在OSRdyTbl[3]的D_6位上置1，同时要把变量OSRdyGrp的D_3位置1。

3.4.2 对任务就绪表的操作

系统对于就绪表主要有三个操作：登记、注销和从就绪表的就绪任务中得知具有最高优先级任务的标识(优先级prio)。

1. 登 记

这里所说的登记，指的是当某个任务处于就绪状态时，系统将该任务登记在任务就绪表中，即在就绪表中将该任务的对应位设置为1。

在程序中，可用类似于下面的代码把优先级别为prio的任务置为就绪状态：

```
OSRdyGrp | = OSMapTbl[prio >> 3];
OSRdyTbl[prio >> 3] | = OSMapTbl[prio&0x07];
```

其中，OSMapTbl[]是μC/OS-II为加快运算速度定义的一个数组，其各元素的值为：

```
OSMapTbl[0] = 00000001B
OSMapTbl[1] = 00000010B
OSMapTbl[2] = 00000100B
OSMapTbl[3] = 00001000B
OSMapTbl[4] = 00010000B
OSMapTbl[5] = 00100000B
OSMapTbl[6] = 01000000B
OSMapTbl[7] = 10000000B
```

2. 注 销

这里所说的注销，指的是当某个任务需要脱离就绪状态时，系统在就绪表中将该任务的对应位设置为 0。

如果要使一个优先级别为 prio 的任务脱离就绪状态，则可使用如下代码：

```
if((OSRdyTbl[prio >> 3]&= ~OSMapTbl[prio&0x07]) == 0)
    OSRdyGrp&= ~OSMapTbl[prio >> 3];
```

3. 最高优先级就绪任务的查找

前面谈到，系统调度器总是把 CPU 控制权交给优先级最高的就绪任务，因此调度器就必须具有从任务就绪表中查找最高优先级任务的能力。μC/OS-II 调度器用于获取优先级别最高的就绪任务的代码如下：

```
y = OSUnMapTal[OSRdyGrp];          //获得优先级别的 D5、D4、D3 位
x = OSUnMapTal[OSRdyTbl[y]];       //获得优先级别的 D2、D1、D0 位
prio = (y << 3) + x;               //获得就绪任务的优先级别
```

或

```
y = OSUnMapTbl[OSRdyGrp];
prio = (INT8U)((y << 3) + OSUnMapTbl[OSRdyTbl[y]]);
```

该代码执行后，得到的是最高优先级就绪任务的优先级别（即任务的标识）。其中 OSUnMapTbl[]同样是 μC/OS-II 为提高查找速度定义的一个数组，共有 256 个元素，其定义如下：

```
INT8U const OSUnMapTbl[] = {
    0, 0, 1, 0, 2, 0, 1, 0, 3, 0, 1, 0, 2, 0, 1, 0,
    4, 0, 1, 0, 2, 0, 1, 0, 3, 0, 1, 0, 2, 0, 1, 0,
    5, 0, 1, 0, 2, 0, 1, 0, 3, 0, 1, 0, 2, 0, 1, 0,
    4, 0, 1, 0, 2, 0, 1, 0, 3, 0, 1, 0, 2, 0, 1, 0,
    6, 0, 1, 0, 2, 0, 1, 0, 3, 0, 1, 0, 2, 0, 1, 0,
    4, 0, 1, 0, 2, 0, 1, 0, 3, 0, 1, 0, 2, 0, 1, 0,
    5, 0, 1, 0, 2, 0, 1, 0, 3, 0, 1, 0, 2, 0, 1, 0,
    4, 0, 1, 0, 2, 0, 1, 0, 3, 0, 1, 0, 2, 0, 1, 0,
    7, 0, 1, 0, 2, 0, 1, 0, 3, 0, 1, 0, 2, 0, 1, 0,
    4, 0, 1, 0, 2, 0, 1, 0, 3, 0, 1, 0, 2, 0, 1, 0,
    5, 0, 1, 0, 2, 0, 1, 0, 3, 0, 1, 0, 2, 0, 1, 0,
    4, 0, 1, 0, 2, 0, 1, 0, 3, 0, 1, 0, 2, 0, 1, 0,
    6, 0, 1, 0, 2, 0, 1, 0, 3, 0, 1, 0, 2, 0, 1, 0,
    4, 0, 1, 0, 2, 0, 1, 0, 3, 0, 1, 0, 2, 0, 1, 0,
    5, 0, 1, 0, 2, 0, 1, 0, 3, 0, 1, 0, 2, 0, 1, 0,
    4, 0, 1, 0, 2, 0, 1, 0, 3, 0, 1, 0, 2, 0, 1, 0
};
```

至此,有些读者可能会感到迷惑:获取表中的最高优先级任务的工作不就是一个简单的查表吗?为什么这里要弄得这么复杂?确如读者所想,如果只是为了获取最高优先级任务,事情不会如此复杂,一个循环就能解决问题。但要注意,μC/OS-II 是一个实时系统,在操作时间上它的所有操作都必须是常量,用通俗的话来说:"系统的任何操作都必须具有时间上的承诺",而循环程序是不能达到这个要求的,所以 μC/OS-II 在这里采取了一个读者不熟悉的做法,至于这个做法的原理,读者只要模仿计算机执行这个程序段即可。

另外,μC/OS-II 经常使用类似于就绪表形式的表来记录任务的某种状态,因此读者一定要熟悉这种表的结构和对这种表的基本操作。

3.4.3 任务调度

μC/OS-II 的任务调度思想是:"近似地每时每刻让优先级最高的就绪任务处于运行状态"。在具体做法上,它在系统或用户任务调用系统函数及执行中断服务程序结束时调用调度器,以确定应该运行的任务并运行它。

1. 调度器的主要工作

在多任务系统中,令 CPU 中止当前正在运行的任务转而去运行另一个任务的工作叫做任务切换,而按某种规则进行任务切换的工作叫做任务的调度。

在 μC/OS-II 中,任务调度由任务调度器来完成。任务调度器的主要工作有两项:一是在任务就绪表中查找具有最高优先级别的就绪任务;二是实现任务的切换。μC/OS-II 有两种调度器:一种是任务级的调度器;另一种是中断级的调度器。任务级的调度器由函数 OSSched()来实现,而中断级的调度器由函数 OSIntExt()来实现。这里主要介绍任务级的调度器 OSSched()。

关于调度器在任务就绪表中查找具有最高优先级别就绪任务的代码,在 3.4.2 小节中已经有过叙述,本节主要介绍任务调度器是如何进行任务切换的。调度器把任务切换的工作分为两个步骤:第一步是获得待运行任务的 TCB 指针;第二步是进行断点数据的切换。

2. 获得待运行就绪任务控制块的指针

由于操作系统是通过任务的任务控制块 TCB 来管理任务的,因此调度器真正实施任务切换之前的主要工作就是要获得待运行任务的任务控制块指针和当前任务的任务控制块指针。

因为被中止任务的任务控制块指针就存放在全局变量 OSTCBCur 中,所以调度器这部分的工作主要是要获得待运行任务的任务控制块指针。

任务级调度器 OSSched()的源代码如下:

```
void OSSched (void)
{
# if OS_CRITICAL_METHOD == 3
    OS_CPU_SR cpu_sr;
#endif

    INT8U y;

    OS_ENTER_CRITICAL();
    if ((OSLockNesting | OSIntNesting) == 0)
    {
        y = OSUnMapTbl[OSRdyGrp];
        OSPrioHighRdy                       //得到最高级优先任务
            = (INT8U)((y << 3) + UnMapTbl[OSRdyTbl[y]]);
        if (OSPrioHighRdy != OSPrioCur)
        {
            OSTCBHighRdy                    //得到任务控制块指针
                            = OSTCBPrioTbl[OSPrioHighRdy];
            OSCtxSwCtr ++ ;                 //统计任务切换次数的计数器加1
            OS_TASK_SW();
        }
    }
    OS_EXIT_CRITICAL();
}
```

μC/OS-II 允许应用程序通过调用函数 OSSchedLock()和 OSSchedUnlock()给调度器上锁和解锁。为了记录调度器被锁和解锁的情况，μC/OS-II 定义了一个变量 OSLockNesting：调度器每被上锁一次，变量 OSLockNesting 就加 1；反之，调度器每被解锁一次，变量 OSLockNesting 就减 1。因此可以通过访问变量 OSLockNesting 了解调度器上锁的嵌套次数。

调度器 OSSched()在确认未被上锁并且不是中断服务程序调用调度器的情况下，首先从任务就绪表中查得最高优先级别就绪任务的优先级别 OSPrioHighRdy；然后在确认这个就绪任务不是当前正在运行的任务(OSPrioCur 是存放正在运行任务的优先级别的变量)的条件下，用 OSPrioHighRdy 作为下标去访问数组 OSTCBPrioTbl[]，把数组元素 OSTCBPrioTbl[OSPrioHighRdy]的值(即待运行就绪任务的任务控制块指针)赋给指针变量 OSTCBHighRdy。接下来就可以依据 OSTCBHighRdy 和 OSTCBCur 这两个指针(见图 3-10)分别指向待运行任务控制块和当前任务控制块，从而在宏 OS_TASK_SW()中实施任务切换了。

3. 任务切换宏 OS_TASK_SW()

其实任务切换的工作是靠 OSCtxSw()来完成的。

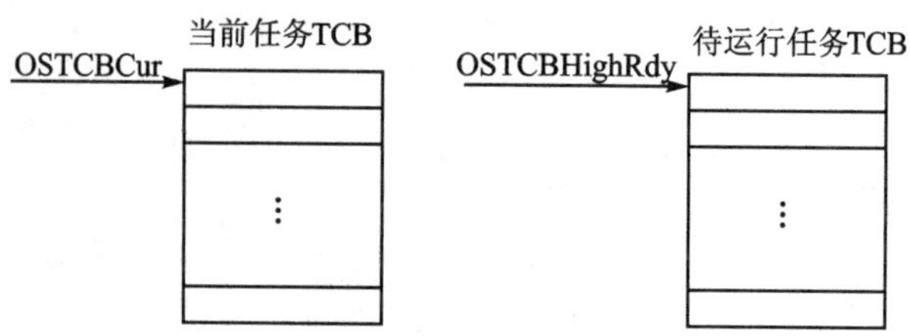

图 3-10 调度器在任务切换前获得的两个指针 OSTCBCur 和 OSTCBHighRdy

为了了解 OSCtxSw()的作用,再来分析一下任务切换。

简单地说,任务切换就是中止正在运行的任务(当前任务),转而去运行另外一个任务的操作。当然,这个任务应该是就绪任务中优先级别最高的那个任务。

为了了解调度器是如何进行任务切换的,先来探讨一下一个被中止运行(可能因为中断或者调用)任务,将来又要"无缝"地恢复运行应该满足什么条件。

为了讨论上的方便,如果把任务被中止运行时的位置叫做断点,把当时存放在 CPU 的 PC、PSW 和通用寄存器等各寄存器中的数据叫做断点数据,那么当任务恢复运行时,必须在断点处以断点数据作为初始数据接着运行,才能实现"无缝"的接续运行。因此,要实现这种"无缝"的接续运行,则必须在任务被中止时就把该任务的断点数据保存到堆栈中;而在被重新运行时,则要把堆栈中的这些断点数据再恢复到 CPU 的各寄存器中,只有这样才能使被中止运行的任务在恢复运行时可以实现"无缝"的接续运行。一个任务在被中止运行时保护断点数据的动作如图 3-11所示。

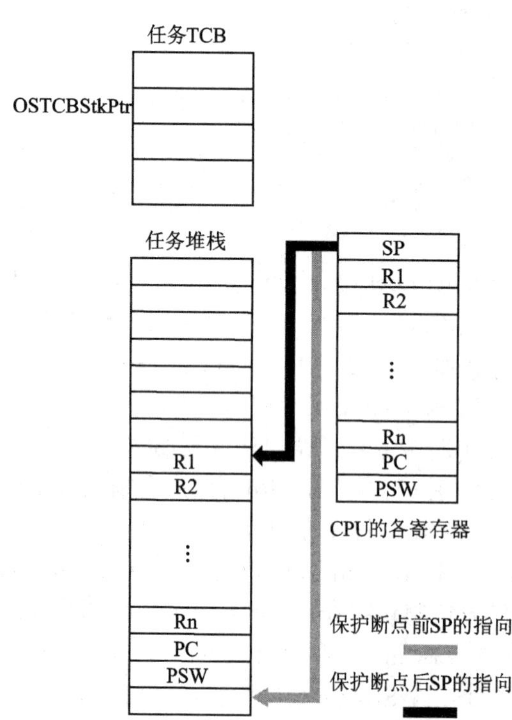

图 3-11 一个任务保护断点时的压栈动作

由上可知,一个被中止的任务能否正确地在断点处恢复运行,其关键在于是否能正确地在 CPU 各寄存器中恢复断点数据;而能够正确恢复断点数据的关键是 CPU 的堆栈指针 SP 是否有正确的指向。因此也可知,在系统中存在多个任务时,如果在恢复断点数据时用另一个任务的任务堆栈指针(存放在控制块成员 OSTCBStkPtr 中)来改变 CPU 的堆栈指针 SP,那么 CPU 运行的就不是刚才被中止运行的任务,而是另一个任务了，也就是实现任务切换了。当然，为防止被中止任务堆栈指针的丢失，被中止任务在保存断点时，要把当时 CPU 的 SP 的值保存到该任务控制块的成员 OSTCBStkPtr 中。

综上所述，任务的切换就是断点数据的切换，断点数据的切换也就是 CPU 堆栈指针的切换，被中止运行任务的任务堆栈指针要保护到该任务的任务控制块中，待运行任务的任务堆栈指针要由该任务控制块转存到 CPU 的 SP 中。调度器在任务切换时的工作过程如图 3-12 所示。

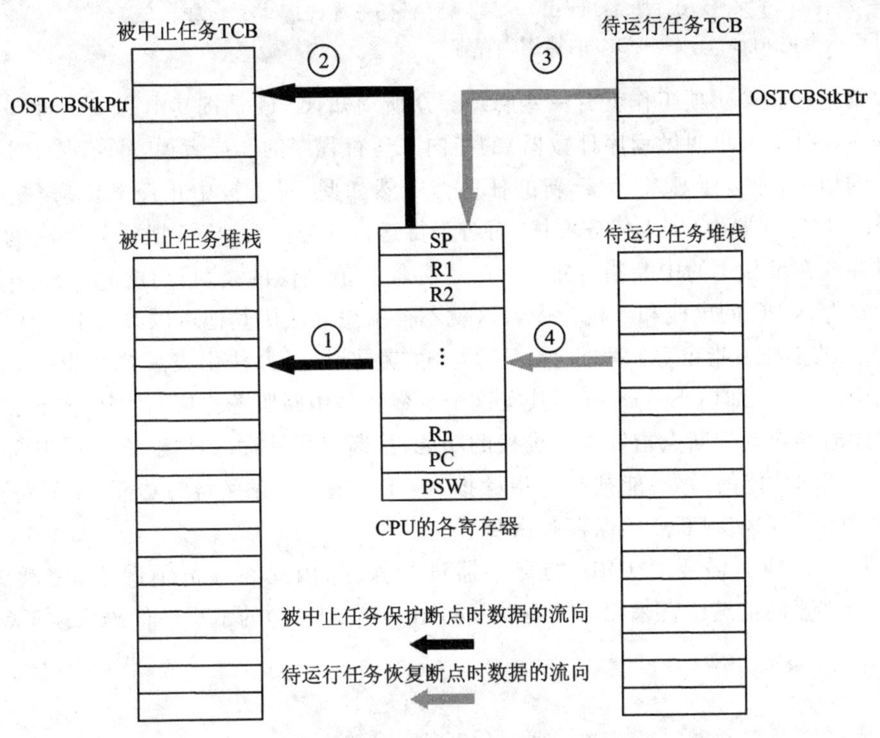

图 3-12　调度器进行任务切换的动作

为完成上述操作，OSCtxSw()要依次做如下 7 项工作：

① 把被中止任务的断点指针保存到任务堆栈中；

② 把 CPU 通用寄存器的内容保存到任务堆栈中；

③ 把被中止任务的任务堆栈指针当前值保存到该任务的任务控制块的 OSTCBStkPtr 中；

④ 获得待运行任务的任务控制块；

⑤ 使 CPU 通过任务控制块获得待运行任务的任务堆栈指针；

⑥ 把待运行任务堆栈中通用寄存器的内容恢复到 CPU 的通用寄存器中；

⑦ 使 CPU 获得待运行任务的断点指针(该指针是待运行任务在上一次被调度器中止运行时保留在任务堆栈中的)。

由于 μC/OS-II 总是把当前正在运行任务的任务控制块的指针存放在一个指针变量 OS-

TCBCur 中,并且在调度器的前面代码中已经得到了待运行任务的任务控制块指针 OSTCBHighRdy,所以完成第②～⑥项工作非常容易。其示意性代码段如下:

```
用压栈指令把 CPU 通用寄存器 R1、R2、…压入堆栈;
OSTCBCur -> OSTCBStkPtr = SP;          //把 SP 保存在中止任务控制块中
OSTCBCur = OSTCBHighRdy;               //使系统获得待运行任务控制块
SP = OSTCBHighRdy -> OSTCBStkPtr;      //把待运行任务堆栈指针赋予 SP
用出栈指令把 R1、R2、…弹入 CPU 的通用寄存器;
```

完成第①项和第⑦项工作就有一些麻烦。众所周知,CPU 是按其中的一个特殊功能寄存器——程序指针 PC(也叫做程序计数器)的指向来运行程序的。或者说,只有使 PC 寄存器获得新任务的地址,才会使 CPU 运行新的任务。既然如此,对于被中止任务,应该把任务的断点指针(在 PC 寄存器中)压入任务堆栈;而对于待运行任务而言,应该把任务堆栈里上次任务被中止时存放在堆栈中的中断指针推入 PC 寄存器。但遗憾的是,目前的处理器一般没有对程序指针寄存器 PC 的出栈和入栈指令。这就不得不想办法用其他可以改变 PC 值的指令(如 CALL、INT 或 IRET 指令等)来变通一下了。也就是说,想办法引发一次中断(或者一次调用),并让中断向量指向 OSCtxSw()(其实这个函数就是中断服务程序),利用系统在跳转到中断服务程序时会自动把断点指针压入堆栈的功能,把断点指针存入堆栈,而利用中断返回指令 IRET(或有相同功能的指令)能把断点指针推入 CPU 的 PC 寄存器的功能,恢复待运行任务的断点,这样就可以实现断点的保存和恢复了。

由于任务切换时需要对 CPU 的寄存器进行操作,因此在一般情况下,中断服务程序 OSCtxSw()都要用汇编语言来编写。在此只给出 OSCtxSw()的示意性代码供读者参考。

```
void OSCtxSw( void )
{
    用压栈指令把 CPU 通用寄存器 R1、R2、…压入堆栈;
    OSTCBCur -> OSTCBStkPtr = SP;          //在中止任务控制块中保存 SP
    OSTCBCur = OSTCBHighRdy;               //任务控制块的切换
    OSPrioCur = OSPrioHighRdy;
    SP = OSTCBHighRdy -> OSTCBStkPtr;      //使 SP 指向待运行任务堆栈
    用出栈指令把 R1、R2、…弹入 CPU 的通用寄存器;
    IRET;                                  //中断返回,使 PC 指向待运行任务
}
```

那么由什么来引发中断呢?这就是宏 OS_TASK_SW()的作用了。如果使用的微处理器具有软中断指令,那么在这个宏中封装一个软中断指令即可;如果使用的微处理器没有提供软中断指令,那么就可以试一试在宏 OS_TASK_SW()中封装其他可以使 PC 等相关寄存器压栈的指令(例如调用指令)。

3.5 任务的创建

从前面的内容中可知，μC/OS-II 是通过任务控制块来管理任务的。因此，创建任务的工作实质上是创建一个任务控制块，并通过任务控制块把任务代码和任务堆栈关联起来形成一个完整的任务。当然，还要使刚创建的任务进入就绪状态，并接着引发一次任务调度。

μC/OS-II 有两个用来创建任务的函数：OSTaskCreate()和 OSTaskCreateExt()。其中 OSTaskCreateExt()是 OSTaskCreate()的扩展，并提供了一些附加功能。用户可根据需要使用这两个函数之一来完成任务的创建工作。

3.5.1 用函数 OSTaskCreate()创建任务

应用程序通过调用函数 OSTaskCreate()来创建一个任务。函数 OSTaskCreate()的源代码如下：

```
INT8U OSTaskCreate (
                    void ( * task)(void * pd),          //指向任务的指针
                    void * pdata,                       //传递给任务的参数
                    OS_STK * ptos,                      //指向任务堆栈栈顶的指针
                    INT8U prio                          //任务的优先级
                    )
{
# if OS_CRITICAL_METHOD == 3
    OS_CPU_SR cpu_sr;
# endif

    void    * psp;
    INT8U err;

    if (prio > OS_LOWEST_PRIO)                          //检测任务的优先级是否合法
    {
        return (OS_PRIO_INVALID);
    }
    OS_ENTER_CRITICAL();
    if (OSTCBPrioTbl[prio] == (OS_TCB * )0)             //确认优先级未被使用
    {
        OSTCBPrioTbl[prio] = (OS_TCB * )1;              //保留优先级

        OS_EXIT_CRITICAL();
```

```
        psp = (void *)OSTaskStkInit(
                                    task,
                                    pdata,
                                    ptos,
                                    0
                                    );                    //初始化任务堆栈
        err = OSTCBInit(
                        prio,
                        psp,
                        (void *)0, 0, 0,
                        (void *)0, 0
                        );                                //获得并初始化任务控制块
        if (err == OS_NO_ERR)
        {
            OS_ENTER_CRITICAL();
            OSTaskCtr ++ ;                                //任务计数器加 1
            OS_EXIT_CRITICAL();
            if (OSRunning)
            {
                OSSched();                                //任务调度
            }
        }
        else
        {
            OS_ENTER_CRITICAL();
            OSTCBPrioTbl[prio] = (OS_TCB )0;              //放弃任务
            OS_EXIT_CRITICAL();
        }
        return (err);
    }
    else
    {
        OS_EXIT_CRITICAL();
        return (OS_PRIO_EXIST);
    }
}
```

从函数 OSTaskCreate()的源代码中可以看到,函数对待创建任务的优先级别进行一系列判断,确认该优先级别合法且未被使用之后,随即调用函数 OSTaskStkInit()和 OSTCBInit()对任务堆栈和任务控制块进行初始化。初始化成功后,除了把任务计数器加 1 外,还要进一步判断 μC/OS-II 的核是否在运行状态(即 OSRunning 的值是否为 1),如果 OSRunning 的值为 1,则调用 OSSched()进行任务调度。

调用函数 OSTaskCreate()成功后,将返回 OS_NO_ERR;否则,根据具体情况返回 OS_PRIO_INVALID、OS_PRIO_EXIST 及在函数内调用任务控制块初始化函数失败时返回的信息。

3.5.2 用函数 OSTaskCreateExt()创建任务

在任务及应用程序中也可以通过调用函数 OSTaskCreateExt()来创建一个任务。用函数 OSTaskCreateExt()来创建任务将更为灵活,但也会增加一些额外的开销。函数 OSTaskCreateExt()的原型如下:

```
INT8U OSTaskCreateExt (
                        void      ( * task)(void * pd),       //指向任务的指针
                        void       * pdata,                   //传递给任务的参数
                        OS_STK     * ptos,                    //指向任务堆栈栈顶的指针
                        INT8U     prio,                       //任务的优先级
                        INT16U    id,                         //任务的标识
                        OS_STK     * pbos,                    //任务堆栈栈底的指针
                        INT32U    stk_size,                   //任务堆栈的容量
                        void       * pext,                    //指向附加数据域的指针
                        INT16U    opt                         //用于设定操作选项
                        );
```

3.5.3 创建任务的一般方法

一般来说,任务可在调用函数 OSStart()启动任务调度之前来创建,也可在任务中来创建。但是,μC/OS-II 有一个规定:在调用启动任务函数 OSStart()之前,必须已经创建了至少一个任务。因此,人们习惯上在调用函数 OSStart()之前先创建一个任务,并赋予它最高的优先级别,从而使它成为起始任务;然后在这个起始任务中,再创建其他各任务。

如果要使用系统提供的统计任务,则统计任务的初始化函数也必须在这个起始任务中来调用。

下面是创建任务的示意性代码:

```
/* ****************************主函数**********************/
void main(void)
{
    ……
    OSInit();                              //对 μC/OS-II 进行初始化
    ……
    OSTaskCreate (TaskStart,……);           //创建起始任务 TaskStart
    OSStart();                             //开始多任务调度
}

/* ***************************起始任务**********************/
void TaskStart(void * pdata)
{
    ……//在这个位置安装并启动 μC/OS-II 的时钟
    OSStatInit();                          //初始化统计任务
    ……//在这个位置创建其他任务
    for(;;)
    {
        起始任务 TaskStart 的代码
    }
}
/********************************************************/
```

需要注意的是，μC/OS-II 不允许在中断服务程序中创建任务。

例 3-6 设计一个只有一个任务 MyTask 的应用程序，当程序运行后，任务 MyTask 的工作就是每秒在显示器上显示一个字符"M"。

答 该应用程序的代码如下：

```
/**************************Test**************************/
#include "includes.h"
#define  TASK_STK_SIZE   512               //任务堆栈长度
OS_STK   MyTaskStk[TASK_STK_SIZE];         //定义任务堆栈区
INT16S   key;                              //用于退出 μC/OS-II 的键
INT8U    x=0,y=0;                          //字符显示位置
void  MyTask(void * data);                 //声明一个任务
/************************** 主函数 **************************/
void  main (void)
{
    char *  s_M="M";                       //定义要显示的字符
```

```
    OSInit();                                //初始化 μC/OS - II
    PC_DOSSaveReturn();                      //保存 DOS 环境
    PC_VectSet(uCOS, OSCtxSw);               //安装 μC/OS - II 任务切换中断向量
    OSTaskCreate(
        MyTask,                              //创建任务 MyTask
        s_M,                                 //给任务传递参数
        &MyTaskStk[TASK_STK_SIZE - 1],       //设置任务堆栈栈顶指针
        0                                    // MyTask 优先级别为 0
        );
    OSStart();                               //启动多任务管理
}

/**************************任务 MyTask**************************/
void  MyTask (void * pdata)
{
#if OS_CRITICAL_METHOD == 3
    OS_CPU_SR  cpu_sr;
#endif
    pdata = pdata;
    OS_ENTER_CRITICAL();
    PC_VectSet(0x08, OSTickISR);             //安装 μC/OS - II 时钟中断向量
    PC_SetTickRate(OS_TICKS_PER_SEC);        //设置 μC/OS - II 时钟频率
    OS_EXIT_CRITICAL();
    OSStatInit();                            //初始化 μC/OS - II 的统计任务
    for (;;)
    {
        if (x>10)
        {
            x = 0;
            y += 2;
        }
        PC_DispChar(
                x, y,                        //字符的显示位置
                *(char *)pdata,              //被显示的字符
                DISP_BGND_BLACK + DISP_FGND_WHITE
                );
            x += 1;
        //如果按下 ESC 键,则退出 μC/OS - II
        if (PC_GetKey(&key) == TRUE)
        {
            if (key == 0x1B)
            {
```

```
                PC_DOSReturn();             //返回 DOS
            }
        }
        OSTimeDlyHMSM(0, 0, 1, 0);         //等待 1 s
    }
}
```

例 3 - 6 应用程序的运行结果如图 3 - 13 所示。

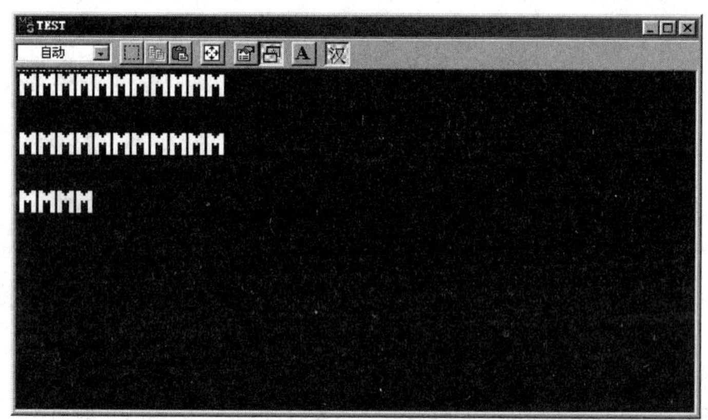

图 3 - 13　例 3 - 6 应用程序的运行结果

说明：本书前 7 章中的例题代码，都是在把 μC/OS - II 操作系统移植到 PC 机上之后再来运行的(这样做更符合大多数读者的习惯和学习条件)，所以要用到 PC 机上的一些功能，本书中凡是名称以 PC 开头的函数都调用了 PC 的一些功能。这些函数被定义在网上资料 PC.H和 PC.C 文件里。

PC 功能函数提供了 3 类服务：字符显示、运行时间测量及一些其他服务，在例 3 - 6 中用到的 PC 功能函数见表 3 - 3。关于其他 PC 功能函数的详细介绍参见本书的附录 A。

表 3 - 3　例 3 - 6 中用到的 PC 功能函数

PC 功能函数	说　明
PC_DOSSaveReturn()	保存 DOS 环境
PC_VectSet()	设置中断向量，即把中断向量添入中断向量码对应的中断向量表项中
PC_SetTickRate()	设置 μC/OS - II 时钟频率
PC_DispChar()	在 PC 的显示器上的指定位置显示一个字符
PC_GetKey()	获得键盘按键的键值
PC_DOSReturn()	恢复 DOS 环境

例 3-7 在例 3-6 应用程序的任务 MyTask 中再创建一个任务 YouTask，当程序运行后，任务 MyTask 的工作在显示器上显示一个字符“M”；而任务 YouTask 则是在显示器上显示字符“Y”。

答 应用程序的源代码如下：

```
/******************************Test******************************/
#include "includes.h"
#define   TASK_STK_SIZE    512              //任务堆栈长度
OS_STK    MyTaskStk[TASK_STK_SIZE];         //定义任务堆栈区
OS_STK    YouTaskStk[TASK_STK_SIZE];        //定义任务堆栈区
INT16S    key;                              //用于退出μC/OS-II 的键
INT8U     x = 0,y = 0;                      //字符显示位置
void  MyTask(void * data);                  //声明任务
void  YouTask(void * data);                 //声明任务
/******************************主函数******************************/
void  main (void)
{
    char* s_M = "M";                        //定义要显示的字符
    OSInit( );                              //初始化μC/OS-II
    PC_DOSSaveReturn( );                    //保存 DOS 环境
    PC_VectSet(uCOS, OSCtxSw);              //安装μC/OS-II 中断
    OSTaskCreate(
        MyTask,                             //创建任务 MyTask
        s_M,                                //给任务传递参数
        &MyTaskStk[TASK_STK_SIZE-1],        //设置任务堆栈栈顶指针
        0                                   //任务的优先级别为 0
        );
    OSStart();                              //启动多任务管理
}
/********************任务 MyTask********************************/

void  MyTask (void * pdata)
{
    char* s_Y = "Y";                        //定义要显示的字符
#if OS_CRITICAL_METHOD == 3
    OS_CPU_SR  cpu_sr;
#endif
    pdata = pdata;
    OS_ENTER_CRITICAL();
```

```
        PC_VectSet(0x08, OSTickISR);                    //安装时钟中断向量
        PC_SetTickRate(OS_TICKS_PER_SEC);               //设置时钟频率
        OS_EXIT_CRITICAL();
        OSStatInit();                                   //初始化统计任务
        OSTaskCreate(
            YouTask,                                    //创建任务 YouTask
            s_Y,                                        //给任务传递参数
            &YouTaskStk[TASK_STK_SIZE - 1],             //设置任务堆栈栈顶指针
            2                                           // YouTask 的优先级别为 2
            );
        for (;;)
        {
            if (x>50)
            {
                x = 0;
                y += 2;
            }
            PC_DispChar(x, y,                           //字符的显示位置
            *(char*)pdata,
            DISP_BGND_BLACK + DISP_FGND_WHITE );
                x += 1;
            //如果按下 ESC 键,则退出 μC/OS-II
            if (PC_GetKey(&key) == TRUE)
            {
                if (key == 0x1B)
                {
                    PC_DOSReturn();                     //恢复 DOS 环境
                }
            }
            OSTimeDlyHMSM(0, 0, 3, 0);                  //等待 3 s
        }
}

/************************任务 YouTask************************/

void  YouTask (void *pdata)
{
#if OS_CRITICAL_METHOD == 3
    OS_CPU_SR  cpu_sr;
```

```
#endif
    pdata = pdata;
    for (;;)
    {
        if (x>50)
        {
            x = 0;
            y += 2;
        }
        PC_DispChar(
                x, y,                       //字符的显示位置
            *(char *)pdata,
            DISP_BGND_BLACK + DISP_FGND_WHITE
                );
            x += 1;
        OSTimeDlyHMSM(0, 0, 1, 0);          //等待 1 s
    }
}

/**************************End**************************/
```

例 3-7 应用程序的运行结果如图 3-14 所示。

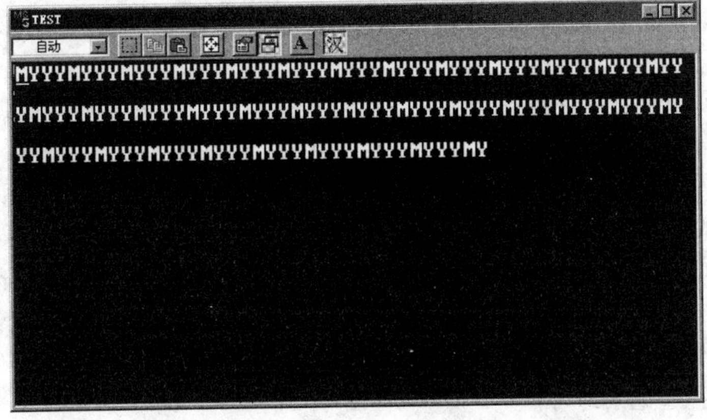

图 3-14　例 3-7 应用程序的运行结果

3.6 任务的挂起和恢复

所谓挂起一个任务，就是停止这个任务的运行。

在 μC/OS－II 中，用户任务可通过调用系统提供 OSTaskSuspend()函数来挂起自身或者除空闲任务之外的其他任务。用函数 OSTaskSuspend()挂起的任务，只能在其他任务中通过调用恢复函数 OSTaskResume()使其恢复为就绪状态。

任务在运行状态、就绪状态和等待状态之间的转移关系如图 3－15 所示。

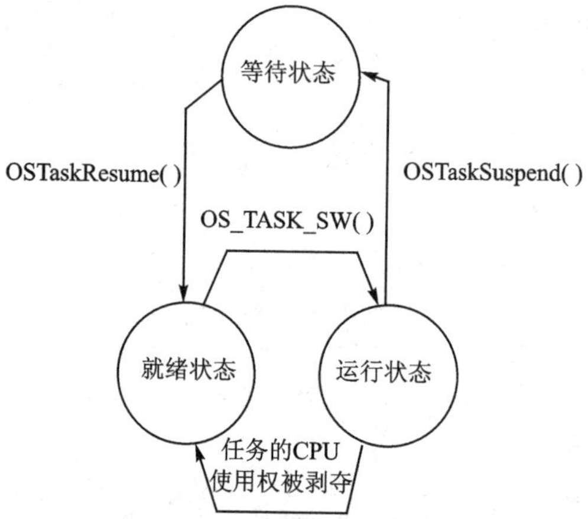

图 3－15 任务的挂起和恢复

3.6.1 挂起任务

挂起任务函数 OSTaskSuspend ()的原型如下：

```
INT8U   OSTaskSuspend (INT8U prio);
```

函数的参数 prio 为待挂起任务的优先级别。如果调用函数 OSTaskSuspend ()的任务要挂起自身，则参数必须为常数 OS_PRIO_SELF(该常数在文件 uCOS_II. H 中被定义为 0xFF)。

当函数调用成功时，返回信息 OS_NO_ERR；否则根据出错的具体情况返回 OS_TASK_SUSPEND_IDLE、OS_PRIO_INVALID 和 OS_TASK_SUSPEND_PRIO 等。

从图 3－16 所示函数 OSTaskSuspend ()的流程图中可知，该函数在一系列的判断中主要是判断待要挂起的任务是否调用这个函数的任务本身。如果是任务本身，则必须删除任务在任务就绪表中的就绪标志，并在任务控制块成员 OSTCBStat 中做了挂起记录之后，引发一次任务调度，以使 CPU 去运行就绪的其他任务。如果待挂起的任务不是调用函数的任务本身而是其他任务，那么只要删除任务就绪表中被挂起任务的就绪标志，并在任务控制块成员 OSTCBStat 中做挂起记录即可。

3.6.2 恢复任务

恢复任务函数 OSTaskResume ()的原型如下：

```
INT8U   OSTaskResume (INT8U prio);
```

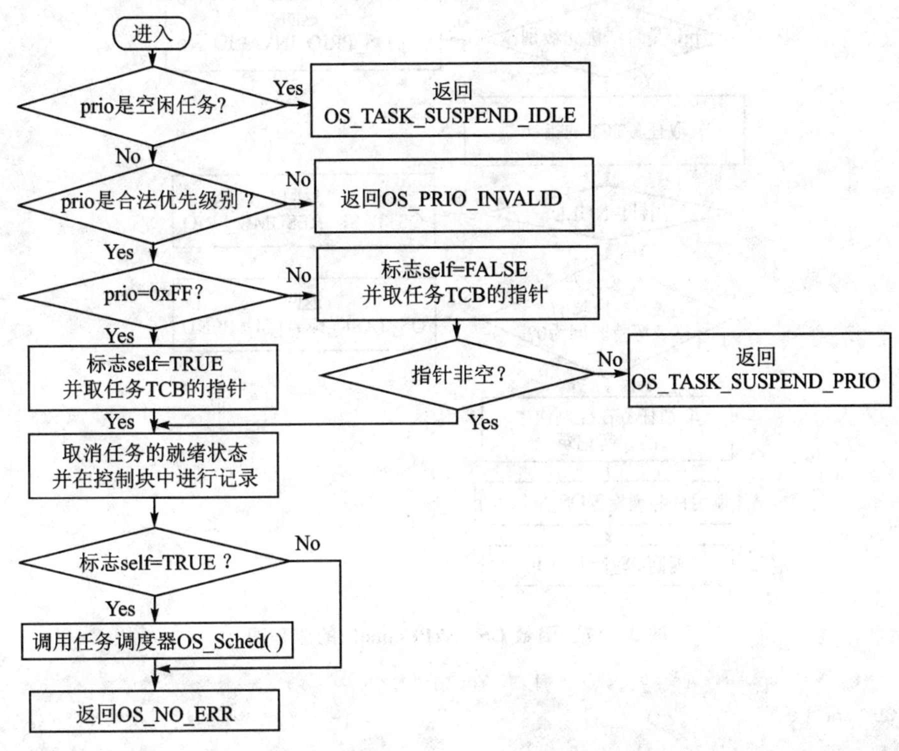

图 3-16　函数 OSTaskSuspend( )的流程图

函数的参数为待恢复任务的优先级别。若函数调用成功,则返回信息 OS_NO_ERR;否则,根据出错的具体情况返回 OS_PRIO_INVALID、OS_TASK_RESUME_PRIO 和 OS_TASK_NOT_SUSPEND 等。

从图 3-17 所示 OSTaskResume()的流程图中可知,函数在判断任务确实是一个已存在的挂起任务,同时它又不是一个等待任务(任务控制块成员 OSTCBDly=0)时,就会清除任务控制块成员 OSTCBStat 中的挂起记录并使任务就绪,最后调用调度器 OSSched()进行任务调度,并返回函数调用成功的信息 OS_NO_ERR。

例 3-8　修改例 3-7 应用程序的任务 YouTask。要求任务 YouTask 运行 20 次后,挂起任务 MyTask;当任务 YouTask 运行 40 次后,恢复任务 MyTask。

答　任务 YouTask 修改后的代码如下(其中**加粗字体**的代码为添加部分):

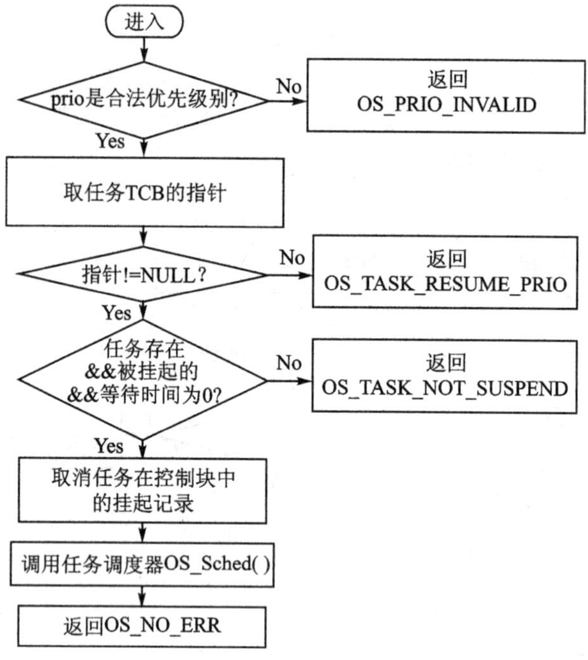

图 3－17　函数 OSTaskResume( )的流程图

```
/************************任务 YouTask ************************/
UINT8U time = 0;                                    //任务 YouTask 的运行次数
void  YouTask (void * pdata)
{
#if OS_CRITICAL_METHOD == 3
    OS_CPU_SR  cpu_sr;
#endif
    pdata = pdata;
    for (;;)
    {
        if(time == 20)
        {
            OSTaskSuspend(0);                       //挂起任务 MyTask
        }
        if(time == 40)
        {
            OSTaskResume(0);                        //恢复任务 MyTask
        }
        time += 1;
```

```
        if (x>50)
        {
            x = 0;
            y += 2;
        }

        PC_DispChar(x, y,                          //字符的显示位置
                    *(char*)pdata,
                    DISP_BGND_BLACK + DISP_FGND_WHITE );
                    x += 1;
                    OSTimeDlyHMSM(0, 0, 1, 0);     //等待1 s
    }
}
/**************************End**************************/
```

例3-8应用程序的运行结果见图3-18。

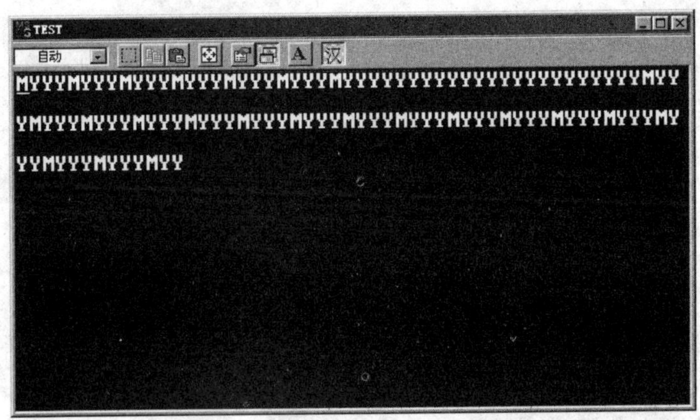

图3-18　例3-8应用程序的运行结果

例3-9　改造例3-7的任务MyTask,当任务MyTask运行10次时用函数OSSchedLock()对调度器进行加锁,而当任务MyTask运行到第80次时再用函数OSSchedUnlock()对调度器进行解锁,并运行该程序。

答　应用程序的代码如下:

```
/************************Test************************/
#include "includes.h"
#define  TASK_STK_SIZE    512                    //任务堆栈长度
OS_STK   MyTaskStk[TASK_STK_SIZE];               //定义任务堆栈区
OS_STK   YouTaskStk[TASK_STK_SIZE];              //定义任务堆栈区
INT16S   key;                                    //用于退出 μC/OS-II 的键
INT8U     x=0,y=0;                               //字符显示位置
INT8U     times=0;                               //运行次数
void  MyTask(void *data);                        //声明任务
void  YouTask(void *data);                       //声明任务
/************************主函数************************/
void  main (void)
{
    char* s_M="M";                               //定义要显示的字符
    OSInit();                                    //初始化 μC/OS-II
    PC_DOSSaveReturn();                          //保存 DOS 环境
    PC_VectSet(uCOS, OSCtxSw);                   //安装 μC/OS-II 中断
    OSTaskCreate(MyTask,                         //创建任务 MyTask
        s_M,                                     //给任务传递参数
        &MyTaskStk[TASK_STK_SIZE-1],             //设置任务堆栈栈顶指针
        0);                                      //使任务优先级别为 0
    OSStart();                                   //启动 μC/OS-II 的多任务管理
}

/************************任务 MyTask************************/

void  MyTask (void *pdata)
{
    char* s_Y="Y";                               //定义要显示的字符
#if OS_CRITICAL_METHOD == 3
    OS_CPU_SR  cpu_sr;
#endif
    pdata = pdata;
    OS_ENTER_CRITICAL();
    PC_VectSet(0x08, OSTickISR);                 //安装 μC/OS-II 时钟中断向量
    PC_SetTickRate(OS_TICKS_PER_SEC);            //设置 μC/OS-II 时钟频率
    OS_EXIT_CRITICAL();
    OSStatInit();                                //初始化 μC/OS-II 的统计任务
    OSTaskCreate(YouTask,                        //创建任务 YouTask
```

```
                s_Y,                                //给任务传递参数
                &YouTaskStk[TASK_STK_SIZE - 1],     //设置堆栈栈顶指针
                2);                                 //使任务的优先级别为 2
    for (;;)
    {
        if (x>50)
        {
            x = 0;
            y += 2;
        }
        times += 1;
        if (times == 10)
        {
            OSSchedLock();                          //锁调度器
        }
        if (times == 80)
        {
            OSSchedUnlock();                        //解锁调度器
        }
        PC_DispChar(x, y,                           //显示字符的位置
                    *(char *)pdata,
                    DISP_BGND_BLACK + DISP_FGND_WHITE );
            x += 1;
        //如果按下 ESC 键,则退出 μC/OS - II
        if (PC_GetKey(&key) == TRUE)
        {
            if (key == 0x1B)
            {
                PC_DOSReturn();
            }
        }
        OSTimeDlyHMSM(0, 0, 3, 0);                  //等待
    }
}
/************************任务 YouTask*********************/
void  YouTask (void * pdata)
{
#if OS_CRITICAL_METHOD == 3
    OS_CPU_SR  cpu_sr;
```

```
#endif
    pdata = pdata;
    for (;;)
        {
        if (x>50)
        {
            x = 0;
            y += 2;
        }
        PC_DispChar(x, y,                  //显示字符的位置
         *(char *)pdata,
        DISP_BGND_BLACK + DISP_FGND_WHITE );
            x += 1;
        OSTimeDlyHMSM(0, 0, 1, 0);        //等待
    }
}
/*********************End*************************/
```

例 3－9 应用程序的运行结果见图 3－19。

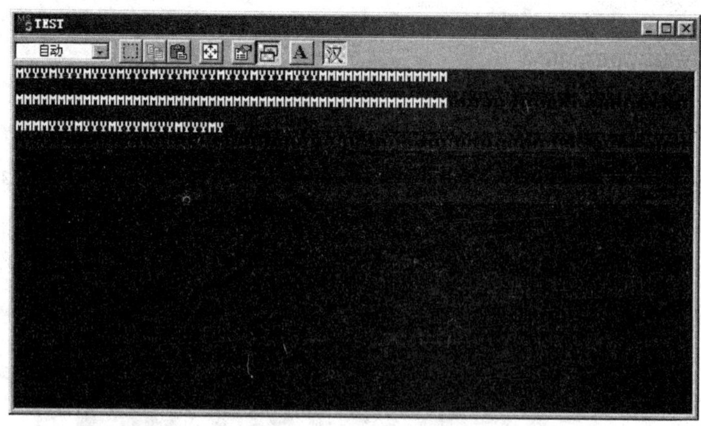

图 3－19　例 3－9 应用程序的运行结果

3.7　其他任务管理函数

3.7.1　任务优先级别的修改

每一个任务都必须有一个优先级别，但这个优先级别并不是一成不变的。在程序的运行

过程中，任务可根据需要通过调用函数 OSTaskChangePrio()来改变任务的优先级别。

函数 OSTaskChangePrio()的原型如下：

```
INT8U OSTaskChangePrio (
                        INT8U oldprio,          //任务现在的优先级别
                        INT8U newprio           //要修改的优先级别
                        );
```

若调用函数 OSTaskChangePrio ()成功，则函数返回 OS_NO_ERR。

3.7.2 任务的删除

所谓删除一个任务，就是把该任务置于睡眠状态。具体做法是，把被删除任务的任务控制块从任务控制块链表中删除，并归还给空任务控制块链表，然后在任务就绪表中把该任务的就绪状态位设置为0，于是该任务就不能再被调度器所调用了。简单地说，就是把它的身份证给吊销了。

在任务中，可以通过调用函数 OSTaskDel()来删除任务自身或者除了空闲任务之外的其他任务。

函数 OSTaskDel()的原型如下：

```
#if OS_TASK_DEL_EN
INT8U OSTaskDel (
                INT8U prio      //要删除任务的优先级别
                );
```

如果一个任务调用这个函数是为了删除任务自己，则应在调用函数时令函数的参数 prio 为 OS_PRIO_SELF。

有时，任务会占用一些动态分配的内存或信号量之类的资源。这时，如果有其他任务把这个任务删除了，那么被删除任务所占用的一些资源就会因为没有被释放而丢失，这是任何系统都无法接受的。因此，在删除一个占用资源的任务时，一定要谨慎。具体的办法是，提出删除任务请求的任务只负责提出删除任务请求，而删除工作则由被删除任务自己来完成。这样，被删除任务就可以根据自身的具体情况来决定何时删除自身，同时也有机会在删除自身之前把占用的资源释放掉。

显然，如果想使提出删除任务请求的任务和被删除任务之间能够像上述方式一样来执行删除工作，则它们双方必须有某种通信方法。μC/OS-II 利用被删除任务的任务控制块成员 OSTCBDelReq 作为请求删除方的被删除方的联络信号，同时提供了一个双方都能调用的函数——请求删除任务函数 OSTaskDelReq()。这样，提出删除任务请求的任务和被删除任务的双方就都能使用这个函数来访问 OSTCBDelReq 这个信号，从而可以根据这个信号的状态来决定各自的行为。

函数 OSTaskDelReq()的原型如下：

```
INT8U   OSTaskDelReq(
                        INY8U prio      //待删除任务的优先级别
                        );
```

提出删除任务请求的任务在调用这个函数时,函数的参数应该为被删除任务的优先级别 prio;被删除任务在调用这个函数时,函数的参数应该为 OS_PRIO_SELF。

函数 OSTaskDelReq()的流程图如图 3-20 所示。

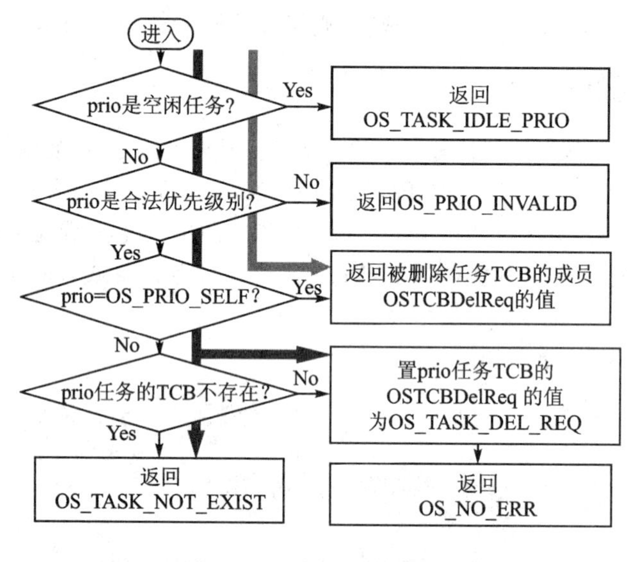

图 3-20　函数 OSTaskDelReq()的流程图

删除任务请求方要用被删除任务的优先级别 prio 作为参数来调用这个函数。从图 3-20 中可以看出,删除任务请求方调用这个函数的目的就是要查看被删除的任务控制块是否还在。如果还在,则令被删除任务的任务控制块成员 OSTCBDelReq 的值为 OS_TASK_DEL_REQ,且通知该任务:"已经有任务要求在合适的时候要删除自己";如果不在,则认为被删除任务已经被删除了。

例如,任务请求删除优先级别为 44 的任务,那么完成这个任务的代码段如下:

```
while( OSTaskDelReq( 44 ) ! = OS_TASK_NOT_EXIST )
{
    OSTimeDly(1);                       //延时一个时钟节拍
}
```

即通过不断地调用函数 OSTaskDelReq()来查询优先级别为 44 的任务是否还存在。只要还存在，就调用延时函数 OSTimeDly()等待，直到发现被删除任务不存在了(即被删除了)才继续运行。

被删除任务方一定要用 OS_PRIO_SELF 作为参数来调用 OSTaskDelReq()函数。从图 3-20 中可看到，函数判断出参数是 OS_PRIO_SELF 时，将会返回任务 TCB 的域 OSTCBDelReq 的值。如果该值为 OS_TASK_DEL_REQ，意味着有其他任务发出了删除任务请求，那么被删除任务就应该在适当的时候调用函数 OSTaskDel(OS_PRIO_SELF)来删除自己。

被删除任务方调用函数 OSTaskDelReq()的典型代码段如下：

```
if( OSTaskDelReq(OS_PRIO_SELF ) == OS_TASK_DEL_REQ )
{
    //释放资源和动态内存的代码
    OSTaskDel( OS_PRIO_SELF );
}
else
{
    //其他应用代码
}
```

例 3-10 修改例 3-7 应用程序，使任务 MyTask 能删除任务 YouTask。

答 修改后的应用程序代码如下：

```
/*****************************************************************/
#include "includes.h"

#define  TASK_STK_SIZE   512                 //任务堆栈长度

OS_STK   MyTaskStk[TASK_STK_SIZE];           //定义任务堆栈区
OS_STK   YouTaskStk[TASK_STK_SIZE];          //定义任务堆栈区
INT16S   key;                                //用于退出 μC/OS-II 的键
INT8U    x=0,y=0;                            //字符显示位置

void  MyTask(void *data);                    //声明任务
void  YouTask(void *data);                   //声明任务
/************************主函数*********************/
void  main (void)
{
    char* s_M="M";                           //定义要显示的字符

    OSInit();                                //初始化 μC/OS-II
```

```
    PC_DOSSaveReturn();                                  //保存 DOS 环境
    PC_VectSet(uCOS, OSCtxSw);                           //安装 μC/OS-II 中断

    OSTaskCreate(MyTask,                                 //创建任务 MyTask
        s_M,                                             //给任务传递参数
        &MyTaskStk[TASK_STK_SIZE-1],                     //设置任务堆栈栈顶指针
        0);                                              //使任务优先级别为 0

    OSStart();                                           //启动 μC/OS-II 的多任务管理
}

/************************任务 MyTask*****************************/

void  MyTask (void *pdata)
{
    char* s_Y="Y";                                       //定义要显示的字符
    char* s="MyTask:我要求 YouTask 自己删除自己!";         //定义字符串
#if OS_CRITICAL_METHOD == 3
    OS_CPU_SR  cpu_sr;
#endif

    pdata = pdata;

    OS_ENTER_CRITICAL();
    PC_VectSet(0x08, OSTickISR);                         //安装时钟中断向量
    PC_SetTickRate(OS_TICKS_PER_SEC);                    //设置 μC/OS-II 时钟频率
    OS_EXIT_CRITICAL();

    OSStatInit();                                        //初始化统计任务
    OSTaskCreate(YouTask,                                //创建任务 YouTask
        s_Y,                                             //给任务传递参数
        &YouTaskStk[TASK_STK_SIZE-1],                    //设置任务堆栈栈顶指针
        2);                                              //使任务的优先级别为 2
    for (;;)
    {
        if (x>30)
        {
            while( OSTaskDelReq( 2 ) != OS_TASK_NOT_EXIST )
            {
```

```
                PC_DispStr (
                    10,8,
                    s,                          //显示字符串
                    DISP_FGND_YELLOW + DISP_BGND_BLUE
                    );
                OSTimeDly(1);                   //延时一个时钟节拍
            }
        }

        if (x>50)
        {
            x = 0;
            y += 2;
        }

        PC_DispChar(x, y,                       //字符的显示位置
        *(char*)pdata,
        DISP_BGND_BLACK + DISP_FGND_WHITE );
            x += 1;

        //如果按下 ESC 键,则退出 μC/OS-II
        if (PC_GetKey(&key) == TRUE)
        {
            if (key == 0x1B)
            {
                PC_DOSReturn();
            }
        }

        OSTimeDlyHMSM(0, 0, 3, 0);              //等待
    }
}
/************************任务 YouTask ****************************/
void  YouTask (void *pdata)
{
    char *s1 = "YouTask:我必须要删除我自己了!";//定义字符串
    char *s2 = "YouTask:我已经删除我自己了!";  //定义字符串

#if OS_CRITICAL_METHOD == 3
```

```
    OS_CPU_SR  cpu_sr;
#endif

    pdata = pdata;

    for (;;)
    {
        if( OSTaskDelReq(OS_PRIO_SELF ) == OS_TASK_DEL_REQ )
        {
            PC_DispStr(10,10,s1,                              //显示字符串
                    DISP_FGND_WHITE + DISP_BGND_BLACK);
            OSTimeDlyHMSM(0, 0, 15, 0);                       //延时 15 s
            PC_DispStr(10,12,s2,                              //显示字符串
                    DISP_FGND_WHITE + DISP_BGND_BLACK);
            OSTaskDel( OS_PRIO_SELF );                        //删除任务自身
        }
        if (x>50)
        {
            x = 0;
            y += 2;
        }

        PC_DispChar(
                x, y,                                         //字符的显示位置
                *(char*)pdata,
                DISP_BGND_BLACK + DISP_FGND_WHITE
                    );
            x += 1;
        OSTimeDlyHMSM(0, 0, 1, 0);                            //等待 1 s
    }
}
/********************End************************/
```

例 3-10 应用程序的运行结果见图 3-21。

图 3-21 例 3-10 应用程序的运行结果

3.7.3 查询任务的信息

有时,在应用程序运行中需要了解一个任务的指针、堆栈等信息,这时就可以通过调用函数 OSTaskQuery()来获取选定的任务的信息。函数 OSTaskQuery()的原型如下:

```
INT8U  OSTaskQuery(
                    INT8U prio,          //待查询任务的优先级别
                    OS_TCB * pdata       //存储任务信息的结构
                    );
```

若调用函数 OSTaskQuery()查询成功,则函数将返回 OS_NO_ERR,并把查询得到的任务信息存放在结构 OS_TCB 类型的变量中。

3.8 μC/OS-II 的初始化和任务的启动

3.8.1 μC/OS-II 的初始化

在使用 μC/OS-II 的所有服务之前,必须调用 μC/OS-II 的初始化函数 OSInit(),对 μC/OS-II 自身的运行环境进行初始化。

函数 OSInit()将对 μC/OS-II 的所有全局变量和数据结构进行初始化,同时创建空闲任务 OSTaskIdle,并赋之以最低的优先级别和永远的就绪状态。如果用户应用程序还要使用统计任务(常数 OS_TASK_STAT_EN=1),则 OSInit()还要以优先级别为 OS_LOWEST_PRIO-1 来创建统计任务。

初始化函数 OSInit()对数据结构进行初始化时,主要是创建包括空任务控制块链表在内的5个空数据缓冲区。同时,为了可以快速地查询任务控制块链表中的各个元素,初始化函数 OSInit()还要创建一个数组 OSTCBPrioTbl[OS_LOWEST_PRIO + 1]。在这个数组中,按任务的优先级别顺序把任务控制块的指针存放在对应的元素中。经过初始化之后,系统中的数据结构如图3-22所示。

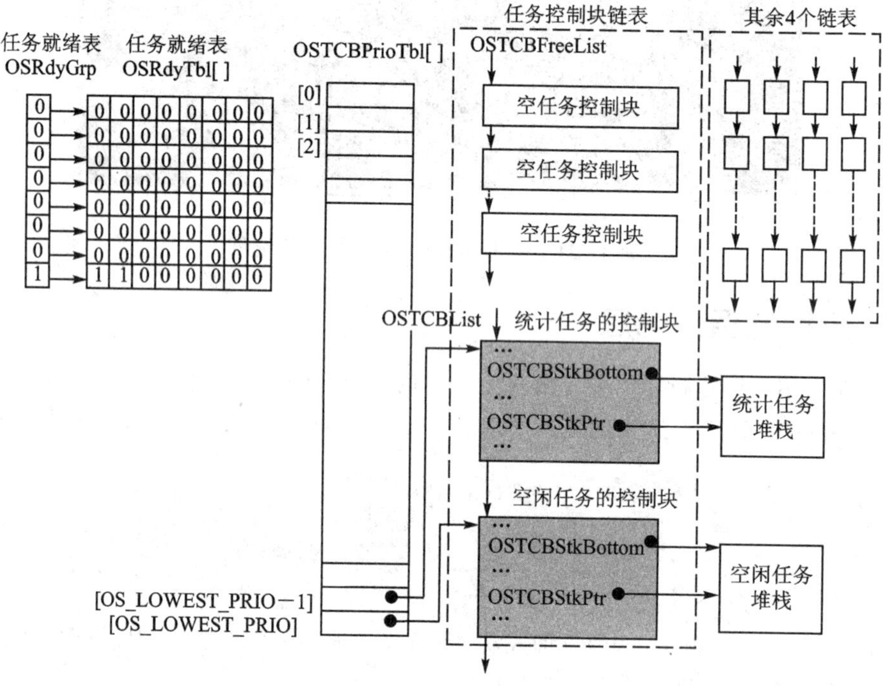

图3-22 μC/OS-II 初始化后的数据结构

初始化之后各全局变量的情况见表3-4。

表3-4 初始化之后各全局变量的情况

变 量	值	变量的说明
OSPrioCur	0	类型为 INT8U,正在运行的任务的优先级
OSPrioHighRdy	0	类型为 INT8U,具有最高优先级别的就绪任务的优先级
OSTCBCur	NULL	类型为 OS_TCB*,指向正在运行任务控制块的指针
OSTCBHighRdy	NULL	类型为 OS_TCB*,指向最高级优先级就绪任务控制块的指针
OSTime	0L	类型为 INT32U,表示系统当前时间(节拍数)
OSIntNesting	0	类型为 INT8U,存放中断嵌套的层数(0~255)

续表 3-4

变　量	值	变量的说明
OSLockNesting	0	类型为 INT8U，调用了 OSSchededLock 的嵌套层数
OSCtxSwCtr	0	类型为 INT32U，上下文切换的次数
OSTaskCtr	2	类型为 INT8U，已经建立了的任务数
OSRunning	FALSE	类型为 BOOLEAN，μC/OS-II 核是否正在运行的标志
OSCPUUsage	0	类型为 INT8S，存放 CPU 的利用率(%)的变量
OSIdleCtrMax	0L	类型为 INT32U，表示每秒空闲任务计数的最大值
OSIdleCtrRun	0L	类型为 INT32U，表示空闲任务计数器每秒的计数值
OSIdleCtr	0L	类型为 INT32U，空闲任务的计数器
OSStatRdy	FALSE	类型为 BOOLEAN，统计任务是否就绪的标志
OSIntExity	0	类型为 INT8U，用于函数 OSInitExt()

3.8.2 μC/OS-II 的启动

μC/OS-II 进行任务的管理是从调用启动函数 OSStart()开始的。当然，其前提条件是在调用该函数之前至少创建了一个用户任务。

函数 OSStart()的源代码如下：

```
void OSStart (void)
{
   INT8U y;
   INT8U x;

   if (OSRunning == FALSE)
   {
        y = OSUnMapTbl[OSRdyGrp];
        x = OSUnMapTbl[OSRdyTbl[y]];
        OSPrioHighRdy = (INT8U)((y << 3) + x);
        OSPrioCur = OSPrioHighRdy;
        OSTCBHighRdy = OSTCBPrioTbl[OSPrioHighRdy];
        OSTCBCur = OSTCBHighRdy;
        OSStartHighRdy();
   }
}
```

假如有代码如下：

```
#include  "includes.h"
#define MY_TASK_STK_SIZE     512               //定义堆栈容量

void main( void )
{
    OSInit();                                  //初始化 μC/OS-II
    ……
    OSTaskCreate(MyTask,                       //创建任务 MyTask
                 (void * )0,
                 &MyTaskStk[MY_TASK_STK_SIZE - 1],
                 6                             //任务的优先级别为 6
                 );
    OSStart();                                 //启动 μC/OS-II
}
```

那么对于上面的代码来说，主函数 main()调用函数 OSStrat()之后，μC/OS-II 立即进入多任务管理阶段，这时的数据结构如图 3-23 所示，而各个变量的变化见表 3-5。

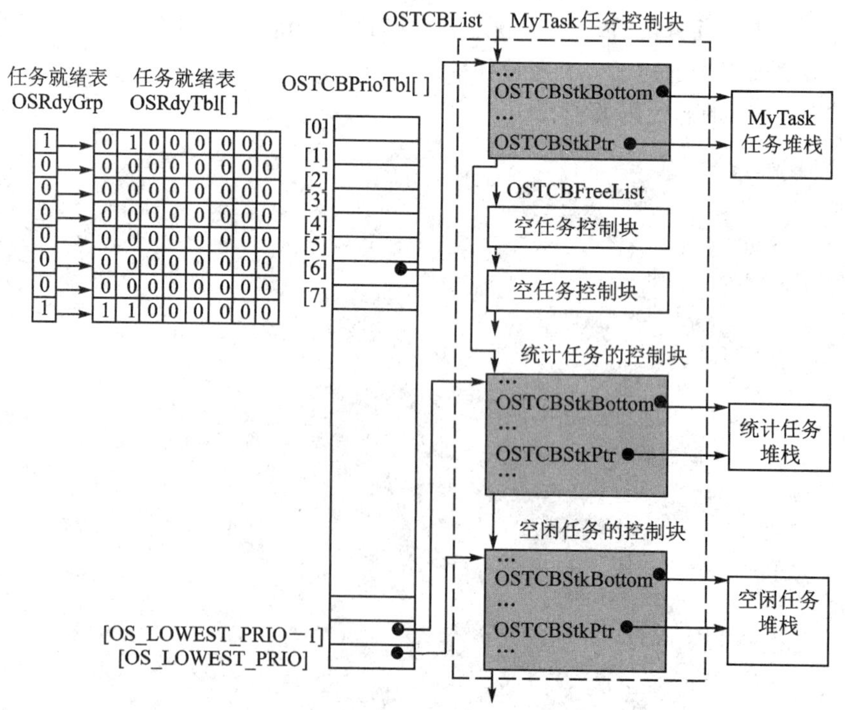

图 3-23 调用函数 OSStart( )后的数据结构

OSStartHighRdy()在多任务系统启动函数 OSStart()中调用。完成的功能是：设置系统运行标志位 OSRunning=TRUE，将就绪表中最高优先级任务的栈指针 Load 到 SP 中，并强制中断返回。这样就绪的最高优先级任务就如同从中断返回到运行状态一样，使得整个系统得以运转。

表 3-5　初始化之后各个全局变量的值

变　量	值	说　明
OSPrioCur	6	类型为 INT8U，正在运行的任务的优先级
OSPrioHighRdy	6	类型为 INT8U，具有最高优先级别的任务的优先级
OSTCBCur		类型为 OS_TCB *，指向当前任务控制块的指针
OSTCBHighRdy		类型为 OS_TCB *，指向最高级优先级任务控制块的指针
OSTime	0L	类型为 INT32U，表示系统当前时间(节拍数)
OSIntNesting	0	类型为 INT8U，表示存放中断嵌套的层数(0～255)
OSLockNesting	0	类型为 INT8U，表示调用了 OSSchededLock 的嵌套层数
OSCtxSwCtr	0	类型为 INT32U，表示上下文切换的次数
OSTaskCtr	3	类型为 INT8U，表示已经建立了的任务数
OSRunning	TRUE	类型为 BOOLEAN，正在运行多任务的标志
OSCPUUsage	0	类型为 INT8S，表示存放 CPU 的利用率(%)
OSIdleCtrMax	0L	类型为 INT32U，表示每秒空闲任务计数的最大值
OSIdleCtrRun	0L	类型为 INT32U，表示空闲任务计数器每秒的计数值
OSIdleCtr	0L	类型为 INT32U，空闲任务的计数器
OSStatRdy	FALSE	类型为 BOOLEAN，统计任务就绪的标志
OSIntExitY	0	类型为 INT8U，用于系统函数 OSInitExit()

3.9　小　结

- 任务由任务控制块、任务堆栈和任务代码三部分组成。系统通过任务控制块来感知和控制任务；任务堆栈主要用来保护断点和恢复断点；任务代码是一个超循环结构，它描述了任务的执行过程。在创建一个任务时，函数 OSTaskCreate()或 OSTaskCreateExt()负责给任务分配任务控制块和任务堆栈，并对它们进行初始化，然后把任务控制块、任务堆栈、任务代码三者关联起来形成一个完整任务。
- 系统是按任务就绪表和任务的优先级别来调度任务的。执行任务调度工作的是调度器，它负责查找具有最高优先级别的就绪任务并运行它，同时把这个任务 TCB 的指针存放在 OSTABCur 中。通常，系统在调用 API 函数和运行中断服务程序之后都要调用 OSSched()来进行一次任务调度。

- 任务切换的核心工作是任务堆栈指针的切换。
- 任务调度器代码的设计，使得它的运行时间与系统中的任务数无关，从而使它满足了实时系统的要求。
- 任务的优先级别也是任务的标识。
- 应用程序首先应该调用 OSInit()函数对全局变量和数据结构进行初始化，以建立 μC/OS-II 的运行环境。
- 应用程序是通过调用函数 OSStart()开始进入多任务管理的，但在调用函数 OSStart()之前必须至少创建了一个任务。

3.10 练习题

1. 什么是可剥夺型内核？
2. 一个应用程序为什么一定要使用空闲任务？
3. 统计任务是必须使用的吗？
4. 什么叫做任务的优先权？μC/OS-II 是用什么来描述任务的优先权的？
5. 在 μC/OS-II 中任务有哪5种状态？
6. 任务控制块记录了任务的哪些信息？
7. 什么是空任务控制块链表？什么是任务控制块链表？
8. 数组 OSTCBTbl[]有什么用途？
9. 正在运行任务的任务控制块指针存放在哪个指针变量中？
10. 变量 OSRdyGrp 有什么用？
11. 简述在任务就绪表中查找具有最高优先级别的就绪任务的过程。
12. 试对例 3-8 与例 3-9 两个应用程序的结果进行比较和分析。
13. 编写一个有3个任务的应用程序，每个任务均会在显示器上显示一个字符，并让3个任务具有不同的等待时间，观察应用程序运行中任务被调度的情况。
14. 编写一个有3个任务的应用程序，每个任务均会在显示器上显示一个字符，并让1个任务查询另外2个任务的信息，并在显示器上显示出来。
15. 编写一个有3个任务的应用程序，并让其中2个任务在你认为合适的时候删除自己。
16. 编写一个有3个任务的应用程序，在调度器每进行一次任务切换后，在显示器上显示正在运行任务的任务控制块指针。
17. 编写一个有2个任务的应用程序，每一个任务每次运行显示一个字符。当调度器进行5次调度之后，这些显示的字符会在显示器上构成一个字符串“Hello，μC/OS-II!”。

第4章 μC/OS－II的中断和时钟

中断是计算机系统处理异步事件的重要机制。当异步事件发生时，事件通常通过硬件向CPU发出中断请求。在一般情况下，CPU响应这个请求后会立即运行中断服务程序来处理该事件。

为了处理任务延时、任务调度等一些与时间有关的事件，任何一个计算机系统都应该有一个系统时钟。与其他计算机系统一样，μC/OS－II的时钟是通过硬件定时器产生定时中断来实现的。

本章的主要内容有：

- μC/OS－II的中断管理和中断服务程序的结构；
- μC/OS－II的系统时钟及实现方法；
- μC/OS－II的时间管理服务——延时、取消延时。

4.1 μC/OS－II的中断

任务在运行过程中，应内部或外部异步事件的请求中止当前任务，而去处理异步事件所要求的任务的过程叫做中断。应中断请求而运行的程序叫做中断服务子程序(Interrupt Service Routines，ISR)，中断服务子程序的入口地址叫做中断向量。

4.1.1 μC/OS－II的中断过程

μC/OS－II系统响应中断的过程是：系统接收到中断请求后，如果这时CPU处于中断允许状态(即中断是开放的)，系统就会中止正在运行的当前任务，而按照中断向量的指向转而去运行中断服务子程序；当中断服务子程序的运行结束后，系统将会根据情况返回到被中止的任务继续运行，或者转向运行另一个具有更高优先级别的就绪任务。

在上面所叙述的中断过程中，有一点是需要特别注意的，这就是对于可剥夺型的μC/OS－II内核来说，中断服务子程序运行结束之后，系统将会根据情况进行一次任务调度去运行优先级别最高的就绪任务，而并不一定要继续运行被中断的任务。

μC/OS－II 系统允许中断嵌套,即高优先级别的中断源的中断请求可以中断低优先级别的中断服务程序的运行。为了记录中断嵌套的层数,μC/OS－II 定义了一个全局变量 OSIntNesting。

μC/OS－II 中断响应的过程示意图如图 4－1 所示。

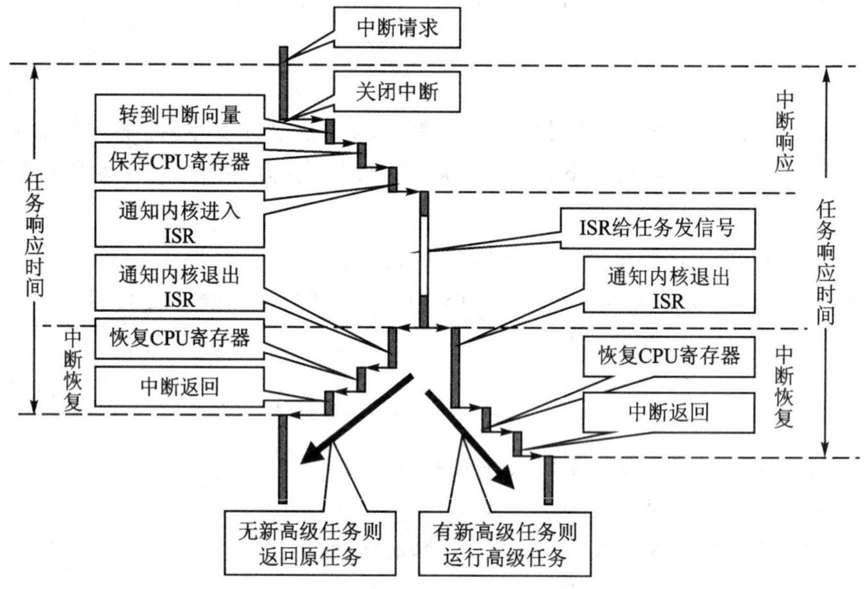

图 4－1　中断的响应过程

在编写 μC/OS－II 的中断服务程序时,要用到两个重要的函数 OSIntEnter()和 OSIntExit()。

函数 OSIntEnter()的作用就是把全局变量 OSIntNesting 加 1,从而用它来记录中断嵌套的层数。函数 OSIntEnter()的代码如下:

```
void  OSIntEnter (void)
{
    if (OSRunning == TRUE)
    {
        if (OSIntNesting < 255)
        {
            OSIntNesting++;                    //中断嵌套层数计数器加 1
        }
    }
}
```

函数 OSIntEnter()的调用通常发生在中断服务程序保护了被中断任务的断点数据之后,

运行用户中断服务代码之前，所以称之为进入中断服务函数。

另一个在中断服务程序中要调用的函数叫做退出中断服务函数 OSIntExit()。函数 OSIntExit()的流程图如图 4-2 所示。

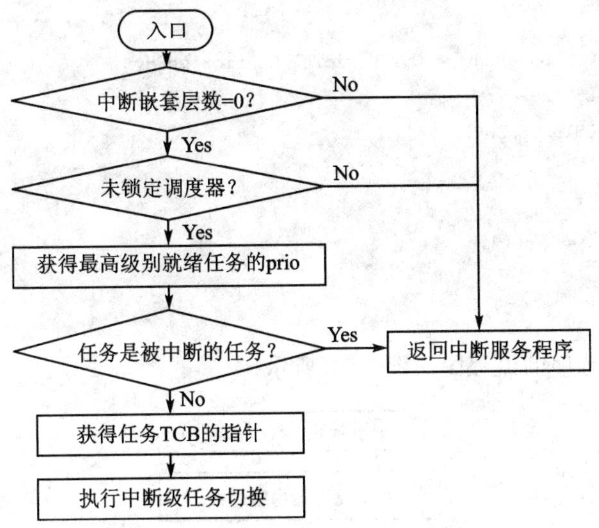

图 4-2　函数 OSIntExit()的流程图

从图 4-2 中可以看到，这个函数在中断嵌套层数计数器为 0、调度器未被锁定且从任务就绪表中查找到的最高级别就绪任务又不是被中断的任务的条件下将要进行任务切换，否则就返回被中断的服务子程序。

退出中断服务函数 OSIntExit()的源代码如下：

```
void  OSIntExit (void)
{
#if OS_CRITICAL_METHOD == 3
    OS_CPU_SR  cpu_sr;
#endif
    if (OSRunning == TRUE)
    {
        OS_ENTER_CRITICAL();
        if (OSIntNesting > 0)
        {
            OSIntNesting--;               //中断嵌套层数计数器减 1
        }
        if ((OSIntNesting == 0) & (OSLockNesting == 0))
        {
```

```
                OSIntExitY = OSUnMapTbl[OSRdyGrp];
                OSPrioHighRdy = (INT8U)((OSIntExitY << 3)
                        + OSUnMapTbl[OSRdyTbl[OSIntExitY]]);
                if (OSPrioHighRdy != OSPrioCur)
                {
                    OSTCBHighRdy = OSTCBPrioTbl[OSPrioHighRdy];
                    OSCtxSwCtr ++;
                    OSIntCtxSw();
                }
            }
        OS_EXIT_CRITICAL();
    }
}
```

一个中断服务子程序的流程图如图 4-3 所示。

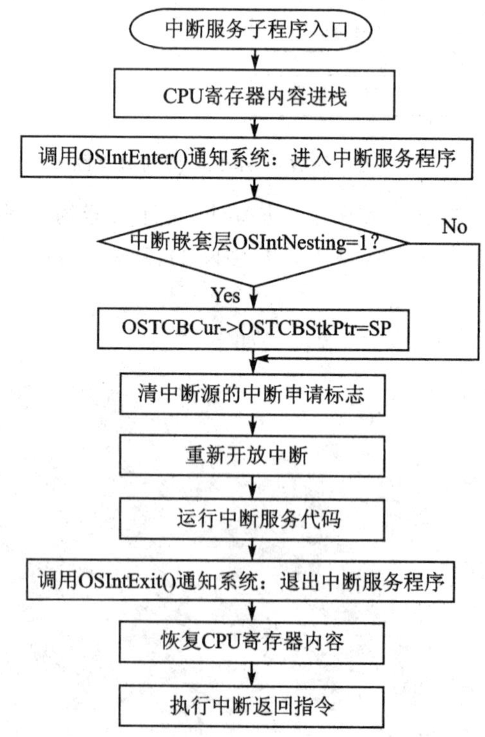

图 4-3　中断服务子程序的流程图

在 μC/OS-II 中,通常用一个任务来进行异步事件的处理,而在中断服务程序中只是通过向任务发送消息的方法去激活这个任务。

4.1.2 中断级任务切换函数

前面谈到，μC/OS-II 在运行完中断服务程序之后，并不一定返回到被中断的任务，而是要通过一次任务调度来决定返回的去向(返回被中断的任务还是运行一个具有更高优先级别的就绪任务)，因此系统还需要一个中断级任务调度器。

从图 4-2 中的函数 OSIntExit()流程图及其源代码中已经知道，函数在中断嵌套层数计数器为 0、调度器未被锁定且从任务就绪表中查找到的最高级就绪任务又不是被中断的任务的条件下将要进行任务切换，完成这个切换工作的函数 OSIntCtxSw()就叫做中断级任务切换函数。

与任务级任务切换函数 OSCtxSw()一样，中断级任务切换函数 OSIntCtxSw()也用汇编语言来编写。其示意性代码如下：

```
OSIntCtxSw()
{
    OSTCBCur = OSTCBHighRdy;                //任务控制块的切换
    OSPrioCur = OSPrioHighRdy;
    SP = OSTCBHighRdy -> OSTCBStkPtr;       //使 SP 指向待运行任务堆栈
    用出栈指令把 R1、R2、… 弹入 CPU 的通用寄存器;
    RETI;                                   //中断返回,使 PC 指向待运行任务
}
```

把上面的代码与任务级任务切换函数 OSCtxSw()的代码对照一下就会发现，中断级任务切换函数的代码与任务级任务切换函数的后半段完全相同。其道理也很简单：被中断任务的断点保护工作已经在中断服务程序中完成了。

4.1.3 应用程序中的临界段

1. 临界段的基本概念

前面提到，当有异步事件发生时会引发中断请求，但 CPU 只有在中断开放期间才响应中断请求。也就是说，所有的 CPU 都具有开中断和关中断指令，以便使一些代码段不受到中断的干扰。在 μC/OS-II 中，那些不希望被中断的代码段叫做临界段。

从代码上来看，处在关中断和开中断之间的代码段就是临界段。

由于各厂商生产的 CPU 和 C 编译器的关中断和开中断的方法及指令不尽相同，为增强 μC/OS-II 的可移植性(即在 μC/OS-II 的各个 C 语言函数中尽可能地不出现汇编语言代码)，μC/OS-II 用 OS_ENTER_CRITICAL()和 OS_EXIT_CRITICAL()这两个宏封装了与系统硬件相关的关中断和开中断指令。

另外，μC/OS-II 提示，不要在临界段中调用 μC/OS-II 提供的功能函数，以免系统崩溃。

2. 宏 OS_ENTER_CRITICAL()和 OS_EXIT_CRITICAL()的实现方法

OS_ENTER_CRITICAL()和 OS_EXIT_CRITICAL()可以有3种不同的实现方法。至于在实际应用时使用哪种方法,取决于用户使用的处理器及C编译器。用户可通过定义移植文件 OS_CPU.H 中的常数 OS_CRITICAL_METHOD 来选择实现方法。

第1种方法最简单,即直接使用处理器的开中断和关中断指令来实现宏,这时需要令常数 OS_CRITICAL_METHOD=1。其示意性代码如下:

```
#define   OS_ENTER_CRITICAL()      \
          asm("DI")                          //关中断

#define   OS_EXIT_CRITICAL()       \
          asm("EI")                          //开中断
```

第2种方法稍微复杂一些,但可使 CPU 中断允许标志的状态在临界段前和临界段后不发生改变。在宏 OS_ENTER_CRITICAL()中,把 CPU 的允许中断标志保持到堆栈中,然后再关闭中断,这样在临界段结束时,即在调用宏 OS_EXIT_CRITICAL()时,只要把堆栈中保存的 CPU 允许中断状态恢复即可。这两个宏的示意性代码如下:

```
#define   OS_ENTER_CRITICAL() \
          asm("PUSH    PSW") \      //通过保存程序状态字来保存中断允许标志
          asm("DI")                 //关中断

#define   OS_EXIT_CRITICAL() \
          asm("POP         PSW")    //恢复中断允许标志
```

如果要使用这种方法实现宏,则需要令常数 OS_CRITICAL_METHOD=2。

第3种方法的前提条件是,用户使用的C编译器具有扩展功能。用户可获得程序状态字的值,这样就可把该值保存在C变量中,而不必压到堆栈里。这时,两个宏的实现如下:

```
#define   OS_ENTER_CRITICAL()      \
          cpu_sr = get_processor_psw();\      //获得程序状态字并保存在全局变量 sr 中
          disable_interrupts();               //关中断

#define   OS_EXIT_CRITICAL()      \
          set_processor_psw(cpu_sr );         //用 sr 恢复程序状态字
```

由于不知道用户使用的C编译器所提供的函数名,因此上面宏中使用的函数名称只是示意而已。如果用户要使用这种方法实现宏,则需要令常数 OS_CRITICAL_METHOD=3。

4.2 μC/OS-II的时钟

任何操作系统都要提供一个周期性的信号源，以供系统处理诸如延时、超时等与时间有关的事件，这个周期性的信号源叫做时钟。

μC/OS-II与大多数计算机系统一样，用硬件定时器产生一个周期为毫秒(ms)级的周期性中断来实现系统时钟。最小的时钟单位就是两次中断之间相间隔的时间，这个最小时钟单位叫做时钟节拍(Time Tick)。

硬件定时器以时钟节拍为周期定时地产生中断，该中断的中断服务程序叫做OSTickISR()。中断服务程序通过调用函数OSTimeTick()来完成系统在每个时钟节拍时需要做的工作。

因为使用C语言不便于对CPU的寄存器进行处理，所以时钟节拍的中断服务程序OSTickISR()是用汇编语言来编写的。OSTickISR()的示意性代码如下：

```
void OSTickISR(void)
{
    保存 CPU 寄存器;
    调用 OSIntEnter();                     //记录中断嵌套层数
    if (OSIntNesting == 1;
    {
        OSTCBCur -> OSTCBStkPtr = SP;  //在任务 TCB 中保存堆栈指针
    }
    调用 OSTimeTick();                     //节拍处理
    清除中断;
    开中断;
    调用 OSIntExit();                      //中断嵌套层数减 1
    恢复 CPU 寄存器;
    中断返回;
}
```

在时钟中断服务程序中调用的OSTimeTick()叫做时钟节拍服务函数。该函数的源代码如下：

```
void  OSTimeTick (void)
{
#if OS_CRITICAL_METHOD == 3
    OS_CPU_SR  cpu_sr;
#endif
    OS_TCB   *ptcb;
```

```
    OSTimeTickHook();
#if OS_TIME_GET_SET_EN > 0
    OS_ENTER_CRITICAL();
    OSTime++;                                     //记录节拍数
    OS_EXIT_CRITICAL();
#endif
    if (OSRunning == TRUE) {
        ptcb = OSTCBList;
        while (ptcb->OSTCBPrio != OS_IDLE_PRIO)
        {
            OS_ENTER_CRITICAL();
            if (ptcb->OSTCBDly != 0)
            {
                if (--ptcb->OSTCBDly == 0)        //任务的延时时间减 1
                {
                    if ((ptcb->OSTCBStat & OS_STAT_SUSPEND)
                             == OS_STAT_RDY)
                    {
                        OSRdyGrp |= ptcb->OSTCBBitY;
                        OSRdyTbl[ptcb->OSTCBY]
                                  |= ptcb->OSTCBBitX;
                    }
                    else
                    {
                        ptcb->OSTCBDly = 1;
                    }
                }
            }
            ptcb = ptcb->OSTCBNext;
            OS_EXIT_CRITICAL();
        }
    }
```

从**加粗的**代码段中可知，μC/OS-II 在每次响应定时中断时调用 OSTimeTick()做了两件事情：一是给计数器 OSTime 加 1;二是遍历任务控制块链表中的所有任务控制块,把各个任务控制块中用来存放任务延时时限的 OSTCBDly 变量减 1,并使该项为 0,同时又不使被挂起的任务进入就绪状态。

简单地说,函数 OSTimeTick()的任务就是在每个时钟节拍了解每个任务的延时状态,使其中已经到了延时时限的非挂起任务进入就绪状态。

例 4-1 在例 3-6 应用程序的基础上,在 OS_CPU.C 文件中按如下代码定义函数 OSTimeTickHook(),然后运行并查看运行结果。

```
INT16U d = 0;
INT16U d1 = 0;
void  OSTimeTickHook (void)
{
    char * s0 = "500";
    char * s1 = "每";
    char * s2 = "次中断的调度次数:";
    char s[8];
    if(d == 500)
    {
        PC_DispStr(14,4,s1,
                DISP_BGND_BLACK + DISP_FGND_WHITE );
        PC_DispStr(18,4,s0,
                DISP_BGND_BLACK + DISP_FGND_WHITE );
        PC_DispStr(24,4,s2,
                DISP_BGND_BLACK + DISP_FGND_WHITE );
        sprintf(s," % d",OSCtxSwCtr);
        PC_DispStr(20,d1 + 5,s,
                DISP_BGND_BLACK + DISP_FGND_WHITE );
        d = 0;
        d1 += 1;
    }
    d += 1;
}
```

应用程序改写了时钟节拍服务函数 OSTimeTick()中调用的钩子函数 OSTimeTickHook()在显示器上显示系统每发生 500 次时钟中断期间,调度器进行任务调度的次数。例 4-1 应用程序的运行结果见图 4-4。

OSTimeTick()是系统调用的函数,为了方便应用程序设计人员能在系统调用的函数中插入一些自己的工作,μC/OS-II 提供了时钟节拍服务函数的钩子函数 OSTimeTickHook()。

此外,μC/OS-II 还提供了 OSStkInitHook()、OSInitHookBegin()、OSInitHookEnd()、OSTaskCreateHook()、OSTaskDelHook()、OSTaskSwHook()、OSTaskStatHook()、OSTCBInitHook()、OSTaskIdleHook()等与 OSTimeTickHook()一起共 10 个钩子函数,以供用户在系统调用函数中书写自己的代码。

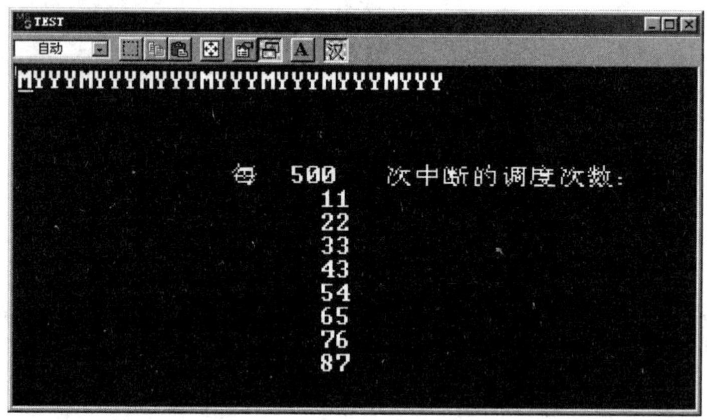

图 4-4 例 4-1 应用程序的运行结果

例 4-2 设计一个有 3 个任务的应用程序 Test。这 3 个任务分别是 MyTask、YouTask 和 InterTask。其中,任务 InterTask 是在时钟节拍中断服务程序中用钩子函数 OSTimeTickHook()中断了 10 000 次时使用一个信号变量 InterKey 激活的。运行并分析由中断服务程序激活任务的工作特点。

答 应用程序的代码如下:

```
/*********************Test*********************/
#include "includes.h"
#define  TASK_STK_SIZE    512                    //任务堆栈长度
OS_STK    MyTaskStk[TASK_STK_SIZE];              //定义任务堆栈区
OS_STK    YouTaskStk[TASK_STK_SIZE];             //定义任务堆栈区
OS_STK    InterTaskStk[TASK_STK_SIZE];           //定义任务堆栈区
INT16S    key;                                   //用于退出 μC/OS-II 的键
INT8U     x=0,y=0;                               //字符显示位置
BOOLEAN   InterKey=FALSE;                        //中断与任务联系的变量
char *s="运行了中断所要求运行的任务 InterTask。";
void  MyTask(void *data);                        //声明任务
void  YouTask(void *data);                       //声明任务
void  InterTask(void *data);                     //声明任务
/*********************主函数*********************/
void  main (void)
{
    char* s_M="M";                               //定义要显示的字符
    OSInit();                                    //初始化 μC/OS-II
    PC_DOSSaveReturn();                          //保存 DOS 环境
```

```
    PC_VectSet(uCOS, OSCtxSw);                         //安装 μC/OS-II 中断
    OSTaskCreate(
        MyTask,                                        //创建任务 MyTask
        s_M,                                           //给任务传递参数
        &MyTaskStk[TASK_STK_SIZE-1],                   //设置任务堆栈栈顶指针
        0                                              //任务的优先级别为 0
        );
    OSStart();                                         //启动多任务管理
}

/********************任务 MyTask************************/
void  MyTask (void *pdata)
{
    char* s_Y="Y";                                     //定义要显示的字符
    char* s_H="H";
#if OS_CRITICAL_METHOD == 3
    OS_CPU_SR  cpu_sr;
#endif
    pdata = pdata;
    OS_ENTER_CRITICAL();
    PC_VectSet(0x08, OSTickISR);                       //安装时钟中断向量
    PC_SetTickRate(OS_TICKS_PER_SEC);                  //设置时钟频率
    OS_EXIT_CRITICAL();
    OSStatInit();                                      //初始化统计任务
    OSTaskCreate(
            YouTask,                                   //创建任务 YouTask
            s_Y,                                       //给任务传递参数
            &YouTaskStk[TASK_STK_SIZE-1],              //设置任务堆栈栈顶指针
            1                                          //YouTask 的优先级别为 1
            );
    OSTaskCreate(
        InterTask,                                     //创建任务 InterTask
        s_H,                                           //给任务传递参数
        &InterTaskStk[TASK_STK_SIZE-1],                //设置任务堆栈栈顶指针
        2                                              //InterTask 的优先级别为 2
            );
    for (;;)
    {
        if (x>50)
```

```
        {
            x = 0;
            y += 2;
        }
        PC_DispChar(x, y,                          //字符的显示位置
        *(char *)pdata,
        DISP_BGND_BLACK + DISP_FGND_WHITE );
            x += 1;
        //如果按下 ESC 键,则退出 μC/OS-II
        if (PC_GetKey(&key) == TRUE)
        {
            if (key == 0x1B)
            {
                PC_DOSReturn();                    //恢复 DOS 环境
            }
        }
        OSTimeDlyHMSM(0, 0, 3, 0);                 //等待 3 s
    }
}

/********************任务 YouTask********************/

void  YouTask (void * pdata)
{
#if OS_CRITICAL_METHOD == 3
    OS_CPU_SR  cpu_sr;
#endif
    pdata = pdata;
    for (;;)
    {
        if (x>50)
        {
            x = 0;
            y += 2;
        }
        PC_DispChar(
                    x, y,                          //字符的显示位置
                    *(char *)pdata,
```

```
                    DISP_BGND_BLACK + DISP_FGND_WHITE
                    );
              x += 1;
        OSTimeDlyHMSM(0, 0, 1, 0);                          //等待 1 s
    }
}
/**********************任务 InterTask**********************/
void  InterTask (void * pdata)
{
#if OS_CRITICAL_METHOD == 3
    OS_CPU_SR  cpu_sr;
#endif
    pdata = pdata;
    for (;;)
    {
        if(InterKey)
        {
            if (x>50)
            {
            x = 0;
            y += 2;
            }
            PC_DispChar(
                x, y,
                *(char*)pdata,
                DISP_BGND_BLACK + DISP_FGND_WHITE
                );
            PC_DispStr(5,6,s,
            DISP_BGND_BLACK + DISP_FGND_WHITE
            );
            x += 1;
        }
        InterKey = FALSE;
        OSIntNesting--;
        OSTimeDlyHMSM(0, 0, 1, 0);                          //等待 1 s
    }
}
/********************** OSTimeTickHook **********************/
extern BOOLEAN InterKey;
```

```
INT16U InterCtr = 0;
void  OSTimeTickHook (void)
{
    if(InterCtr == 10000)
    {
        InterKey = TRUE;
    }
InterCtr ++ ;
}
/**********************End**********************/
```

例 4-2 应用程序的运行结果如图 4-5 所示。

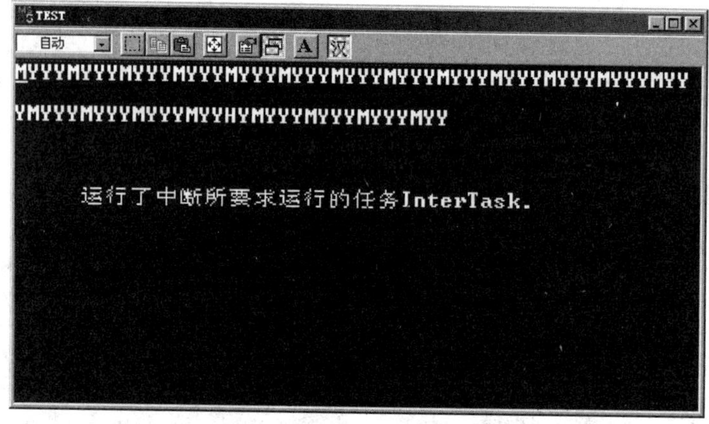

图 4-5　例 4-2 应用程序的运行结果

4.3　时间管理

4.3.1　任务的延时

由于嵌入式系统的任务是一个无限循环，并且 μC/OS-II 还是一个抢占式内核，所以为了使高优先级别的任务不至于独占 CPU，可以给其他任务优先级别较低的任务获得 CPU 使用权的机会，μC/OS-II 规定：除了空闲任务之外的所有任务必须在任务中合适的位置调用系统提供的函数 OSTimeDly()，使当前任务的运行延时（暂停）一段时间并进行一次任务调度，以让出 CPU 的使用权。

函数 OSTimeDly()的代码如下：

```
void  OSTimeDly (INT16U ticks)
{
#if OS_CRITICAL_METHOD == 3
    OS_CPU_SR  cpu_sr;
#endif
    if (ticks > 0)
        {
            OS_ENTER_CRITICAL();
          if ((OSRdyTbl[OSTCBCur -> OSTCBY]
                &=~OSTCBCur -> OSTCBBitX) == 0)
          {
            OSRdyGrp
                &=~OSTCBCur -> OSTCBBitY;          //取消当前任务的就绪状态
            }
            OSTCBCur -> OSTCBDly = ticks;          //延时节拍数存入任务控制块
            OS_EXIT_CRITICAL();
        OS_Sched();                                //调用调度函数
        }
}
```

函数的参数 ticks 是以时钟节拍数为单位的延时时间。

为了能使用更为习惯的方法来使任务延时，μC/OS-II还提供了一个可以用时、分、秒为参数的任务的延时函数 OSTimeDlyHMSM()。该函数的原型如下：

```
INT8U OSTimeDlyHMSM(
                    INT8U hours,        //小时
                    INT8U minutes,      //分
                    INT8U seconds,      //秒
                    INY16U milli        //毫秒
                    );
```

该函数与函数 OSTimeDly()一样也要引发一次调度。

调用了函数 OSTimeDly()或 OSTimeDlyHMSM()的任务，当规定的延时时间期满，或有其他任务通过调用函数 OSTimeDlyResume()取消了延时时，它立即会进入就绪状态。

4.3.2　取消任务的延时

延时的任务可通过在其他任务中调用函数 OSTimeDlyResume()取消延时而进入就绪状态。如果新任务比正在运行的任务优先级别高，则立即引发一次任务调度。

函数 OSTimeDlyResume()的原型如下：

```
INT8U OSTimeDlyResume( INT8U prio);
```

参数 prio 为被取消延时任务的优先级别。

函数 OSTimeDlyResume()的源代码如下：

```
INT8U  OSTimeDlyResume (INT8U prio)
{
#if OS_CRITICAL_METHOD == 3
    OS_CPU_SR  cpu_sr;
#endif
    OS_TCB     *ptcb;

    if (prio >= OS_LOWEST_PRIO) {
        return (OS_PRIO_INVALID);
    }
    OS_ENTER_CRITICAL();
    ptcb = (OS_TCB *)OSTCBPrioTbl[prio];
    if (ptcb != (OS_TCB *)0) {
        if (ptcb -> OSTCBDly!= 0) {
            ptcb -> OSTCBDly = 0;
            if ((ptcb -> OSTCBStat & OS_STAT_SUSPEND)
                                == OS_STAT_RDY)
            {
                OSRdyGrp          |= ptcb -> OSTCBBitY;
                OSRdyTbl[ptcb -> OSTCBY] |= ptcb -> OSTCBBitX;
                OS_EXIT_CRITICAL();
                OS_Sched();
            } else {
                OS_EXIT_CRITICAL();
            }
            return (OS_NO_ERR);
        } else {
            OS_EXIT_CRITICAL();
            return (OS_TIME_NOT_DLY);
        }
    }
    OS_EXIT_CRITICAL();
    return (OS_TASK_NOT_EXIST);
}
```

例 4-3 本例应用程序的任务使用了延时函数 OSTimeDly()进行延时。在任务 MyTask 中还调用了函数 OSTimeDlyResume(prio)取消了任务 YouTask 的延时。为了观察任务 YouTask 延时时间的变化，在钩子函数 OSTimeTickHook()中输出了任务 YouTask 在延时时间到时的时钟节拍数。

答 应用程序代码如下：

```
/**********************Test***********************/
#include "includes.h"
#define  TASK_STK_SIZE    512                  //任务堆栈长度
OS_STK    MyTaskStk[TASK_STK_SIZE];            //定义任务堆栈区
OS_STK    YouTaskStk[TASK_STK_SIZE];           //定义任务堆栈区
INT16S    key;                                 //用于退出μC/OS-II 的键
INT8U     x = 0,y = 0;                         //字符显示位置
void  MyTask(void * data);                     //声明任务
void  YouTask(void * data);                    //声明任务
/***********************主函数***********************/
void  main (void)
{
    char * s_M = "M";                          //定义要显示的字符
    OSInit();                                  //初始化μC/OS-II
    PC_DOSSaveReturn();                        //保存 DOS 环境
    PC_VectSet(uCOS, OSCtxSw);                 //安装μC/OS-II 中断
    OSTaskCreate(MyTask,                       //创建任务 MyTask
            s_M,                               //给任务传递参数
            &MyTaskStk[TASK_STK_SIZE - 1],     //设置任务堆栈栈顶指针
            0);                                //使任务的优先级别为 0
    OSStart();                                 //启动μC/OS-II 的多任务管理
}

/***********************任务 MyTask***********************/
void  MyTask (void * pdata)
{
    char * s_Y = "Y";                          //定义要显示的字符
#if OS_CRITICAL_METHOD == 3
    OS_CPU_SR  cpu_sr;
#endif
    pdata = pdata;
    OS_ENTER_CRITICAL();
```

```
    PC_VectSet(0x08, OSTickISR);                        //安装 μC/OS-II 时钟中断向量
    PC_SetTickRate(OS_TICKS_PER_SEC);                   //设置 μC/OS-II 时钟频率
    OS_EXIT_CRITICAL();
    OSStatInit();                                       //初始化 μC/OS-II 的统计任务
    OSTaskCreate(YouTask,                               //创建任务 YouTask
        s_Y,                                            //给任务传递参数
        &YouTaskStk[TASK_STK_SIZE - 1],                 //设置任务堆栈栈顶指针
        2);                                             //使任务的优先级别为 2
    for (;;)
    {
        if (x>50)
        {
            x = 0;
            y += 2;
        }
        if(y>1) OSTimeDlyResume(2);                     //取消 YouTask 任务的延时
        PC_DispChar(x, y,                               //显示字符的位置
                    *(char *)pdata,
                    DISP_BGND_BLACK + DISP_FGND_WHITE );
        x += 1;
    //如果按下 ESC 键,则退出 μC/OS-II
        if (PC_GetKey(&key) == TRUE)
        {
            if (key == 0x1B)
            {
                PC_DOSReturn();
            }
        }
        OSTimeDly(100);                                 //延时 100 个时钟节拍
    }
}
/************************任务 YouTask*****************************/
void  YouTask (void *pdata)
{
#if OS_CRITICAL_METHOD == 3
    OS_CPU_SR  cpu_sr;
#endif
    pdata = pdata;
    for (;;)
    {
        if (x>50)
        {
```

```
            x = 0;
            y += 2;
        }
        PC_DispChar(x, y,                          //显示字符的位置
                    *(char*)pdata,
                    DISP_BGND_BLACK + DISP_FGND_WHITE );
            x += 1;
        OSTimeDly(500);                            //延时 500 个时钟节拍
    }
}
/************************* OSTimeTickHook () *************************/
INT8U d = 0;
INT8U l = 0;
INT16U tt = 1;                                     //时钟计数器
char s[5];
void  OSTimeTickHook (void)
{
    if(OSTCBPrioTbl[2]-> OSTCBDly == 1)
    {
        sprintf(s," %5d",tt);
        PC_DispStr(d,l + 4,s,DISP_BGND_BLACK + DISP_FGND_WHITE );
        d += 6;
    }
    tt += 1;
}
/**********************End**************************/
```

例 4-3 应用程序的运行结果如图 4-6 所示。

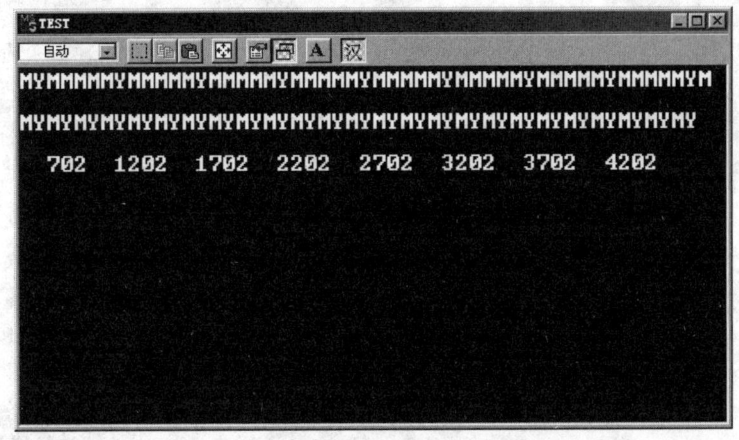

图 4-6 例 4-3 应用程序的运行结果

4.3.3 获取和设置系统时间

为了方便,系统定义了一个 INT32U 类型的全局变量 OSTime 来记录系统发生的时钟节拍数。OSTime 在应用程序调用 OSStart()时被初始化为 0,以后每发生 1 个时钟节拍,OSTime 的值就被加 1。

在应用程序中调用函数 OSTimeGet()可获取 OSTime 的值。函数 OSTimeGet()的原型如下:

```
INT32U  OSTimeGet(void);
```

函数的返回值即为 OSTime 的值。

如果在应用程序调用函数 OSTimeSet(),则可设置 OSTime 的值。函数 OSTimeSet()的原型如下:

```
void  OSTimeSet( INT32U ticks );
```

函数的参数 ticks 为 OSTime 的设置值(节拍数)。

例 4－4 设计一个应用程序,在任务中调用函数 OSTimeGet()获得并显示系统的时钟节拍数 OSTime。当任务运行 10 s 时,调用函数 OSTimeSet()将 OSTime 设置为 10。

答 应用程序的代码如下:

```
/*********************Test*********************/
#include "includes.h"
#define  TASK_STK_SIZE   512                        //任务堆栈长度
OS_STK     TaskStartStk[TASK_STK_SIZE];             //定义任务堆栈区
INT16S     key;                                     //用于退出 μC/OS-II 的键
INT32U     stime;                                   //存放节拍的变量
INT8U      x=0;
void  MyTask(void *data);                           //声明一个任务
/*********************主函数*********************/
void  main (void)
{
    OSInit();                                       //初始化 μC/OS-II
    PC_DOSSaveReturn();                             //保存 DOS 环境
    PC_VectSet(uCOS, OSCtxSw);                      //安装 μC/OS-II 中断
    OSTaskCreate(
                MyTask,                             //创建任务 MyTask
                (void*)0,                           //给任务传递参数
                &TaskStartStk[TASK_STK_SIZE-1],     //设置堆栈栈顶指针
```

```
                    0                           //使任务的优先级别为 0
                    );
    OSStart();                                  //启动 μC/OS-II 的多任务管理
}
/**********************MyTask******************************/
void  MyTask (void * pdata)
{
char s[5];
#if OS_CRITICAL_METHOD == 3
    OS_CPU_SR  cpu_sr;
#endif
    pdata = pdata;
    OS_ENTER_CRITICAL();
    PC_VectSet(0x08, OSTickISR);                //安装 μC/OS-II 时钟中断向量
    PC_SetTickRate(OS_TICKS_PER_SEC);           //设置 μC/OS-II 时钟频率
    OS_EXIT_CRITICAL();
    OSStatInit();                               //初始化 μC/OS-II 的统计任务
    for (;;)
    {
        if (x==10)
        {
            OSTimeSet(10);
        }
        stime=OSTimeGet();
        sprintf(s,"%5d",stime);
        PC_DispStr(  5, 2,                      //在 x,y 位置显示 s 中的字符
                    s,
                    DISP_BGND_BLACK+DISP_FGND_WHITE );
        x+= 1;
        //如果按下 ESC 键,则退出 μC/OS-II
        if (PC_GetKey(&key) == TRUE)
        {
            if (key == 0x1B)
            {
                PC_DOSReturn();
            }
        }
        OSTimeDlyHMSM(0, 0, 1, 0);              //等待
    }
}
/**********************End******************************/
```

例 4 - 4 应用程序的运行结果见图 4 - 7。图 4 - 7(a)为调用函数 OSTimeSet()前的情况,图 4 - 7(b)为调用函数 OSTimeSet()后的情况。

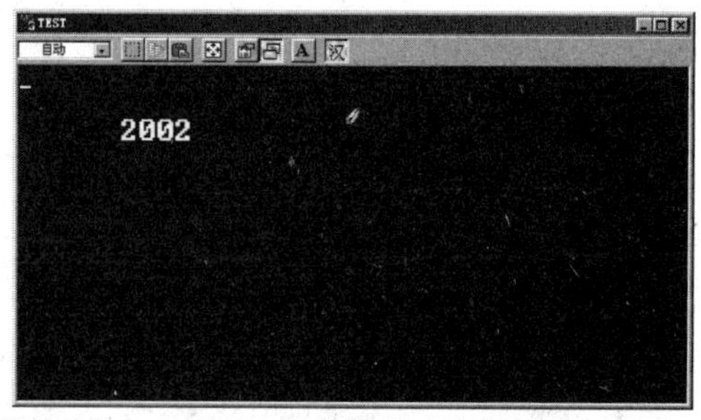

(a) 调用函数OSTimeGet( )获得系统时钟节拍数OSTime的值

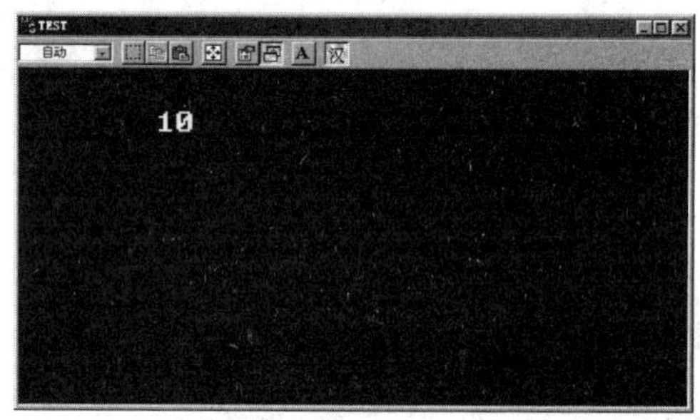

(b) 调用函数OSTimeSet( )设置系统时钟节拍数OSTime的值

图 4 - 7　例 4 - 4 应用程序的运行结果

4.4　小　结

- 在 μC/OS - II 中,中断服务子程序运行结束之后,系统将会根据情况进行一次中断级的任务调度去运行优先级别最高的就绪任务,而并不一定要接续运行被中断的任务。
- μC/OS - II 的中断允许嵌套,用全局变量 OSIntNesting 来记录中断的嵌套数。
- μC/OS - II 的中断服务程序的工作通常是由中断激活的一个任务来完成的。这样做的优点是可以使应用程序的设计更为灵活。
- 在任务中可以用设置临界区的方法来屏蔽中断。设置临界区的宏有三种实现方法。
- μC/OS - II 的时钟通常是一个由硬件计数器定时产生周期性中断信号来实现的,每一次中断叫做一个节拍,其中断服务程序叫做节拍服务程序。
- μC/OS - II 在每一个节拍服务里要遍历系统中全部任务的任务控制块,把其中记录任务延时时间的成员 OSTCBDly 减 1,并使延时时间到的任务进入就绪状态。

- μC/OS-II 提供了 10 个钩子函数，应用程序设计人员可以在钩子函数中编写一些自己的代码。
- 在 μC/OS-II 进行时间管理的函数中，最重要的是延时函数 OSTimeDly()和 OSTimeDlyHMSM()。它们的作用不仅仅是使任务的运行停止并等待一段时间，更重要的是，它们都要调用任务调度器进行一次任务调度，这样就使低优先级别的任务有了运行的机会。

4.5 练习题

1. 简述 μC/OS-II 的中断响应过程。
2. 全局变量 OSIntNesting 的作用是什么？
3. μC/OS-II 的中断服务程序何时返回被中断的任务？何时不返回被中断的任务？
4. μC/OS-II 的系统时钟是如何实现的？在时钟节拍服务中做了什么工作？
5. 如何在中断服务程序中激活一个任务？
6. 说明延时函数 OSTimeDly()与 OSTimeDlyHMSM()的区别。

第5章 任务的同步与通信

应用程序中的各个任务，必须通过彼此之间的有效合作，才能完成一项大规模的工作。因为这些任务在运行时，经常需要互相无冲突地访问同一个共享资源，或者需要互相支持和依赖，甚至有时还要互相加以必要的制约，才能保证任务的顺利运行。因此，操作系统必须具有对任务的运行进行协调的能力，从而使任务之间可以无冲突、流畅地同步运行，而不致导致灾难性的后果。

与人们依靠通信来互相沟通，从而使人际关系和谐、工作顺利的做法一样，计算机系统是依靠任务之间的良好通信来保证任务与任务之间的同步性。

本章的主要内容有：

- 事件及描述事件的数据结构——事件控制块；
- 信号量及其使用；
- 消息邮箱及其使用；
- 消息队列及其使用。

5.1 任务的同步和事件

嵌入式系统中的各个任务是为同一个大的任务服务的子任务，它们不可避免地要共同使用一些共享资源，并且在处理需要多个任务共同协作来完成的工作时，还需要相互的支持和限制。因此，对于一个完善的多任务操作系统来说，系统必须具有完备的同步和通信机制。

5.1.1 任务间的同步

为了实现各个任务之间的合作和无冲突的运行，在各任务之间必须建立一些制约关系。其中一种制约关系叫做直接制约关系，另一种制约关系则叫做间接制约关系。

直接制约关系源于任务之间的合作。例如，有任务 A 和任务 B 两个任务，它们需要通过访问同一个数据缓冲区合作完成一项工作，任务 A 负责向缓冲区写入数据，任务 B 负责从缓冲区读取该数据。显然，当任务 A 还未向缓冲区写入数据时（缓冲区为空时），任务 B 因不能从缓冲区得到有效数据而应该处于等待状态；只有等任务 A 向缓冲区写入了数据之后，才应该通知任务 B 去取数据。相反，当缓冲区的数据还未被任务 B 读取时（缓冲区为满时），任务 A 就不能向缓冲区写入新的数据而应该处于等待状态；只有等任务 B 自缓冲区读取数据后，才应该通知任务 A 写入数据。显然，如果这两个任务不能如此协调工作，将势必造成严重的后果。

间接制约关系源于对资源的共享。例如，任务 A 和任务 B 共享一台打印机，如果系统已经把打印机分配给了任务 A，则任务 B 因不能获得打印机的使用权而应该处于等待状态；只有当任务 A 把打印机释放后，系统才能唤醒任务 B 使其获得打印机的使用权。如果这两个任务不这样做，那么也会造成极大的混乱。

由上可知，在多任务合作工作的过程中，操作系统应该解决两个问题：一是各任务间应该具有一种互斥关系，即对于某个共享资源，如果一个任务正在使用，则其他任务只能等待，等到该任务释放该资源后，等待的任务之一才能使用它；二是相关的任务在执行上要有先后次序，一个任务要等其伙伴发来通知，或建立了某个条件后才能继续执行，否则只能等待。任务之间的这种制约性的合作运行机制叫做任务间的同步。

5.1.2 事　件

μC/OS-II 使用信号量、邮箱（消息邮箱）和消息队列这些中间环节来实现任务之间的通信。为了方便起见，这些中间环节都统一被称为“事件”。

图 5-1 是两个任务通过事件进行通信的示意图。任务 1 是发信方，任务 2 是收信方。作为发信方，任务 1 的责任是把信息发送到事件上，这项操作叫做发送事件。作为收信方，任务 2 的责任是通过读事件操作对事件进行查询：如果有信息，则读取信息；否则等待。读事件操作叫做请求事件。

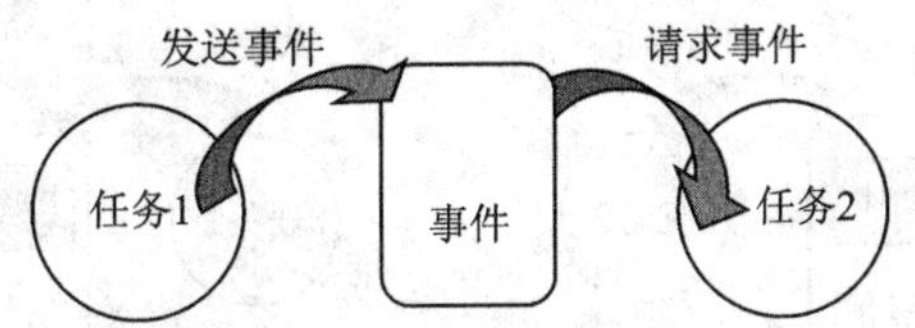

图 5-1　两个任务在使用事件进行通信的示意图

μC/OS-II 把任务发送事件、请求事件以及其他对事件的操作都定义为全局函数，以供应用程序的所有任务来调用。

1. 信号量

信号量是一类事件。使用信号量的最初目的，是为了给共享资源设立一个标志，该标志表示该共享资源被占用情况。这样，当一个任务在访问共享资源之前，就可以先对这个标志进行查询，从而在了解资源被占用的情况之后，再来决定自己的行为。

观察一下人们日常生活中常用的一种共享资源——公用电话亭的使用规则,就会发现这种规则很适合在协调某种资源用户关系时使用。

如果一个电话亭只允许一个人进去打电话,那么电话亭的门上就应该有一个可以变换两种颜色的牌子(例如,用红色表示“有人”,用绿色表示“无人”)。当有人进去时,牌子会变成红色;出来时,牌子又会变成绿色。这样来打电话的人就可根据牌子的颜色来了解电话亭的被占用情况。例如,如果某一个人去电话亭打电话时见到牌子上的颜色是绿色,那么他就可以进去打电话;如果是红色,那么他只好等待;如果又陆续来了很多人,那么就要排队等待。显然,电话亭门上的这个牌子就是一个表示电话亭是否已被占用的标志。由于这种标志特别像交叉路口上的交通信号灯,所以人们最初给这种标志起的名称就是信号灯,后来因为它含有了量的概念,所以又叫做信号量。

显然,对于上面介绍的红绿标志来说,这是一个二值信号量,而且由于它可以实现共享资源的独占式占用,所以被叫做互斥型信号量。

如果电话亭可以允许多人打电话,那么电话亭门前就不应该是那种只有红色和绿色两种颜色状态的牌子,而应该是一个计数器,该计数器在每进去一个人时会自动减1,而每出去一个人时会自动加1。如果其初值按电话亭的最大容量来设置,那么来人只要见到计数器的值大于0,就可以进去打电话;否则只好等待。这种计数式的信号叫做信号量。

图5-2是两个任务在使用互斥型信号量进行通信,从而可使这两个任务无冲突地访问一个共享资源的示意图。任务1在访问共享资源之前先进行请求信号量的操作,当任务1发现信号量的标志为“1”时,它一方面把信号量的标志由“1”改为“0”,另一方面进行共享资源的访问。如果任务2在任务1已经获得信号之后来请求信号量,那么由于它获得的标志值是“0”,所以任务2就只有等待而不能访问共享资源了(见图5-2(a))。显然,这种做法可以有效地防止两个任务同时访问同一个共享资源所造成的冲突。

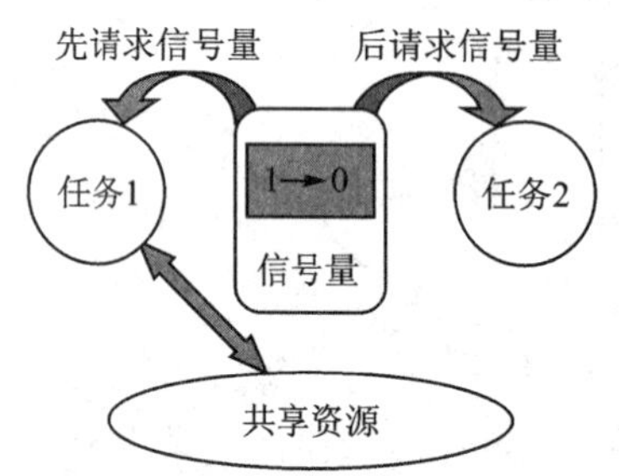

(a) 任务1先获得信号量并使用共享资源,而任务2只能等待信号量

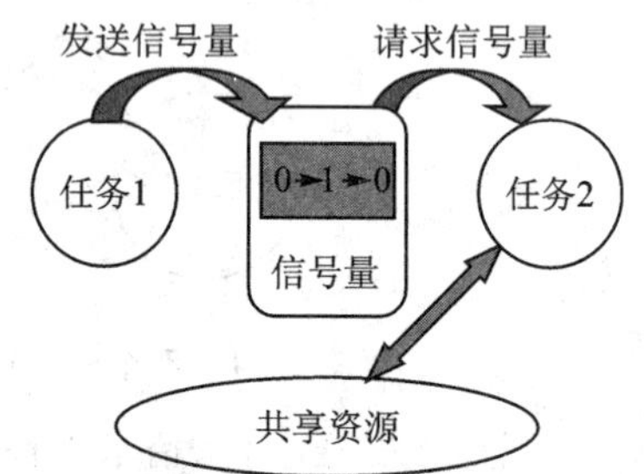

(b) 任务1释放信号量后,任务2方可获得信号量并使用共享资源

图5-2 两个任务使用信号量进行通信的示意图

那么任务2何时可以访问共享资源呢?当然是在任务1使用完共享资源之后,由任务1向信号量发信号使信号量标志的值由“0”再变为“1”时,任务2就有机会访问共享资源了。与

任务 1 一样，任务 2 一旦获得了共享资源的访问权，那么在访问共享资源之前一定要把信号量标志的值由“1”变为“0”（见图 5-2(b)）。

例 5-1 本例的应用程序中有 MyTask 和 YouTask 两个用户任务，这两个任务都要访问同一个共享资源 s，但 YouTask 访问 s 需要的时间长一些（本例中使用了一个循环来模拟访问时间），而 MyTask 访问 s 的时间短一些，这样就不可避免地出现了在任务 YouTask 访问 s 期间，任务 MyTask 也来访问 s，从而出现了干扰。

答 应用程序代码如下：

```
/************************Test************************/
#include "includes.h"

#define  TASK_STK_SIZE   512                   //任务堆栈长度
char * ss;
OS_STK   MyTaskStk[TASK_STK_SIZE];             //定义任务堆栈区
OS_STK   YouTaskStk[TASK_STK_SIZE];            //定义任务堆栈区
INT16S    key;                                 //用于退出μC/OS-II 的键
INT8U     y1 = 0,y2 = 0;                       //字符显示位置
char *  s;                                     //定义要显示的字符
void  MyTask(void * data);                     //声明任务
void  YouTask(void * data);                    //声明任务
/************************主函数************************/
void  main (void)
{
    OSInit();                                  //初始化μC/OS-II
    PC_DOSSaveReturn();                        //保存 DOS 环境
    PC_VectSet(uCOS, OSCtxSw);                 //安装μC/OS-II 中断
    OSTaskCreate(MyTask,                       //创建任务 MyTask
        (void * )0,                            //给任务传递参数
        &MyTaskStk[TASK_STK_SIZE - 1],         //设置任务堆栈栈顶指针
        0);                                    //使任务的优先级别为 0
    OSStart();                                 //启动多任务管理
}

/************************任务 MyTask************************/

void  MyTask (void * pdata)
{
#if OS_CRITICAL_METHOD == 3
```

```
    OS_CPU_SR  cpu_sr;
#endif

INT8U err;
    pdata = pdata;
    OS_ENTER_CRITICAL();
    PC_VectSet(0x08, OSTickISR);                    //安装时钟中断向量
    PC_SetTickRate(OS_TICKS_PER_SEC);               //设置 μC/OS-II 时钟频率
    OS_EXIT_CRITICAL();
    OSStatInit();                                   //初始化统计任务
    OSTaskCreate(YouTask,                           //创建任务 YouTask
        (void *)0,                                  //给任务传递参数
        &YouTaskStk[TASK_STK_SIZE-1],               //设置任务堆栈栈顶指针
        2);                                         //使任务的优先级别为 2
    for (;;)
    {
        s="MyTask";
        PC_DispStr(5, ++y1,                         //显示字符串
            s,
            DISP_BGND_BLACK+DISP_FGND_WHITE);
    //如果按下 ESC 键,则退出 μC/OS-II
        if (PC_GetKey(&key) == TRUE)
        {
            if (key == 0x1B)
            {
                PC_DOSReturn();
            }
        }
        OSTimeDly(200);                             //等待 200 个时钟节拍
    }
}
/*************************任务 YouTask*************************/
void  YouTask (void *pdata)
{
#if OS_CRITICAL_METHOD == 3
    OS_CPU_SR  cpu_sr;
#endif
    INT8U err;
    pdata = pdata;
```

```
    for (;;)
    {
        s = "YouTask";
        PC_DispStr(28, ++y2,                    //显示字符串
            s,
            DISP_BGND_BLACK + DISP_FGND_WHITE );
        OSTimeSet(0);                           //置 OSTime 为 0
        while(OSTime<500)
        {
            sprintf(ss," %d",OSTimeGet());
            PC_DispStr(55, y2,                  //显示字符串
                    s,
                    DISP_BGND_BLACK + DISP_FGND_WHITE );
        }
        OSTimeDly(10);                          //等待 10 个时钟节拍
    }
}
/**************************End**************************/
```

从例 5-1 应用程序的运行结果(见图 5-3)中可以看到,在 YouTask 访问共享资源 s 期间高优先级别的任务 MyTask 也访问了 s,从而干扰了任务 YouTask 对共享资源 s 的访问(图中的表现就是在任务 YouTask 的延时期间前,共享资源 s 的内容发生了变化)。

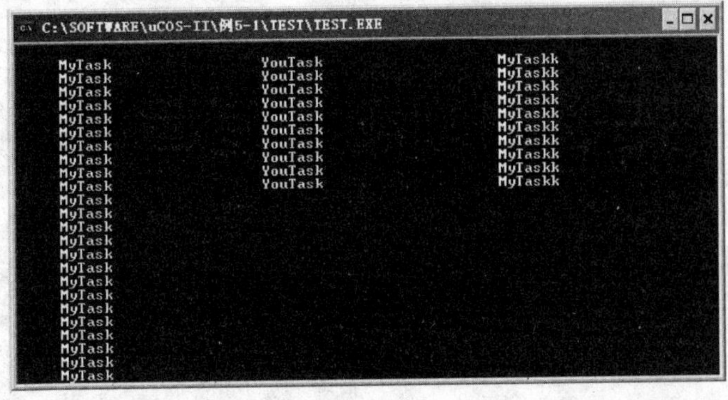

图 5-3　例 5-1 应用程序的运行结果

解决这个问题的一个办法就是设置一个信号量,从而使任务可以根据信号量的状态来判断何时访问共享资源。

例 5-2　在例 5-1 的应用程序中定义一个全局变量 ac_key 来作为信号量,并根据该信号量的状态来访问共享资源 s,以解决冲突问题。

答 应用程序代码如下：

```
/*************************Test*************************/
#include "includes.h"

#define  TASK_STK_SIZE   512                  //任务堆栈长度
OS_STK   MyTaskStk[TASK_STK_SIZE];            //定义任务堆栈区
OS_STK   YouTaskStk[TASK_STK_SIZE];           //定义任务堆栈区
INT16S   key;                                 //用于退出 μC/OS-II 的键
INT8U    y1 = 0,y2 = 0;                       //字符显示位置
BOOLEAN  ac_key;                              //定义信号量
char* s;                                      //定义要显示的字符
void  MyTask(void *data);                     //声明任务
void  YouTask(void *data);                    //声明任务
/*************************主函数*************************/
void  main (void)
{
    OSInit();                                 //初始化 μC/OS-II
    ac_key = 1;                               //设置信号量初值
    PC_DOSSaveReturn();                       //保存 DOS 环境
    PC_VectSet(uCOS, OSCtxSw);                //安装 μC/OS-II 中断
    OSTaskCreate(MyTask,                      //创建任务 MyTask
        (void*)0,                             //给任务传递参数
        &MyTaskStk[TASK_STK_SIZE - 1],        //设置任务堆栈栈顶指针
        0);                                   //使任务的优先级别为 0

    OSStart();                                //启动 μC/OS-II 的多任务管理
}
/*************************任务 MyTask*************************/
void  MyTask (void *pdata)
{
#if OS_CRITICAL_METHOD == 3
    OS_CPU_SR  cpu_sr;
#endif
    INT8U err;
    pdata = pdata;
    OS_ENTER_CRITICAL();
    PC_VectSet(0x08, OSTickISR);              //安装 μC/OS-II 时钟中断向量
    PC_SetTickRate(OS_TICKS_PER_SEC);         //设置 μC/OS-II 时钟频率
    OS_EXIT_CRITICAL();
```

```
    OSStatInit();                              //初始化 μC/OS-II 的统计任务
    OSTaskCreate(YouTask,                      //创建任务 MyTask
        (void *)0,                             //给任务传递参数
        &YouTaskStk[TASK_STK_SIZE-1],          //设置任务堆栈栈顶指针
        2);                                    //使任务的优先级别为 2
    for (;;)
    {
        if(ac_key)
        {
            ac_key = FALSE;                    //使信号量无效
            s = "MyTask";
            PC_DispStr(5, ++y1,                //显示字符的位置
                s,
                DISP_BGND_BLACK + DISP_FGND_WHITE);
                ac_key = TRUE;                 //发信号
        }
    //如果按下 ESC 键,则退出 μC/OS-II
        if (PC_GetKey(&key) == TRUE)
        {
            if (key == 0x1B)
            {
                PC_DOSReturn();
            }
        }
        OSTimeDly(20);                         //等待 20 个时钟节拍
    }
}
/**************************任务 YouTask**************************/
void  YouTask (void *pdata)
{
#if OS_CRITICAL_METHOD == 3
    OS_CPU_SR  cpu_sr;
#endif
    INT8U err;
    pdata = pdata;
    for (;;)
    {
        if(ac_key)
        {
```

```
            ac_key = FALSE;                          //使信号量为无信号
            s = "YouTask";
            PC_DispStr(28, ++y2,                     //显示字符串
                s,
                DISP_BGND_BLACK + DISP_FGND_WHITE );
            OSTimeSet(0);                            //置 OSTime 为 0
            while(OSTime<500)
            {
                PC_DispStr(55, y2,                   //显示字符串
                    s,
                    DISP_BGND_BLACK + DISP_FGND_WHITE );
            }
            ac_key = TRUE;                           //发信号
        }
        OSTimeDly(10);                               //等待 10 个时钟节拍
    }
}
/************************End*************************/
```

从例 5－2 应用程序的运行结果(见图 5－4)中可以看到，任务 MyTask 就不会在任务 YouTask 访问共享资源 s 期间来访问 s 了。这样就避免了多个任务使用同一个共享资源时所出现的冲突现象。

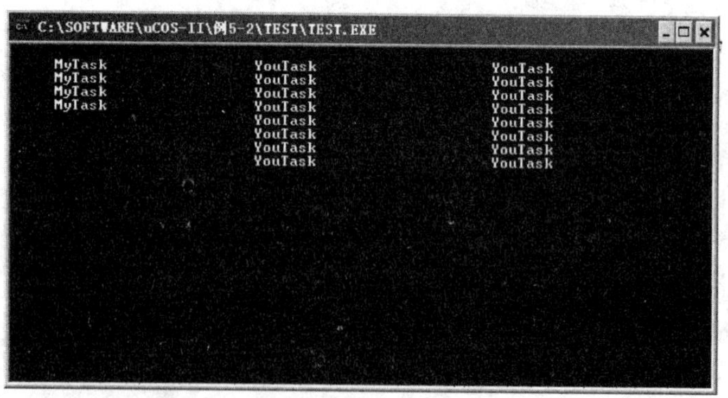

图 5－4　例 5－2 应用程序的运行结果

如果把任务 YouTask 代码中的发信号语句“ac_key＝TRUE;”删掉，再运行这个程序就会发现，由于任务 YouTask 不发信号，所以会使得高优先级别的任务 MyTask 虽然获得了 CPU 的使用权，但由于始终得不到信号量而不能运行，当然也就没有机会让出 CPU 的使用权，从而导致任务 YouTask 不能运行，于是应用程序就死掉了。

解决上述问题的一个合理的办法就是给等待信号量的任务设置一个等待时限。当等待信号量的任务因等待某信号量的时间超过这个时限时,可以使等待任务脱离等待状态而继续运行,这样就不会出现上述的死机现象了(这部分内容见本节的"等待任务列表"部分)。

2. 消息邮箱

在多任务操作系统中,常常需要在任务与任务之间通过传递一个数据(这种数据叫做"消息")的方式来进行通信。为了达到这个目的,可以在内存中创建一个存储空间作为该数据的缓冲区。如果把这个缓冲区叫做消息缓冲区,那么在任务间传递数据(消息)的一个最简单的方法就是传递消息缓冲区的指针。因此,用来传递消息缓冲区指针的数据结构就叫做消息邮箱。

图 5-5 是两个任务使用消息邮箱进行通信的示意图。任务 1 在向消息邮箱发送消息,任务 2 在从消息邮箱读取消息。读取消息也叫做请求消息。

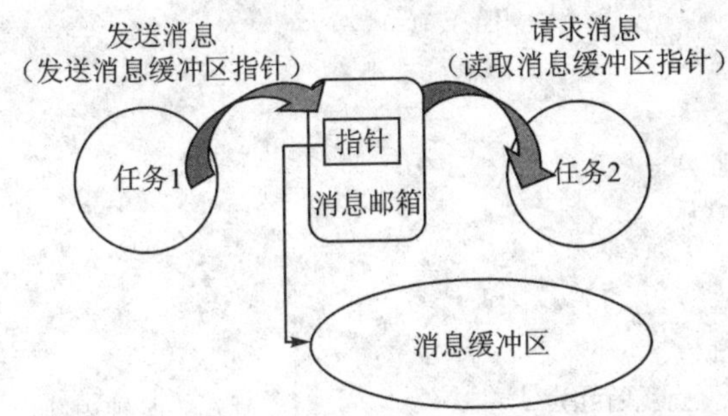

图 5-5 两个任务在使用消息邮箱进行通信的示意图

例 5-3 下面是一个利用简单消息邮箱进行通信的例子。本例中有 MyTask 和 YouTask 两个任务,由于任务 YouTask 要向任务 MyTask 发送消息,因此定义了一个全局的指针变量 msg_p 作为邮箱来传递消息的指针。

答 应用程序代码如下:

```
/************************Test************************/
#include "includes.h"
#define  TASK_STK_SIZE    512                    //任务堆栈长度
OS_STK   StartTaskStk[TASK_STK_SIZE];            //定义任务堆栈区
OS_STK   MyTaskStk[TASK_STK_SIZE];               //定义任务堆栈区
OS_STK   YouTaskStk[TASK_STK_SIZE];              //定义任务堆栈区
INT16S   key;                                    //用于退出的键
INT8U     y1 = 0,y2 = 0;                         //字符显示位置
void *msg_p;                                     //消息邮箱
void  StartTask(void * data);                    //声明起始任务
void  MyTask(void * data);                       //声明任务
void  YouTask(void * data);                      //声明任务
```

```
/***********************主函数***********************/
void  main (void)
{
    OSInit();                                 //初始化 μC/OS-II
    PC_DOSSaveReturn();                       //保存 DOS 环境
    PC_VectSet(uCOS, OSCtxSw);                //安装 μC/OS-II 中断
    OSTaskCreate(StartTask,                   //创建任务 StartTask
                (void * )0,                   //给任务传递参数
                &StartTaskStk[TASK_STK_SIZE - 1],  //设置任务堆栈栈顶
                0);                           //任务的优先级别为 0
    OSStart();                                //启动多任务管理
}
/***********************任务 StartTask***********************/
void  StartTask (void * pdata)
{
#if OS_CRITICAL_METHOD == 3
    OS_CPU_SR  cpu_sr;
#endif
    pdata = pdata;
    OS_ENTER_CRITICAL();
    PC_VectSet(0x08, OSTickISR);              //安装时钟中断向量
    PC_SetTickRate(OS_TICKS_PER_SEC);         //设置时钟频率
    OS_EXIT_CRITICAL();

    OSStatInit();                             //初始化统计任务
    OSTaskCreate(MyTask,                      //创建任务 MyTask
                (void * )0,                   //给任务传递参数
                &MyTaskStk[TASK_STK_SIZE - 1],   //设置任务堆栈栈顶
                1);                           //任务的优先级别为 1
    OSTaskCreate(YouTask,                     //创建任务 YouTask
                (void * )0,                   //给任务传递参数
                &YouTaskStk[TASK_STK_SIZE - 1],  //设置任务堆栈栈顶
                2);                           //任务的优先级别为 2
    for (;;)
    {
    //如果按下 ESC 键,则退出 μC/OS-II
        if (PC_GetKey(&key) == TRUE)
        {
            if (key == 0x1B)
```

```
                {
                    PC_DOSReturn();
                }
            }
        OSTimeDlyHMSM(0, 0, 3, 0);                    //等待 3 s
    }
}
/*************************任务 MyTask*************************/
void  MyTask (void * pdata)
{
#if OS_CRITICAL_METHOD == 3
    OS_CPU_SR  cpu_sr;
#endif
    pdata = pdata;
    for (;;)
    {
        PC_DispStr(5, ++y1,                           //显示字符串
                "MyTask",
                DISP_BGND_BLACK + DISP_FGND_WHITE );
        if(msg_p!=(void*) 0)                          //请求消息邮箱
        {
            PC_DispStr(15,y1,
                    msg_p,                            //显示收到的消息
                    DISP_BGND_BLACK + DISP_FGND_WHITE );
            msg_p = (void*) 0;                        //使消息邮箱为空
        }
        OSTimeDlyHMSM(0, 0, 1, 0);                    //等待 1 s
    }
}
/*************************任务 YouTask*************************/
void  YouTask (void * pdata)
{
#if OS_CRITICAL_METHOD == 3
    OS_CPU_SR  cpu_sr;
#endif
    char * s = "YouTask 发送的消息";                  //定义消息
    pdata = pdata;
    for (;;)
    {
```

```
        PC_DispStr(40, ++y2,                             //显示字符串
                "YouTask",
                DISP_BGND_BLACK + DISP_FGND_WHITE );

        if(OSTimeGet()>500 && msg_p == (void *) 0)
        {
            msg_p = s;                                   //发送消息
            PC_DispStr(50,y2,
                "YouTask 发了一个消息",
                DISP_BGND_BLACK + DISP_FGND_WHITE );
        }
        OSTimeDlyHMSM(0, 0, 2, 0);                       //等待 2 s
    }
}
/************************End**************************/
```

例 5-3 应用程序的运行结果如图 5-6 所示。从图中可以看到,使用消息邮箱机制可以确保消息准确地传递。

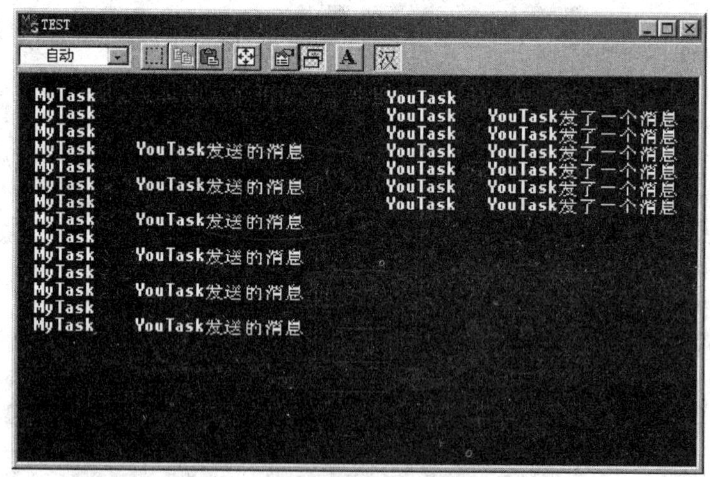

图 5-6 例 5-3 应用程序的运行结果

3. 消息队列

上面谈到的消息邮箱不仅可用来传递一个消息,而且也可定义一个指针数组。让数组的每个元素都存放一个消息缓冲区指针,那么任务就可通过传递这个指针数组指针的方法来传递多个消息了。这种可以传递多个消息的数据结构叫做消息队列。

图 5-7 是两个任务使用消息队列进行通信的示意图。任务 1 向消息队列发送消息缓冲

区指针数组的指针,这个操作叫做发送消息队列;任务2在从消息队列读取消息缓冲区指针数组的指针,这个操作叫做请求消息队列。

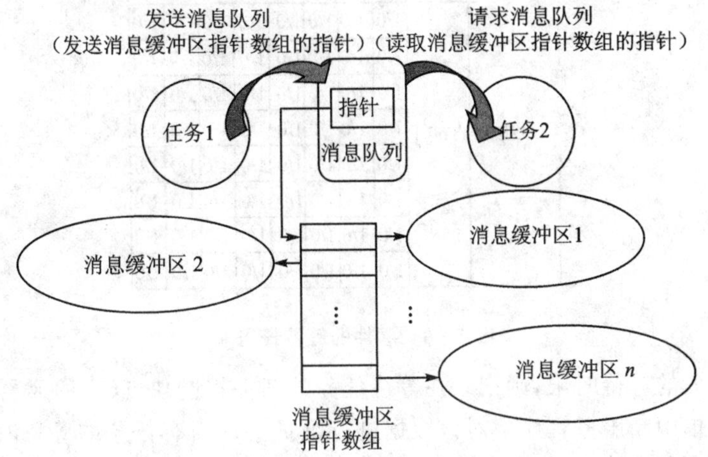

图5-7 两个任务使用消息队列进行通信的示意图

5.2 事件控制块及事件处理函数

5.2.1 事件控制块的结构

1. 等待任务列表

为了使读者对事件有一个基本概念,前面列举了一些简单的例子,但这些例子中的事件过于简单,功能极不完善,所以真正可以实际应用的事件还需要有一些附加条件。其中最重要的就是要给那些等待事件的任务做一个登记,用上面所介绍的电话亭的例子来说,电话亭要给等待打电话的人留一个排队的地方。

对于事件来说,当其被占用时,会导致其他请求该事件的任务因暂时得不到该事件的服务而处于等待状态。作为功能完善的事件,应该有对这些等待任务具有两方面的管理功能:一是要对等待事件的所有任务进行记录并排序;二是应该允许等待任务有一个等待时限,即当等待任务认为等不及时可以退出对事件的请求。

对于等待事件任务的记录,μC/OS-II又使用了与任务就绪表类似的位图,即定义了一个INT8U类型的数组OSEventTbl[]作为等待事件任务的记录表,即等待任务表。

等待任务表仍然以任务的优先级别为顺序为每个任务分配一个二进制位,并用该位为“1”来表示这一位对应的任务为事件的等待任务,否则不是等待任务。同样,为了加快对该表的访问速度,也定义了一个INT8U类型的变量OSEventGrp来表示等待任务表中的任务组。等待任务表 OSEventTbl[]与变量 OSEventGrp 的示意图如图 5－8 所示。

OSEventGrp							
1/0	1/0	1/0	1/0	1/0	1/0	1/0	1/0
1/0	1/0	1/0	1/0	1/0	1/0	1/0	1/0
1/0	1/0	1/0	1/0	1/0	1/0	1/0	1/0
1/0	1/0	1/0	1/0	1/0	1/0	1/0	1/0
1/0	1/0	1/0	1/0	1/0	1/0	1/0	1/0
1/0	1/0	1/0	1/0	1/0	1/0	1/0	1/0
1/0	1/0	1/0	1/0	1/0	1/0	1/0	1/0
1/0	1/0	1/0	1/0	1/0	1/0	1/0	1/0

任务等待表　OSEventTbl[ ]

图 5－8　事件的等待任务表

至于等待任务的等待时限，则记录在等待任务的任务控制块 TCB 的成员 OSTCBDly 中，并在每个时钟节拍中断服务程序中对该数据进行维护。每当有任务的等待时限到达时，便将该任务从等待任务表中删除，并使它进入就绪状态。

2. 事件控制块的结构

为了把描述事件的数据结构统一起来，μC/OS－II 使用叫做事件控制块 ECB 的数据结构来描述诸如信号量、邮箱(消息邮箱)和消息队列这些事件。

定义在文件 μC/OS－II. H 中的事件控制块的数据结构如下：

```
typedef struct
{
    INT8U   OSEventType;                        //事件的类型
    INT16U OSEventCnt;                          //信号量计数器
    void * OSEventPtr;                          //消息或消息队列的指针
    INT8U   OSEventGrp;                         //等待事件的任务组
    INT8U OSEventTbl[OS_EVENT_TBL_SIZE];        //任务等待表
} OS_EVENT;
```

事件控制块结构的示意图如图 5－9 所示。

应用程序中的任务通过指针 pevent 来访问事件控制块。

成员 OSEventCnt 为信号量的计数器。

成员 OSEventPtr 主要用来存放消息邮箱或消息队列的指针。

成员 OSEventTbl[OS_EVENT_TBL_SIZE]为等待任务表。

成员 OSEventGrp 表示任务等待表中的各任务组是否存在等待任务。

事件控制块 ECB 结构中的成员 OSEventType 用来指明事件的类型。成员 OSEventType 可能的取值见表 5－1。

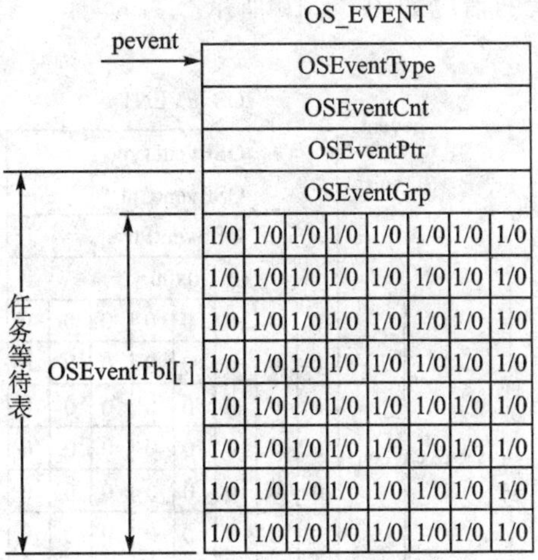

OS_EVENT

pevent → OSEventType | OSEventCnt | OSEventPtr | OSEventGrp

任务等待表 OSEventTbl[ ]

1/0	1/0	1/0	1/0	1/0	1/0	1/0	1/0
1/0	1/0	1/0	1/0	1/0	1/0	1/0	1/0
1/0	1/0	1/0	1/0	1/0	1/0	1/0	1/0
1/0	1/0	1/0	1/0	1/0	1/0	1/0	1/0
1/0	1/0	1/0	1/0	1/0	1/0	1/0	1/0
1/0	1/0	1/0	1/0	1/0	1/0	1/0	1/0
1/0	1/0	1/0	1/0	1/0	1/0	1/0	1/0
1/0	1/0	1/0	1/0	1/0	1/0	1/0	1/0

图 5－9　事件控制块 ECB 结构

表 5－1　OSEventType(定义在文件 uCOS_II. H 中)可取的值

OSEventType 的值	说　明
OS_EVENT_TYPE_SEM	表明事件是信号量
OS_EVENT_TYPE_MUTEX	表明事件是互斥型信号量
OS_EVENT_TYPE_MBOX	表明事件是消息邮箱
OS_EVENT_TYPE_Q	表明事件是消息队列
OS_EVENT_TYPE_UNUSED	空事件控制块(未被使用的事件控制块)

5.2.2　操作事件控制块的函数

μC/OS－II 有 4 个对事件控制块进行基本操作的函数(定义在文件 OS_CORE. C 中)，以供操作信号量、消息邮箱、消息队列等事件的函数调用。

1. 事件控制块的初始化函数

调用函数 EventWaitListInit()可以对事件控制块进行初始化。函数 EventWaitListInit()的原型如下：

```
void  OS_EventWaitListInit (
                                  OS_EVENT  * pevent      //事件控制块的指针
                                  );
```

这个函数的作用就是把变量 OSEventGrp 及任务等待表中的每一位都清 0，即令事件的任务等待表中不含有任何等待任务。

事件控制块被初始化后的情况如图5-10所示。

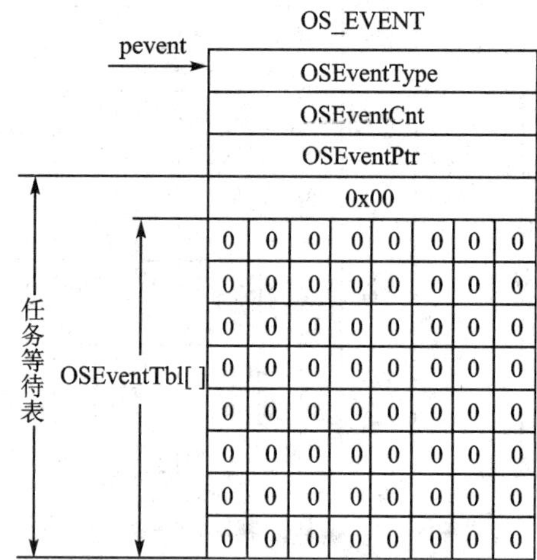

图5-10　初始化后的事件控制块

初始化事件控制块的函数 OS_EventWaitListInit()将在任务调用函数 OS×××Create()创建事件时被函数 OS×××Create()所调用。

函数 OS×××Create()中×××的含义见表5-2。

表5-2　×××的含义

×××	含　义
Sem	对信号量进行操作的函数
Mutex	对互斥型信号量进行操作的函数
Mbox	对消息邮箱进行操作的函数
Q	对消息队列进行操作的函数

2. 使一个任务进入等待状态的函数

把一个任务置于等待状态要调用函数 OS_EventTaskWait()。该函数的原型如下：

```
void  OS_EventTaskWait (
                        OS_EVENT * pevent       //事件控制块的指针
                        );
```

函数 OS_EventTaskWait()将在任务调用函数 OS×××Pend()请求一个事件时被函数 OS×××Pend()所调用。

3. 使一个正在等待的任务进入就绪状态的函数

如果一个正在等待的任务具备了可以运行的条件，那么就要使它进入就绪状态。这时要调用函数 OS_EventTaskRdy()。该函数的作用就是把调用这个函数的任务在任务等待表中的位置清 0(解除等待状态)后，再把任务在任务就绪表中对应的位设置为 1，然后引发一次任务调度。

函数 OS_EventTaskRdy()的原型如下：

```
INT8U  OS_EventTaskRdy (
                        OS_EVENT * pevent,      //事件控制块的指针
                        void * msg,             //未使用
                        INT8U msk               //清除 TCB 状态标志掩码
                        );
```

函数 OS_EventTaskRdy()将在任务调用函数 OS×××Post()发送一个事件时被函数 OS×××Post()所调用。

4. 使一个等待超时的任务进入就绪状态的函数

如果一个正在等待事件的任务已经超过了等待的时间，却仍因为没有获取事件等原因而未具备可以运行的条件，却又要使它进入就绪状态，这时要调用函数 OS_EventTO()。

函数 OS_EventTO()的原型如下：

```
void  OS_EventTO (
                  OS_EVENT * pevent      //事件控制块的指针
                  );
```

函数 OS_EventTO()将在任务调用 OS×××Pend()请求一个事件时被函数 OS×××Pend()所调用。

5.2.3 空事件控制块链表

在 μC/OS-II 初始化时，系统会在初始化函数 OSInit()中按应用程序使用事件的总数 OS_MAX_EVENTS(在文件 OS_CFG.H 中定义)创建 OS_MAX_EVENTS 个空事件控制块并借用成员 OSEventPtr 作为链接指针，把这些空事件控制块链接成一个如图 5-11 所示的单向链表。由于链表中的所有控制块尚未与具体事件相关联，因此该链表叫做空事件控制块链表。以后，每当应用程序创建一个事件时，系统就会从链表中取出一个空事件控制块，并对它进行初始化以描述该事件。而当应用程序删除一个事件时，系统就会将该事件的控制块归还给空事件控制块链表。

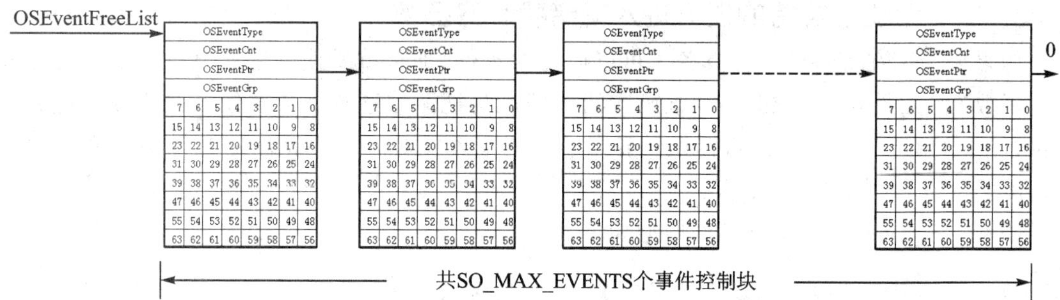

图 5-11　空事件控制块链表

5.3　信号量及其操作

5.3.1　信号量

当事件控制块成员 OSEventType 的值被设置为 OS_EVENT_TYPE_SEM 时，这个事件控制块描述的就是一个信号量。信号量由信号量计数器和等待任务表两部分组成。

信号量使用事件控制块的成员 OSEventCnt 作为计数器，而用数组 OSEvevtTbl[]来充当等待任务表。

pevent →

OS_EVENT_TYPE_SEM							
3							
NULL							
0x07							
1	0	0	1	0	0	0	0
0	0	0	0	0	1	0	0
0	0	0	0	1	0	0	0
0	0	0	0	0	0	0	0
0	0	0	0	0	0	0	0
0	0	0	0	0	0	0	0
0	0	0	0	0	0	0	0
0	0	0	0	0	0	0	0

任务等待表　OSEventTbl[ ]

图 5-12　一个信号量的事件控制块

每当有任务申请信号量时，如果信号量计数器 OSEventCnt 的值大于 0，则把 OSEventCnt 减 1并使任务继续运行；如果 OSEventCnt 的值为 0，则会将任务列入任务等待表OSEvevtTbl[]，使任务处于等待状态。如果有正在使用信号量的任务释放了该信号量，则会在任务等待表中找出优先级别最高的等待任务，并在使它就绪后调用调度器引发一次调度；如果任务等待表中已经没有等待任务，则信号量计数器就只简单地加 1。

图 5-12 是一个计数器当前值为 3 且有 4 个等待任务的信号量的示意图。等待信号量任务的优先级别分别为 4、7、10、19。

信号量不使用事件控制块的成员 OSEventPtr。

5.3.2 信号量的操作

1. 创建信号量

在使用信号量之前，应用程序必须调用函数 OSSemCreate()来创建一个信号量。函数 OSSemCreate()的原型如下：

```
OS_EVENT   * OSSemCreate (
                              INT16U cnt           //信号量计数器初值
                              );
```

函数的返回值为已创建的信号量的指针。

OSSemCreate()的源代码如下：

```
OS_EVENT   * OSSemCreate (INT16U cnt)
{
#if OS_CRITICAL_METHOD == 3
    OS_CPU_SR   cpu_sr;
#endif

    OS_EVENT   * pevent;
    if (OSIntNesting > 0)
    {
        return ((OS_EVENT * )0);
    }
    OS_ENTER_CRITICAL();
    pevent = OSEventFreeList;
    if (OSEventFreeList != (OS_EVENT * )0)
    {
        OSEventFreeList = (OS_EVENT * )OSEventFreeList -> OSEventPtr;
    }
    OS_EXIT_CRITICAL();
    if (pevent != (OS_EVENT * )0)
    {
        pevent -> OSEventType = OS_EVENT_TYPE_SEM;  //设置为信号量
        pevent -> OSEventCnt = cnt;                 //置计数器初值
        pevent -> OSEventPtr = (void * )0;          //置空指针
        OS_EventWaitListInit(pevent);               //初始化控制块
    }
    return (pevent);
}
```

一个刚创建且计数器初值 OSEventCnt 为 10 的信号量的示意图如图 5-13 所示。

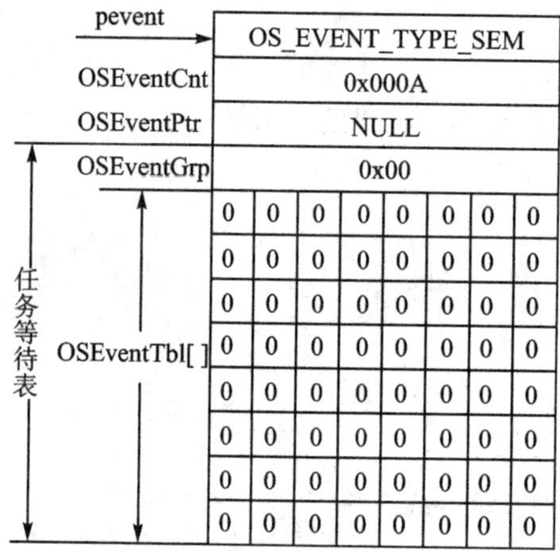

图 5-13 一个刚创建且计数器初值为 10 的信号量

2. 请求信号量

任务通过调用函数 OSSemPend()请求信号量。函数 OSSemPend()的原型如下:

```
void  OSSemPend ( OS_EVENT * pevent,     //信号量的指针
                  INT16U timeout,        //等待时限
                  INT8U * err);          //错误信息
```

参数 pevent 是被请求信号量的指针。

为防止任务因得不到信号量而处于长期的等待状态,函数 OSSemPend()允许用参数 timeout 设置一个等待时间的限制。当任务等待的时间超过 timeout 时,可以结束等待状态而进入就绪状态。如果参数 timeout 被设置为 0,则表明任务的等待时间为无限长。

函数调用成功后,err 的值为 OS_NO_ERR。如果函数调用失败,则函数会根据在函数中出现的具体错误,令 err 的值分别为 OS_ERR_PEND_ISR、OS_ERR_PEVENT_NULL、OS_ERR_EVENT_TYPE 和 OS_TIMEOUT。

当任务需要访问一个共享资源时,先要请求管理该资源的信号量,这样就可以根据信号量当前是否有效(即信号量的计数器 OSEventCnt 的值是否大于 0)来决定该任务是否可以继续运行。

如果信号量有效(即信号量的计数器 OSEventCnt 的值大于 0),则把信号量计数器减 1,然后继续运行任务。

如果信号量无效(即信号量的计数器 OSEventCnt 的值等于 0),则会在等待任务表中把该任务对应的位设置为 1 而让任务处于等待状态,并把等待时限 timeout 保存在任务控制块 TCB 的成员 OSTCBDly 中。

当一个任务请求信号量时，如果希望在信号量无效时准许任务不进入等待状态而继续运行，则不调用函数 OSSemPend()，而是调用函数 OSSemAccept()来请求信号量。该函数的原型如下：

```
INT16U  OSSemAccept (
                    OS_EVENT * pevent        //信号量的指针
                    );
```

调用函数成功后，函数返回值为 OS_ON_ERR。

3. 发送信号量

任务获得信号量，并在访问共享资源结束以后，必须释放信号量。释放信号量也叫做发送信号量。发送信号量须调用函数 OSSemPost()。函数 OSSemPost()在对信号量的计数器操作之前，首先要检查是否还有等待该信号量的任务：如果没有，则将信号量计数器 OSEventCnt 加 1；如果有，则调用调度器 OS_Sched()去运行等待任务中优先级别最高的任务。

函数 OSSemPost()的原型如下：

```
INT8U  OSSemPost (
                 OS_EVENT * pevent      //信号量的指针
                 );
```

若调用函数成功，则函数返回值为 OS_ON_ERR；否则会根据具体错误返回 OS_ERR_EVENT_TYPE、OS_SEM_OVF。

例 5－4　试编写一个应用程序，其中有一个函数 Fun()和两个任务(MyTask()与任务 YouTask())。应用程序中的两个任务都可以调用函数 Fun()，但不能同时调用。

答　应用程序的代码如下：

```
/**************************Test**************************/
#include "includes.h"
#define  TASK_STK_SIZE   512                          //任务堆栈长度
char * s1 = "MyTask";
char * s2 = "YouTask";
INT8U err;                                            //用于退出的键
INT8U y = 0;                                          //字符显示位置
INT16S   key;
OS_EVENT * Fun_Semp;                                  //声明信号量
OS_STK    StartTaskStk[TASK_STK_SIZE];                //定义任务堆栈区
OS_STK    MyTaskStk[TASK_STK_SIZE];                   //定义任务堆栈区
OS_STK    YouTaskStk[TASK_STK_SIZE];                  //定义任务堆栈区
```

```
void  Fun(INT8U x.INT8U y);                              //函数声明
void  StartTask(void * data);                            //声明起始任务
void  MyTask(void * data);                               //声明任务
void  YouTask(void * data);                              //声明任务
/************************主函数*************************/
void  main (void)
{
    OSInit();                                            //初始化 μC/OS-II
    PC_DOSSaveReturn();                                  //保存 DOS 环境
    PC_VectSet(uCOS, OSCtxSw);                           //安装 μC/OS-II 中断
    Fun_Semp = OSSemCreate (1);                          //定义信号量

    OSTaskCreate(StartTask,                              //创建任务 StartTask
                 (void * )0,                             //给任务传递参数
                 &StartTaskStk[TASK_STK_SIZE-1],         //设置任务堆栈栈顶
                 0);                                     //使任务的优先级别为 0
    OSStart();                                           //启动多任务管理
}
/************************任务 StartTask************************/
void  StartTask (void * pdata)
{
#if OS_CRITICAL_METHOD == 3
    OS_CPU_SR  cpu_sr;     #endif
    pdata = pdata;
    OS_ENTER_CRITICAL();
    PC_VectSet(0x08, OSTickISR);                         //安装时钟中断向量
    PC_SetTickRate(OS_TICKS_PER_SEC);                    //设置 μC/OS-II 时钟频率
    OS_EXIT_CRITICAL();

    OSStatInit();                                        //初始化统计任务
    OSTaskCreate(MyTask,                                 //创建任务 MyTask
                 (void * )0,                             //给任务传递参数
                 &MyTaskStk[TASK_STK_SIZE-1],            //设置任务堆栈栈顶
                 1);                                     //使任务的优先级别为 1
    OSTaskCreate(YouTask,                                //创建任务 YouTask
                 (void * )0,                             //给任务传递参数
                 &YouTaskStk[TASK_STK_SIZE-1],           //设置任务堆栈栈顶
                 2);                                     //使任务的优先级别为 2
```

```
for (;;)
    {
    //如果按下 ESC 键,则退出 μC/OS-II
        if (PC_GetKey(&key) == TRUE)
        {
            if (key == 0x1B)
            {
                PC_DOSReturn();
            }
        }
        OSTimeDlyHMSM(0, 0, 3, 0);                        //等待 3 s
    }
}
/*************************任务 MyTask*************************/
void  MyTask (void *pdata)
{
#if OS_CRITICAL_METHOD == 3
    OS_CPU_SR  cpu_sr;
#endif
    pdata = pdata;

    for (;;)
    {           OSSemPend(Fun_Semp,0,&err);               //请求信号量
        PC_DispStr(0, ++y,
                s1,
                DISP_BGND_BLACK + DISP_FGND_WHITE );
        Fun(7,y);                                         //调用函数 Fun()
        OSSemPost(Fun_Semp);                              //发送信号量
        OSTimeDlyHMSM(0, 0, 1, 0);                        //等待 1 s
    }
}
/*************************任务 YouTask*************************/
void  YouTask (void *pdata)
{
#if OS_CRITICAL_METHOD == 3
    OS_CPU_SR  cpu_sr;
#endif
    pdata = pdata;
```

```
    for (;;)
        {
            OSSemPend(Fun_Semp,0,&err);                 //请求信号量
            PC_DispStr(0, ++y,
                        s2,
                        DISP_BGND_BLACK + DISP_FGND_WHITE );
            Fun(7,y);                                   //调用函数 Fun()
            OSSemPost(Fun_Semp);                        //发送信号量
            OSTimeDlyHMSM(0, 0, 2, 0);                  //等待 2 s
        }
    }
    /*************************Fun()*************************/
    void  Fun(INT8U x,INT8U y)
    {
        PC_DispStr(x,y,
            "调用了 Fun()函数",
            DISP_BGND_BLACK + DISP_FGND_WHITE );
    }
    /*************************End*************************/
```

从例 5-4 可以看到,使用事件控制块描述的信号量,无论在使用方面,还是在信号量的完善性方面,它的确比简单形式的信号量要方便得多。

例 5-5 应用程序中有一个函数 Fun(),试编写程序使任务 MyTask()必须经过任务 YouTask()同意才能调用这个函数一次。

答

(1) 分　析

显然这是两个任务同步的问题。即在两个任务之间设置一个初值为 0 的信号量来实现两个任务的合作,任务 YouTask 用发信号量操作来表示同意与否(因该操作能使信号量的值为 1),而 MyTask 则不断地用请求信号量操作来观察信号量值,当发现该信号量的值变为 1 后,立即调用函数 Fun()。

(2) 程序代码

本例程序代码如下:

```
/*************************Test*************************/
#include "includes.h"
#define   TASK_STK_SIZE    512                 //任务堆栈长度
OS_STK    StartTaskStk[TASK_STK_SIZE];         //定义任务堆栈区
```

```
OS_STK    MyTaskStk[TASK_STK_SIZE];                //定义任务堆栈区
OS_STK    YouTaskStk[TASK_STK_SIZE];               //定义任务堆栈区
INT16S    key;
char * s1 = "MyTask";
char * s2 = "YouTask";
INT8U err;
INT8U y = 0;
INT8U YouTaskRun = 0;
OS_EVENT * Fun_Semp;
void  Fun(INT8U x,INT8U y);
void  StartTask(void * data);                       //声明起始任务
void  MyTask(void * data);                          //声明任务
void  YouTask(void * data);                         //声明任务
/*************************主函数*************************/
void  main (void)
{
        OSInit();                                   //初始化μC/OS-II
        PC_DOSSaveReturn();                         //保存 DOS 环境
        PC_VectSet(uCOS, OSCtxSw);                  //安装μC/OS-II 中断
        OSTaskCreate(StartTask,                     //创建任务 SartTask
        (void * )0,                                 //给任务传递参数
        &StartTaskStk[TASK_STK_SIZE - 1],           //设置任务堆栈栈顶
        0);                                         //使任务的优先级别为 0
        OSStart();                                  //启动多任务管理
}
/*************************任务 StartTask*************************/
void  StartTask (void * pdata)
{
#if OS_CRITICAL_METHOD == 3
        OS_CPU_SR  cpu_sr;
#endif
    pdata = pdata;
    OS_ENTER_CRITICAL();
    PC_VectSet(0x08, OSTickISR);                       //安装时钟中断向量
    PC_SetTickRate(OS_TICKS_PER_SEC);                  //设置μC/OS-II 时钟频率
    OS_EXIT_CRITICAL();
    Fun_Semp = OSSemCreate (0);                        //定义一个初值为 0 的信号量
    OSStatInit();                                      //初始化统计任务
    OSTaskCreate(MyTask,                               //创建任务 MyTask
```

```
    (void * )0,                                         //给任务传递参数
        &MyTaskStk[TASK_STK_SIZE - 1],                  //设置任务堆栈栈顶
        1);                                             //使任务的优先级别为 1
        OSTaskCreate(YouTask,                           //创建任务 YouTask
        (void * )0,                                     //给任务传递参数
        &YouTaskStk[TASK_STK_SIZE - 1],                 //设置任务堆栈栈顶
        2);                                             //使任务的优先级别为 2
        for (;;)
        {
            //如果按下 ESC 键,则退出 μC/OS - II
            if (PC_GetKey(&key) == TRUE)
            {
                if (key == 0x1B)
                        PC_DOSReturn();
            }
            OSTimeDlyHMSM(0, 0, 3, 0);                  //等待 3 s
        }
}
/ * * * * * * * * * * * * * * * * * * * * * * * * * 任务 MyTask * * * * * * * * * * * * * * * * * * * * * * * * * /
void  MyTask (void * pdata)
{
# if OS_CRITICAL_METHOD == 3
        OS_CPU_SR  cpu_sr;
# endif
        pdata = pdata;

        for (;;)
        {
            OSSemPend(Fun_Semp,0,&err);                 //请求信号量
            PC_DispStr(0, ++y,
                s1,
                DISP_BGND_BLACK + DISP_FGND_WHITE );
        Fun(7,y);                                       //调用函数 Fun()
            OSTimeDlyHMSM(0, 0, 1, 0);                  //等待 1 s
        }
}
/ * * * * * * * * * * * * * * * * * * * * * * * * * 任务 YouTask * * * * * * * * * * * * * * * * * * * * * * * * * /
void  YouTask (void * pdata)
{
```

```
#if OS_CRITICAL_METHOD == 3
    OS_CPU_SR  cpu_sr;
#endif
    pdata = pdata;
    for (;;)
    {
        PC_DispStr(0, ++y,
            s2,
            DISP_BGND_BLACK + DISP_FGND_WHITE );
        if(YouTaskRun == 5)
                OSSemPost(Fun_Semp); //发送信号量
        YouTaskRun++;
        OSTimeDlyHMSM(0, 0, 2, 0);      //等待 2 s
    }
}
/**************************Fun()**************************/
void  Fun(INT8U x,INT8U y)
{
    PC_DispStr(x,y,
        " invoked Fun()! ",
        DISP_BGND_BLACK + DISP_FGND_WHITE );
}
/**************************End**************************/
```

(3) 程序运行结果

例 5-5 应用程序的运行结果如图 5-14 所示。

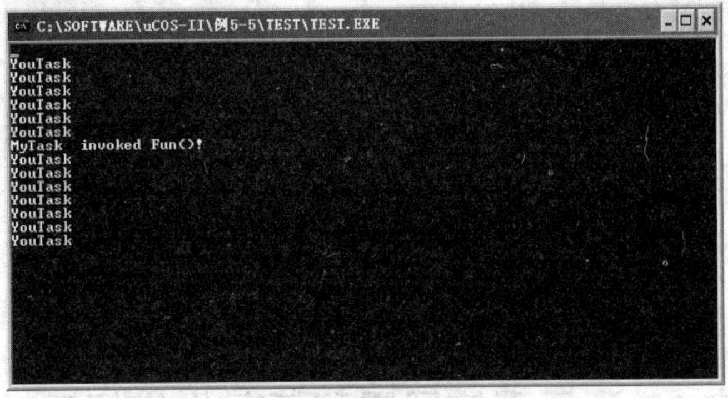

图 5-14　例 5-5 应用程序的运行结果

4. 删除信号量

如果应用程序不需要某个信号量，那么可调用函数 OSSemDel()来删除该信号量。该函数的原型如下：

```
OS_EVENT    * OSSemDel (
                    OS_EVENT * pevent,      //信号量的指针
                    INT8U opt,              //删除条件选项
                    INT8U * err             //错误信息
                    );
```

函数中的参数 opt 用来指明信号量的删除条件。该参数有两个参数值可以选择：如果选择常数 OS_DEL_NO_PEND，则当等待任务表中已没有等待任务时才删除信号量；如果选择常数 OS_DEL_ALLWAYS，则表明在等待任务表中无论是否有等待任务都立即删除信号量。

函数调用成功后，err 的值为 OS_NO_ERR。

需要注意的是，只能在任务中删除信号量，而不能在中断服务程序中删除。

5. 查询信号量的状态

任务可以调用函数 OSSemQuery()随时查询信号量的当前状态。该函数的原型如下：

```
INT8U  OSSemQuery (
                OS_EVENT * pevent,      //信号量指针
                OS_SEM_DATA * pdata     //存储信号量状态的结构
                );
```

该函数的第二个参数 pdata 是一个 OS_SEM_DATA 结构的指针。OS_SEM_DATA 结构如下：

```
typedef struct {
    INT16U  OSCnt;
    INT8U   OSEventTbl[OS_EVENT_TBL_SIZE];
    INT8U   OSEventGrp;
} OS_SEM_DATA;
```

任务调用函数 OSSemQuery()对信号量查询后，会把信号量中的相关信息存储到 OS_SEM_DAT 类型的变量中，因此在调用函数 OSSemQuery()之前，须定义一个 OS_SEM_DAT 结构类型的变量。

函数调用成功后，返回值为 OS_NO_ERR。

5.4 互斥型信号量和任务优先级反转

前面说过，互斥型信号量是一个二值信号，它可以使任务以独占方式使用共享资源。

由于使用互斥型信号量会出现任务优先级反转的问题，所以本节首先介绍产生任务优先级反转的原因，然后介绍互斥型信号量以及它是如何解决任务优先级反转问题的。

5.4.1 任务优先级的反转现象

在可剥夺型内核中，当任务以独占方式使用共享资源时，会出现低优先级任务先于高优先级任务而被运行的现象，这就是所谓的任务优先级反转。一般来说，在实时系统中不允许出现这种现象，因为它破坏了任务执行的预期顺序，可能要导致严重后果。为了找到杜绝任务优先级反转现象的方法，下面就对优先级的反转现象做一个详细的分析。

图 5－15 描述了 A、B、C 三个任务的运行情况。其中，任务 A 的优先级别高于任务 B，任务 B 的优先级别高于任务 C。任务 A 和任务 C 都要使用同一个共享资源 S，而用于保护该资源的信号量在同一时间只能允许一个任务以独占的方式对该资源进行访问，即这个信号量是一个互斥型信号量。

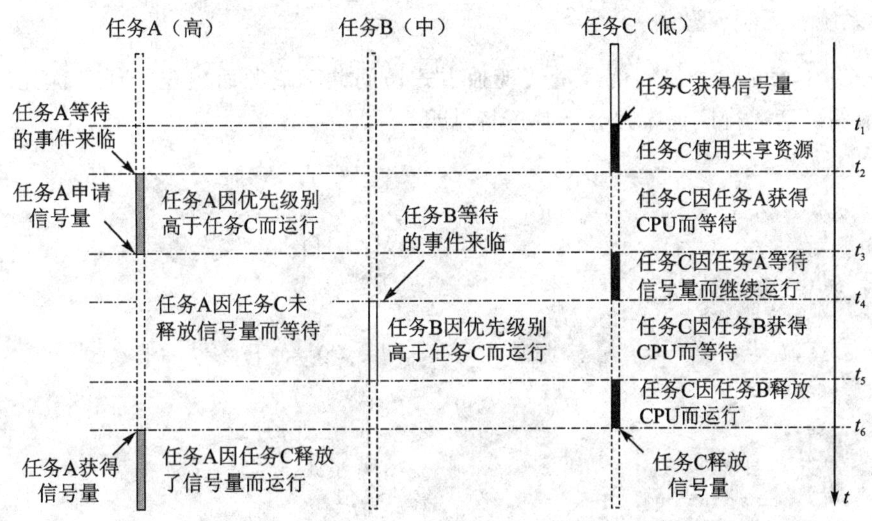

图 5－15　任务优先级反转示意图

现在，假设任务 A 和任务 B 都在等待与各自任务相关的事件发生而处于等待状态，而任务 C 则正在运行，且在 t_1时刻取得了信号量并开始访问共享资源 S。

如果在任务 C 使用共享资源 S 过程中的 t_2时刻，任务 A 等待的事件已经到来，那么由于任务 A 的优先级别高于任务 C 的优先级别，所以任务 A 就剥夺任务 C 的 CPU 使用权而进入运行状态，而使任务 C 中止运行，这样任务 C 就失去了释放信号量的机会。如果任务 A 在运行中的 t_3时刻又要访问共享资源 S，但由于任务 C 还未释放信号量，因此任务 A 只好等待，以使任务 C 可以继续使用共享资源 S。

以上过程都是正常的，是应用程序设计者意料之中的事情。问题是，如果在任务 C 继续使用共享资源 S 过程中的 t_4 时刻,任务 B 所等待的事件也来临,由于任务 B 的优先级别高于任务 C 的优先级别,任务 B 当然要剥夺任务 C 的 CPU 使用权而进入运行状态,而任务 C 则只好等待。这样,任务 A 只有当任务 B 运行结束,并使任务 C 继续运行且释放了信号量的 t_6 时刻之后,才能获得信号量而得以重新运行。

综上所述,任务优先级低的任务 B 反而先于任务优先级高的任务 A 运行了。换句话说,从实际运行的结果来看,似乎任务 B 的优先级高于任务 A 了。系统中的这种现象叫做任务优先级的反转。

之所以出现了上述的优先级反转现象,是因为一个优先级别较低的任务在获得了信号量使用共享资源期间,被具有较高优先级别的任务所打断而不能释放信号量,从而使正在等待这个信号量的更高级别的任务因得不到信号量而被迫处于等待状态,在这个等待期间,就让优先级别低于它而高于占据信号量的任务先运行了。显然,如果这种优先级别介于使用信号量的两个任务优先级别中间的中等优先级别任务较多,则会极大地恶化高优先级别任务的运行环境,是实时系统所无法容忍的。

例 5-6 下面是一个使用信号量实现独占式访问共享资源而出现了任务优先级反转的应用程序示例。请运行该程序并分析其运行结果。

```
/***************************Test***************************/
#include "includes.h"
#define  TASK_STK_SIZE    512                 //任务堆栈长度
OS_STK    StartTaskStk[TASK_STK_SIZE];        //定义任务堆栈区
OS_STK    MyTaskStk[TASK_STK_SIZE];           //定义任务堆栈区
OS_STK    YouTaskStk[TASK_STK_SIZE];          //定义任务堆栈区
OS_STK    HerTaskStk[TASK_STK_SIZE];          //定义任务堆栈区
INT16S    key;                                //用于退出的键
char * s1 = "MyTask running";
char * s2 = "YouTask running";
char * s3 = "HerTask running";
char * ss = "MyTask pend_Semp";
INT8U err;
INT8U y = 0;                                  //字符显示位置
INT32U Times = 0;
OS_EVENT  * Semp;                             //定义事件控制块
void   StartTask(void * data);                //声明起始任务
void   MyTask(void * data);                   //声明任务
void   YouTask(void * data);                  //声明任务
void   HerTask(void * data);                  //声明任务
/***************************主函数***************************/
```

```
void  main (void){
    OSInit();                                    //初始化 μC/OS－II
    PC_DOSSaveReturn();                          //保存 DOS 环境
    PC_VectSet(uCOS, OSCtxSw);                   //安装 μC/OS－II 中断
    Semp = OSSemCreate (1);                      //定义信号量
    OSTaskCreate(StartTask,                      //创建任务 StartTask
                (void * )0,
                &StartTaskStk[TASK_STK_SIZE - 1],
                0);
    OSStart();                                   //启动多任务管理
}
/*************************任务 StartTask*************************/
void  StartTask (void * pdata)
{
#if OS_CRITICAL_METHOD == 3
    OS_CPU_SR  cpu_sr;
#endif
    pdata = pdata;
    OS_ENTER_CRITICAL();
    PC_VectSet(0x08, OSTickISR);                 //安装时钟中断向量
    PC_SetTickRate(OS_TICKS_PER_SEC);            //设置时钟频率
    OS_EXIT_CRITICAL();
    OSStatInit();                                //初始化统计任务
    OSTaskCreate(MyTask,                         //创建任务 MyTask
                (void * )0,
                &MyTaskStk[TASK_STK_SIZE - 1],
                3);
    OSTaskCreate(YouTask,                        //创建任务 YouTask
                (void * )0,
                &YouTaskStk[TASK_STK_SIZE - 1],
                4);
    OSTaskCreate(HerTask,                        //创建任务 HerTask
                (void * )0,
                &HerTaskStk[TASK_STK_SIZE - 1],
                5);
    for (;;)
    {
    //如果按下 ESC 键，则退出 μC/OS－II
        if (PC_GetKey(&key) == TRUE)
```

```
        {
            if (key == 0x1B)
            {
                PC_DOSReturn();
            }
        }
        OSTimeDlyHMSM(0, 0, 3, 0);                          //等待 3 s
    }
}
/************************任务 MyTask************************/
void  MyTask (void * pdata)
{
#if OS_CRITICAL_METHOD == 3
    OS_CPU_SR  cpu_sr;
#endif
    pdata = pdata;
    for (;;)
    {
        OSTimeDlyHMSM(0, 0, 0, 200);                        //等待 200 ms
        {
            PC_DispStr(10, ++y,
                        ss,
                        DISP_BGND_BLACK + DISP_FGND_WHITE );
            OSSemPend(Semp,0,&err);                         //请求信号量
            PC_DispStr(10, ++y,
                        s1,
                        DISP_BGND_BLACK + DISP_FGND_WHITE );
            OSSemPost(Semp);                                //发送信号量
        }
        OSTimeDlyHMSM(0, 0, 0, 200);                        //等待 200 ms
    }
}
/************************任务 YouTask************************/
void  YouTask (void * pdata)
{
#if OS_CRITICAL_METHOD == 3
    OS_CPU_SR  cpu_sr;
#endif
    pdata = pdata;
```

```
    for (;;)
    {
        PC_DispStr(10, ++y,
                s2,
                DISP_BGND_BLACK + DISP_FGND_WHITE );
        OSTimeDlyHMSM(0, 0, 0, 300);                    //等待 300 ms
    }
}
/*************************任务 HerTask*************************/
void  HerTask (void *pdata)
{
#if OS_CRITICAL_METHOD == 3
    OS_CPU_SR  cpu_sr;
#endif
    pdata = pdata;
    for (;;)
    {
        OSSemPend(Semp,0,&err);                         //请求信号量
    PC_DispStr(10, ++y,
                s3,
                DISP_BGND_BLACK + DISP_FGND_WHITE );
        for(Times;Times<20000000;Times++)               //延时
    {
        OS_Sched();
    }
    OSSemPost(Semp);                                    //发送信号量
        OSTimeDlyHMSM(0, 0, 1, 0);                      //等待 1 s
    }
}
/*************************End*************************/
```

例 5-6 应用程序的运行结果(优先级反转现象)如图 5-16 所示。

通过例 5-6 可以发现,使用信号量的任务是否能够运行是受任务的优先级别以及是否占用信号量两个条件约束的,而信号量的约束高于优先级别的约束。于是,当出现低优先级别的任务与高优先级别的任务使用同一个信号量,而系统中还存在其他中等优先级别的任务时,如果低优先级别的任务先获得了信号量,就会使高优先级别的任务处于等待状态;而那些不使用该信号量的中等优先级别的任务却可以剥夺低优先级别的任务的 CPU 使用权而先于高优先级别的任务运行了。

解决问题的办法之一是,使获得信号量任务的优先级别在使用共享资源期间暂时提升到

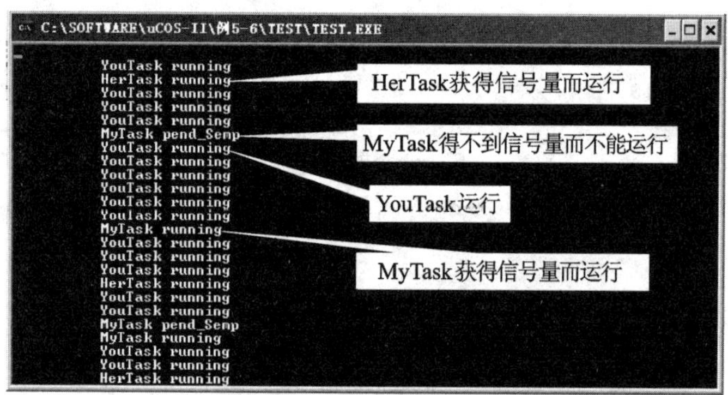

图 5-16　例 5-6 应用程序的运行结果(优先级反转现象)

所有任务最高优先级的高一个级别上,以使该任务不被其他任务所打断,从而能尽快地使用完共享资源并释放信号量,然后在释放信号量之后,再恢复该任务原来的优先级别。

5.4.2　互斥型信号量

互斥型信号量是一个二值信号量。任务可以用互斥型信号量来实现对共享资源的独占式处理。为了解决任务在使用独占式资源出现的优先级反转问题,互斥型信号量除了具有普通信号量的机制外,还有其他一些特性。

μC/OS-II 仍然用事件控制块来描述一个互斥型信号量,如图 5-17 所示。

pevent →

OSEventType	OS_EVENT_TYPE_MUTEX							
OSEventCnt	prio				0xFF			
OSEventPtr	NULL							
OSEventGrp	0x00							
OSEventTbl[ ]	0	0	0	0	0	0	0	0
	0	0	0	0	0	0	0	0
	0	0	0	0	0	0	0	0
	0	0	0	0	0	0	0	0
	0	0	0	0	0	0	0	0
	0	0	0	0	0	0	0	0
	0	0	0	0	0	0	0	0
	0	0	0	0	0	0	0	0

任务等待表(OSEventGrp 与 OSEventTbl[ ])

图 5-17　互斥型信号量的结构

在描述互斥型信号量的事件控制块中,除了成员 OSEventType 要赋予常数 OS_EVENT_TYPE_MUTEX 以表明这是一个互斥型信号量和仍然没有使用成员 OSEventPtr 之外,成员

OSEventCnt 被分成了低 8 位和高 8 位两部分：低 8 位用来存放信号值（该值为 0xFF 时，信号为有效，否则信号为无效）；高 8 位用来存放为了避免出现优先级反转现象而要提升的优先级别 prio。

1. 创建互斥型信号量

创建互斥型信号量需要调用函数 OSMutexCreate()。该函数的原型如下：

```
OS_EVENT   * OSMutexCreate     (
                                INT8U prio,      //优先级别
                                INT8U * err      //错误信息
                                );
```

函数 OSMutexCreate()从空事件控制块链表获取一个事件控制块，把成员 OSEventType 赋予常数 OS_EVENT_TYPE_MUTEX，以表明这是一个互斥型信号量；然后再把成员 OSEventCnt 的高 8 位赋予 prio（要提升的优先级别），低 8 位赋予常数 OS_MUTEX_AVAILABLE（该常数值为 0xFFFF）的低 8 位（0xFF），以表明信号量尚未被任何任务所占用，处于有效状态。

函数 OSMutexCreate()创建的互斥型信号量结构如图 5－17 所示。

2. 请求互斥型信号量

当任务需要访问一个独占式共享资源时，就要调用函数 OSMutexPend()来请求管理这个资源的互斥型信号量。如果信号量有信号（OSEventCnt 的低 8 位为 0xFF），则意味着目前尚无任务占用资源，于是任务可以继续运行并对该资源进行访问；否则就进入等待状态，直至占用这个资源的其他任务释放了该信号量。

为防止任务因得不到信号量而处于长期的等待状态，函数 OSMutexPend()允许用参数 timeout 设置一个等待时间的限制。当任务等待的时间超出该时间限制值时，可以结束等待状态。

函数 OSMutexPend()的原型如下：

```
void  OSMutexPend      (
                        OS_EVENT * pevent,      //互斥型信号量指针
                        INT16U timeout,         //等待时限
                        INT8U * err             //错误信息
                        );
```

任务也可通过调用函数 OSMutexAccept()无等待地请求一个互斥型信号量。该函数的原型如下：

```
INT8U  OSMutexAccept    (
                          OS_EVENT  * pevent,   //互斥型信号量指针
                          INT8U * err           //错误信息
                          );
```

3. 发送互斥型信号量

任务可通过调用函数 OSMutexPost()发送一个互斥型信号量。该函数的原型如下：

```
INT8U  OSMutexPost (
                      OS_EVENT  * pevent            //互斥型信号量指针
                      );
```

4. 获取互斥型信号量的当前状态

任务可通过调用函数 OSMutexQuery ()获取互斥型信号量的当前状态。该函数的原型如下：

```
INT8U  OSMutexQuery (
                      OS_EVENT  * pevent,          //互斥型信号量指针
                      OS_MUTEX_DATA  * pdata       //存放互斥型信号量状态的结构
                          );
```

函数的参数 pdata 是 OS_MUTEX_DATA 结构类型的指针。函数被调用后，在 pdata 指向的结构中存放了互斥型信号量的相关信息。OS_MUTEX_DATA 结构定义如下：

```
typedef struct {
    INT8U    OSEventTbl[OS_EVENT_TBL_SIZE];
    INT8U    OSEventGrp;
    INT8U    OSValue;
    INT8U    OSOwnerPrio;
    INT8U    OSMutexPIP;
} OS_MUTEX_DATA;
```

5. 删除互斥型信号量

任务调用函数 OSMutexDel()可以删除一个互斥型信号量。该函数的原型如下：

```
OS_EVENT   * OSMutexDel (
                          OS_EVENT  * pevent,     //互斥型信号量指针
                          INT8U opt,              //删除方式选项
                          INT8U  * err            //错误信息
                          );
```

例 5－7 在例 5－6 应用程序中，把使用的信号量改为互斥型信号量，然后运行该程序并观察其运行结果。

程序修改后，其运行结果如图 5－18 所示。

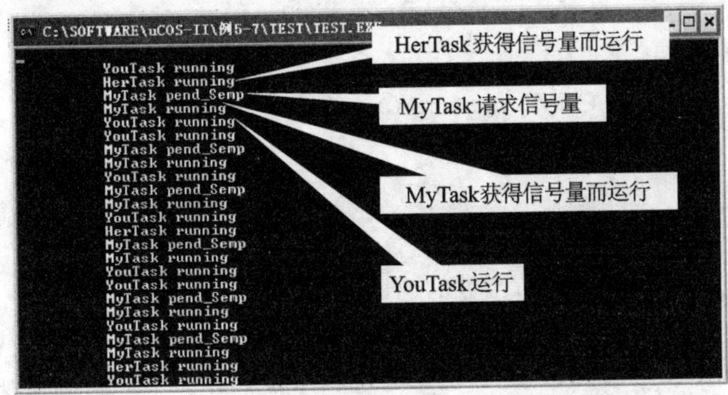

图 5－18　使用互斥型信号量消除了优先级反转现象

5.5　消息邮箱及其操作

5.5.1　消息邮箱

如果要在任务与任务之间传递一个数据，那么为了适应不同数据的需要最好在存储器中建立一个数据缓冲区，然后就以这个缓冲区为中介来实现任务间的数据传递。

如果把数据缓冲区的指针赋给事件控制块的成员 OSEventPrt，同时使事件控制块的成员 OSEventType 为常数 OS_EVENT_TYPE_MBOX，则该事件控制块就叫做消息邮箱。消息邮箱通过在两个需要通信的任务之间传递数据缓冲区指针来进行通信。

消息邮箱的数据结构如图 5－19 所示。

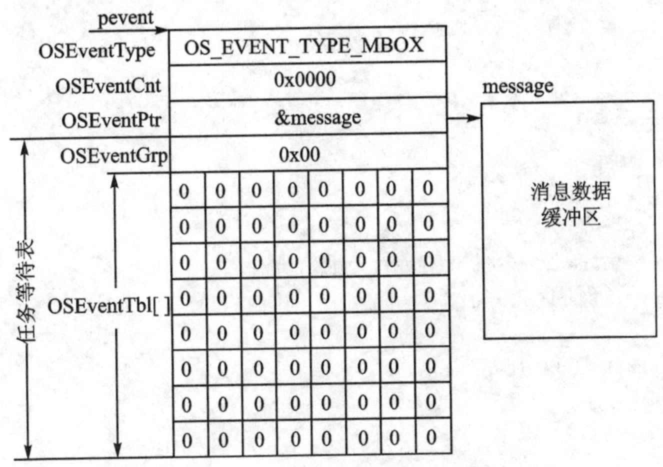

图 5－19　消息邮箱的数据结构

5.5.2 消息邮箱的操作

1. 创建消息邮箱

创建邮箱需要调用函数 OSMboxCreate()。该函数的原型如下：

```
OS_EVENT  * OSMboxCreate (
                        void * msg     //消息指针
                        );
```

其中，参数 msg 为消息的指针；函数的返回值为消息邮箱的指针。

调用函数 OSMboxCreate()须先定义 msg 的初始值。在一般的情况下，这个初始值为 NULL；但也可事先定义一个邮箱，然后把这个邮箱的指针作为参数传递给函数 OSMboxCreate()，从而使其一开始就指向一个邮箱。

函数 OSMboxCreate()的源代码如下：

```
OS_EVENT  * OSMboxCreate (void * msg)
{
#if OS_CRITICAL_METHOD == 3
    OS_CPU_SR  cpu_sr;
#endif
    OS_EVENT  * pevent;

    if (OSIntNesting > 0)
{
        return ((OS_EVENT * )0);
    }
    OS_ENTER_CRITICAL();
    pevent = OSEventFreeList;
    if (OSEventFreeList != (OS_EVENT * )0)
{
        OSEventFreeList = (OS_EVENT * )OSEventFreeList -> OSEventPtr;
    }
    OS_EXIT_CRITICAL();
    if (pevent != (OS_EVENT * )0)
{
        pevent -> OSEventType = OS_EVENT_TYPE_MBOX;
        pevent -> OSEventCnt = 0;
        pevent -> OSEventPtr = msg;
        OS_EventWaitListInit(pevent);
    }
    return (pevent);
}
```

2. 向消息邮箱发送消息

任务可通过调用函数 OSMboxPost()向消息邮箱发送消息。该函数的原型如下：

```
INT8U  OSMboxPost (
                    OS_EVENT * pevent,        //消息邮箱指针
                    void * msg                //消息指针
                    );
```

其中，第二个参数 msg 为消息缓冲区的指针；函数返回值为错误号。

μC/OS-II 在 μC/OS 的基础上又增加了一个向邮箱发送消息的函数 OSMboxPostOpt()，该函数可以广播的方式向事件等待任务表中的所有任务发送消息。该函数的原型如下：

```
INT8U  OSMboxPostOpt (
                    OS_EVENT * pevent,        //消息邮箱指针
                    void * msg,               //消息指针
                    INT8U opt                 //广播选项
                    );
```

函数中的第三个参数 opt 用来说明是否把消息向所有等待任务广播。如果该值为 OS_POST_OPT_BROADCAST，则意味着把消息向所有等待任务广播；如果为 OS_POST_OPT_NONE，则把消息只向优先级别最高的等待任务发送。

3. 请求消息邮箱

当一个任务请求邮箱时，需要调用函数 OSMboxPend()。该函数的原型如下：

```
void  * OSMboxPend (
                    OS_EVENT * pevent,        //请求消息邮箱指针
                    INT16U timeout,           //等待时限
                    INT8U * err               //错误信息
                    );
```

它的主要作用就是查看邮箱指针 OSEventPtr 是否为 NULL。如果不是 NULL，则把邮箱中的消息指针返回给调用函数的任务，当函数参数 err 为 OS_NO_ERR 时，表示任务获取消息成功；如果邮箱指针 OSEventPtr 是 NULL，则使任务进入等待状态，并引发一次任务调度。

请求邮箱的另一个函数为 OSMboxAccept()。该函数的原型如下：

```
void  * OSMboxAccept (
                    OS_EVENT * pevent         //消息邮箱指针
                    );
```

函数 OSMboxAccept()与 OSMboxPend()的区别在于，调用函数 OSMboxAccept()失败时，任务不进行等待而继续运行。函数 OSMboxAccept()的返回值为消息指针。

4. 查询邮箱的状态

任务可调用函数 OSMboxQuery()查询邮箱的当前状态,并把相关信息存放在一个结构 OS_MBOX_DATA 中。

```
INT8U  OSMboxQuery (
                    OS_EVENT * pevent,          //消息邮箱指针
                    OS_MBOX_DATA * pdata        //存放邮箱信息的结构
                    );
```

OS_MBOX_DATA 结构如下:

```
typedef struct
{
    void    * OSMsg;
    INT8U   OSEventTbl[OS_EVENT_TBL_SIZE];
    INT8U   OSEventGrp;
} OS_MBOX_DATA;
```

5. 删除邮箱

任务可调用函数 OSMboxDel()来删除一个邮箱。该函数的原型如下:

```
OS_EVENT   * OSMboxDel (
                    OS_EVENT * pevent,         //消息邮箱指针
                    INT8U opt,                 //删除选项
                    INT8U * err                //错误信息
                    );
```

例 5-8 设计一个应用程序,该程序有 MyTask 和 YouTask 两个任务,在任务 MyTask 中用一个变量 Times 记录任务 MyTask 的运行次数,并将其作为消息用邮箱 Str_Box 发给任务 YouTask 并由任务 YouTask 显示出来。

答 应用程序主要代码如下:

```
/*************************Test*************************/
#include "includes.h"
#define  TASK_STK_SIZE    512                      //任务堆栈长度
OS_STK    StartTaskStk[TASK_STK_SIZE];             //定义任务堆栈区
OS_STK    MyTaskStk[TASK_STK_SIZE];                //定义任务堆栈区
OS_STK    YouTaskStk[TASK_STK_SIZE];               //定义任务堆栈区
INT16S    key;                                     //用于退出的键
char * s;
char * ss;
INT8U err;
```

```
  INT8U y = 0;                                          //字符显示位置
INT32U Times = 0;
OS_EVENT * Str_Box;                                     //定义事件控制块指针
void  StartTask(void * data);                           //声明起始任务
void  MyTask(void * data);                              //声明任务
void  YouTask(void * data);                             //声明任务
/************************主函数************************/
void  main (void)
{
    OSInit();                                           //初始化 μC/OS-II
    ......
    Str_Box = OSMboxCreate ((void * )0);                //创建消息邮箱
    OSTaskCreate(StartTask,                             //创建任务 StartTask
                (void * )0,
                &StartTaskStk[TASK_STK_SIZE-1],
                0);                                     //任务的优先级别为 0
    OSStart();                                          //启动多任务管理
}
/************************任务 StartTask************************/
void  StartTask (void * pdata)
{
......
    OSStatInit();                                       //初始化统计任务
    OSTaskCreate(MyTask,                                //创建任务 MyTask
                (void * )0,
                &MyTaskStk[TASK_STK_SIZE-1],
                3);                                     //任务的优先级别为 3
    OSTaskCreate(YouTask,                               //创建任务 YouTask
                (void * )0,
                &YouTaskStk[TASK_STK_SIZE-1],
                4);                                     //任务的优先级别为 4
    for (;;)
    {
    //如果按下 ESC 键,则退出 μC/OS-II
        if (PC_GetKey(&key) == TRUE)
        {
            if (key == 0x1B)
            {
                PC_DOSReturn();
```

```
            }
        }
        OSTimeDlyHMSM(0, 0, 3, 0);                    //等待 3 s
    }
}
/***************************任务 MyTask***************************/
void  MyTask (void * pdata)
{
#if OS_CRITICAL_METHOD == 3
    OS_CPU_SR  cpu_sr;
#endif
    pdata = pdata;

    for (;;)
    {
        sprintf(s,"%d" ,Times);                       //记录运行次数
        OSMboxPost(Str_Box,s);                        //发送消息
        Times ++ ;
        OSTimeDlyHMSM(0, 0, 1, 0);                    //等待 1 s
    }
}
/***************************任务 YouTask***************************/
void  YouTask (void * pdata)
{
#if OS_CRITICAL_METHOD == 3
    OS_CPU_SR  cpu_sr;
#endif
    pdata = pdata;

    for (;;)
    {
        ss = OSMboxPend(Str_Box,10,&err);             //请求消息邮箱
        PC_DispStr(10, ++y,
                   ss,
                   DISP_BGND_BLACK + DISP_FGND_WHITE);
        OSTimeDlyHMSM(0, 0, 1, 0);                    //等待 1 s
    }
}
/***************************End***************************/
```

例 5－8 应用程序的运行结果见图 5－20。

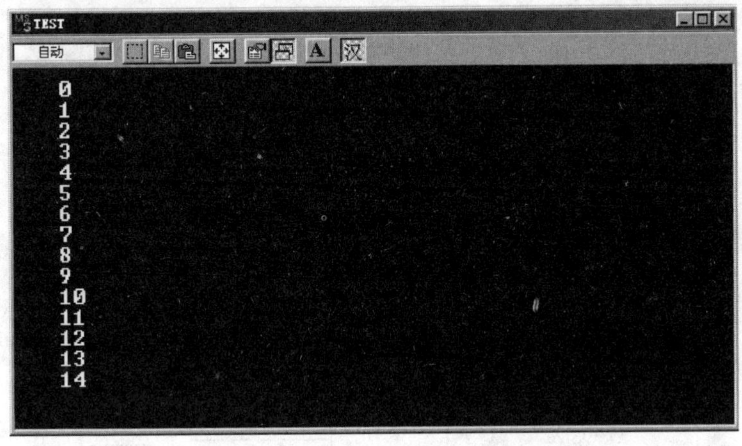

图 5－20 例 5－8 应用程序的运行结果

5.6 消息队列及其操作

5.6.1 消息队列

使用消息队列可在任务之间传递多条消息。消息队列由三部分组成：事件控制块、消息队列和消息。

当事件控制块成员 OSEventType 值为 OS_EVENT_TYPE_Q 时，该事件控制块代表一个消息队列。

消息队列的数据结构如图 5－21 所示。从图中可以看到，消息队列相当于一个共用一个任务等待列表的消息邮箱数组，事件控制块成员 OSEventPtr 指向一个叫做队列控制块(OS_Q)的结构，该结构管理着一个数组 MsgTbl[]，该数组中的元素都是指向消息的指针。

1. 消息指针数组

消息队列的核心部件为消息指针数组。图 5－22 表示消息指针数组的结构，其中各参数的含义见表 5－3。

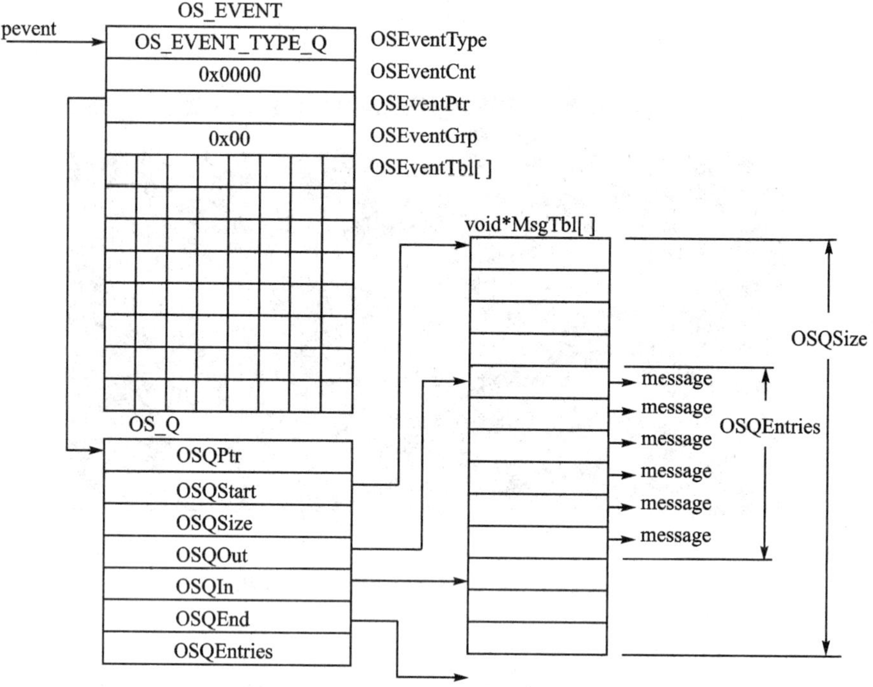

图 5－21　消息队列的数据结构

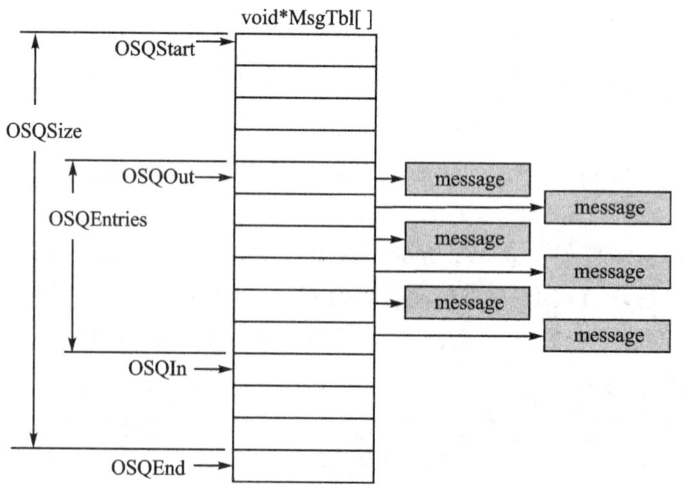

图 5－22　消息指针数组的结构

表 5-3　图 5-22 中各参数的含义

参　数	说　明
OSQSize	数组的长度
OSQEntries	已存放消息指针的元素数目
OSQStart	指针，指向消息指针数组的起始地址
OSQEnd	指针，指向消息指针数组结束单元的下一个单元。它使得数组构成了一个循环的缓冲区
OSQIn	指针，指向插入一条消息的位置。当它移动到与 OSQEnd 相等时，被调整到指向数组的起始单元
OSQOut	指针，指向被取出消息的位置。当它移动到与 OSQEnd 相等时，被调整到指向数组的起始单元

其中，OSQIn 和 OSQOut 为可移动指针；OSQStart 和 OSQEnd 为常指针。当可移动指针 OSQIn 或 OSQOut 移动到数组末尾，也就是与 OSQEnd 相等时，可移动的指针将会被调整到数组的起始位置 OSQStart。也就是说，从效果上看，指针 OSQEnd 与 OSQStart 等值。于是，这个由消息指针构成的数组就头尾衔接起来形成了一个如图 5-23 所示的循环队列。

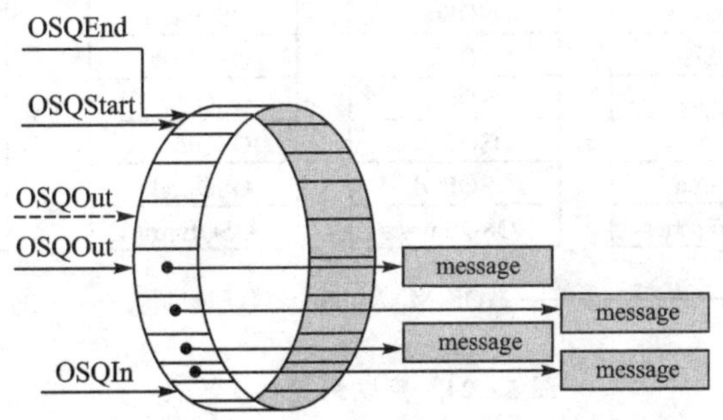

图 5-23　消息指针数组是一个环形的数据缓冲区

可用 2 种方式向指针数组插入消息：先进先出的 FIFO 方式和后进先出的 LIFO 方式。当采用先进先出（FIFO）方式时，消息队列将在指针 OSQIn 指向的位置插入消息指针，而 OSQOut 指向的消息指针为输出；当采用后进先出（LIFO）方式时，则只使用指针 OSQOut，当向队列插入消息指针时，指针 OSQOut 将先移动到图 5-23 所示的位置（虚线所示），再按指针 OSQOut 指向的位置插入消息指针，输出时则指针 OSQOut 不需要移动，其指向就是输出。

2. 队列控制块

为了对图 5-22 所示的消息指针数组进行有效的管理，μC/OS-II 把消息指针数组的基本参数都记录在一个叫做队列控制块的结构中。队列控制块的结构如下：

```
typedef struct os_q
{
    struct os_q * OSQPtr;
    void * * OSQStart;
    void * * OSQEnd;
    void * * OSQIn;
    void * * OSQOut;
    INT16U  OSQSize;
    INT16U  OSQEntries;
} OS_Q;
```

在 μC/OS－II 初始化时，系统将按文件 OS_CFG. H 中的配置常数 OS_MAX_QS 定义 OS_MAX_QS 个队列控制块，并用队列控制块中的指针 OSQPtr 将所有队列控制块链接为链表。由于这时还没有使用它们，因此这个链表叫做空队列控制块链表。空队列控制块链表如图 5－24 所示。

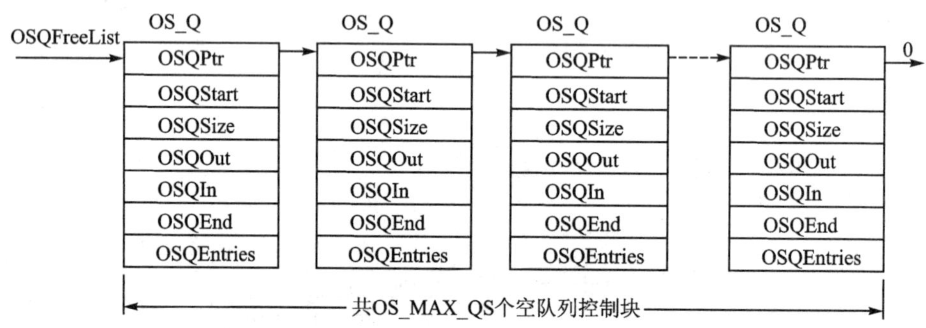

图 5－24　空队列控制块链表

每当任务创建一个消息队列时，就会在空队列控制块链表中摘取一个控制块供消息队列来使用，并令该消息队列事件控制块中的指针 OSEventPtr 指向这个队列控制块；而当任务释放一个消息队列时，就会将该消息队列使用的队列控制块归还空队列控制块链表。

5.6.2　消息队列的操作

1. 创建消息队列

创建一个消息队列首先需要定义一个指针数组，然后把各个消息数据缓冲区的首地址存入这个数组中，最后再调用函数 OSQCreate()来创建消息队列。创建消息队列函数 OSQCreate()的原型如下：

```
OS_EVENT OSQCreate(
                    void * * start,      //指针数组的地址
                    INT16U size          //数组长度
                    );
```

函数中的参数 start 为存放消息缓冲区指针数组的地址;参数 size 为该数组的大小。函数的返回值为消息队列的指针。

函数 OSQCreate()首先从空闲队列控制块链表摘取一个控制块并按参数 start 和 size 填写诸项,然后把消息队列初始化为空(即其中不包含任何消息)。

2. 请求消息队列

请求消息队列的目的是从消息队列中获取消息。任务请求消息队列需要调用函数 OSQPend()。该函数的原型如下:

```
void * OSQPend(
               OS_EVENT * pevent,      //所请求的消息队列的指针
               INT16U timeout,         //等待时限
               INT8U * err             //错误信息
               );
```

函数的返回值为消息指针。

函数的参数 pevent 是要访问的消息队列事件控制块的指针;参数 timeout 是任务等待时限。

函数需要通过访问事件控制块的成员 OSEventPtr 指向的队列控制块 OS_Q 的成员 OSQEntries 来判断是否有消息可用。如果有消息可用,则返回 OS_Q 成员 OSQOut 指向的消息,同时调整指针 OSQOut,使之指向下一条消息并把有效消息数的变量 OSQEntries 减 1;如果无消息可用(即 OSQEntries=0),则使用调用函数 OSQPend()的任务挂起,使之处于等待状态并引发一次任务调度。

如果希望任务无等待地请求一个消息队列,则可调用函数 OSQAccept()。该函数的原型如下:

```
void OSQAccept(
               OS_EVENT * pevent      //所请求的消息队列的指针
               );
```

3. 向消息队列发送消息

任务需要通过调用函数 OSQPost()或 OSQPostFront()来向消息队列发送消息。

其中,函数 OSQPost()以 FIFO(先进先出)的方式组织消息队列;函数 OSQPostFront()以 LIFO(后进先出)的方式组织消息队列。这两个函数的原型分别如下:

```
INT8U OSQPost(
            OS_EVENT * pevent,              //消息队列的指针
            void * msg                      //消息指针
            );
```

和

```
INT8U OSQPost Front(
                OS_EVENT * pevent,              //消息队列的指针
                void * msg                      //消息指针
                );
```

函数中的参数 msg 为待发消息的指针。

如果任务希望以广播的方式通过消息队列发送消息，则需要调用函数 OSQPostOpt()。该函数的原型如下：

```
INT8U OSQPostOpt(
              OS_EVENT * pevent,              //消息队列指针
              void * msg,                     //消息指针
              INT8U opt                       //广播选项
              );
```

调用这个函数发送消息时，如果参数 opt 的值为 OS_POST_OPT_BROADCAST，则凡是等待该消息队列的所有任务都会收到消息。

例 5－9 下面是一个应用消息队列进行通信的应用程序，运行该程序并观察其运行结果。

答 应用程序代码如下：

```
/*************************Test*************************/
#include "includes.h"
#define  TASK_STK_SIZE    512                   //任务堆栈长度
#define  N_MESSAGES       128                   //定义消息队列长度
OS_STK   StartTaskStk[TASK_STK_SIZE];           //定义任务堆栈区
OS_STK   MyTaskStk[TASK_STK_SIZE];              //定义任务堆栈区
OS_STK   YouTaskStk[TASK_STK_SIZE];             //定义任务堆栈区
INT16S   key;                                   //用于退出的键
char * ss;
char * s100;
char * s;
char * s500;
```

```
void * MsgGrp[N_MESSAGES];                              //定义消息指针数组
INT8U err;
INT8U y = 0;                                            //字符显示位置
OS_EVENT * Str_Q;                                       //定义事件控制块
void  StartTask(void * data);                           //声明起始任务
void  MyTask(void * data);                              //声明任务
void  YouTask(void * data);                             //声明任务
/**************************主函数**************************/
void  main (void)
{
    OSInit();                                           //初始化μC/OS-II
    PC_DOSSaveReturn();                                 //保存DOS环境
    PC_VectSet(uCOS, OSCtxSw);                          //安装μC/OS-II中断
    Str_Q = OSQCreate (&MsgGrp[0],N_MESSAGES);          //创建消息队列
    OSTaskCreate(StartTask,                             //创建任务StartTask
                 (void * )0,
                 &StartTaskStk[TASK_STK_SIZE - 1],
                 0);
    OSStart();                                          //启动多任务管理
}
/**************************任务StartTask**************************/
void  StartTask (void * pdata)
{
#if OS_CRITICAL_METHOD == 3
    OS_CPU_SR  cpu_sr;
#endif
    pdata = pdata;
    OS_ENTER_CRITICAL();
    PC_VectSet(0x08, OSTickISR);                        //安装时钟中断向量
    PC_SetTickRate(OS_TICKS_PER_SEC);                   //设置μC/OS-II时钟频率
    OS_EXIT_CRITICAL();
    OSStatInit();                                       //初始化统计任务
    OSTaskCreate(MyTask,                                //创建任务MyTask
                 (void * )0,
                 &MyTaskStk[TASK_STK_SIZE - 1],
                 3);
    OSTaskCreate(YouTask,                               //创建任务YouTask
                 (void * )0,
                 &YouTaskStk[TASK_STK_SIZE - 1],
```

```
                4);
    s = "这个串能收到几次?";
    OSQPostFront(Str_Q,s);                              //发送消息

    for (;;)
    {
    if(OSTimeGet()>100 && OSTimeGet()<500)
    {
        s100 = "现在 OSTime 的值在 100 到 500 之间";
        OSQPostFront(Str_Q,s100);                       //发送消息
        s = "这个串是哪个任务收到的?";
        OSQPostFront(Str_Q,s);                          //发送消息

    }
    if(OSTimeGet()>5000 && OSTimeGet()<5500)
    {
        s500 = "现在 OSTime 的值在 5000 到 5500 之间";
        OSQPostFront(Str_Q,s500);                       //发送消息
    }
    //如果按下 ESC 键,则退出 μC/OS-II
    if (PC_GetKey(&key) == TRUE)
    {
            if (key == 0x1B)
        {
                PC_DOSReturn();
            }
        }
        OSTimeDlyHMSM(0, 0, 1, 0);                      //等待 1 s
    }
}
/**************************任务 MyTask***************************/
void  MyTask (void * pdata)
{
#if OS_CRITICAL_METHOD == 3
    OS_CPU_SR  cpu_sr;
#endif
    pdata = pdata;

    for (;;)
```

```
    {
        ss = OSQPend(Str_Q,0,&err);                //请求消息队列
        PC_DispStr(10, ++y,
                   ss,
                   DISP_BGND_BLACK + DISP_FGND_WHITE );
        OSTimeDlyHMSM(0, 0, 1, 0);                 //等待 1 s
    }
}
/*************************任务 YouTask*************************/
void  YouTask (void * pdata)
{
#if OS_CRITICAL_METHOD == 3
    OS_CPU_SR  cpu_sr;
#endif
    pdata = pdata;
    for (;;)
    {
        ss = OSQPend(Str_Q,0,&err);                //请求消息队列
        PC_DispStr(10, ++y,
                   ss,
                   DISP_BGND_BLACK + DISP_FGND_WHITE );
        OSTimeDlyHMSM(0, 0, 1, 0);                 //等待 1 s
    }
}
/*************************End*************************/
```

例 5 - 9 应用程序的运行结果如图 5 - 25 所示。

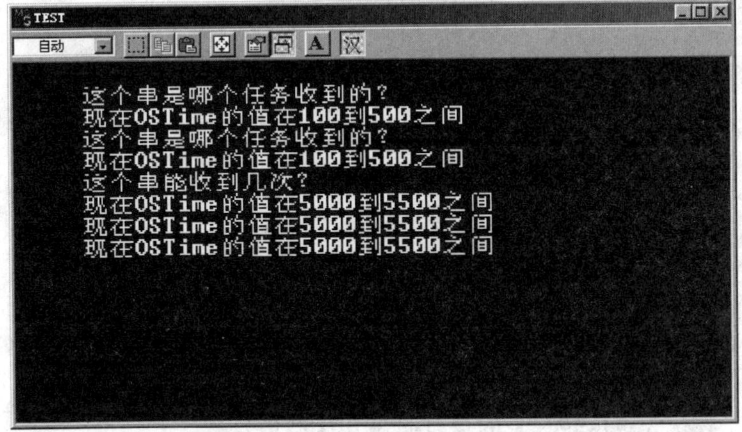

图 5 - 25　例 5 - 9 应用程序的运行结果

4. 清空消息队列

任务可以通过调用函数 OSQFlush()来清空消息队列。该函数的原型如下：

```
INT8U OSQFlush(
                    OS_EVENT * pevent       //消息队列指针
                    );
```

5. 删除消息队列

任务可以通过调用函数 OSQDel()来删除一个已存在的消息队列。该函数的原型如下：

```
OS_EVENT * OSQDel(
                    OS_EVENT * pevent       //消息队列指针
                    );
```

6. 查询消息队列

任务可以通过调用函数 OSQQuery()来查询一个消息队列的状态。该函数的原型如下：

```
INT8U OSQQuery(
                    OS_EVENT * pevent,      //消息队列指针
                    OS_Q_DATA * pdata       //存放状态信息的结构
                    );
```

函数中的参数 pdata 是 OS_Q_DATA * pdata 类型的指针。OS_Q_DATA * pdata 的结构如下：

```
typedef struct {
    void        * OSMsg;
    INT16U      OSNMsgs;
    INT16U      OSQSize;
    INT8U       OSEventTbl[OS_EVENT_TBL_SIZE];
    INT8U       OSEventGrp;
} OS_Q_DATA;
```

函数 OSQQuery()的查询结果就放在以 OS_Q_DATA 为类型的变量中。

5.7 小　结

- 在 μC/OS－II 中,信号量是表明一个共享资源被使用情况的标志,该标志实质上是一个计数器。如果计数器的初值大于 1,则叫做信号量;如果计数器的值只能为 1 和 0 两个数值,则叫做信号。
- 能防止出现优先级反转现象的信号叫做互斥型信号量。

- 消息邮箱是能在任务之间传递消息指针的数据结构。
- 消息队列是能在任务之间传递一组消息指针的数据结构。
- 信号量、消息邮箱和消息队列都叫做“事件”，每个事件都有一个用来记录等待事件的任务的表——等待任务表，而任务的等待时限则记录在 OSTCBDly 中。
- μC/OS-II 统一用事件控制块来描述各种事件。
- 通过事件发送事件，获取事件信息叫做请求事件。
- 操作系统中各任务之间的同步与通信是通过各种各样的事件来完成的。

5.8 练习题

1. 叙述信号量的工作过程。
2. 使用信号量可在应用程序中完成哪些工作？
3. 什么叫优先级反转现象？这种现象会在什么情况下发生？有什么危害？
4. 互斥型信号量是如何防止优先级反转现象出现的？
5. 什么叫消息邮箱？
6. 能否使用全局变量来实现任务间的通信？如果可以，它有什么缺点？
7. 使用消息邮箱实现任务之间的通信有什么好处？
8. 什么是消息队列？
9. 想一想，在应用程序中消息队列都可以做些什么工作？

第6章　信号量集

在实际应用中，任务常常需要根据多个信号量组合作用的结果来决定任务的运行方式，为此，提供了信号量集。

本章的主要内容有：

- 信号量集的基本概念和信号量集的结构；
- 操作等待任务链表的函数；
- 任务可以调用的信号量集操作函数。

6.1　信号量集的结构

6.1.1　基本概念

从第5章的介绍中已经知道，信号量（特别是二值型信号量）实质上就是一种条件标志，任务请求信号量操作等同于下面的语句：

```
if(信号量值>0)
    进行下面的操作；
else
    等待；
```

即，信号量代表了程序继续运行所需要的前提条件，只不过这个条件满足与否通常要取决于其他任务的行为。这正像我们要买一件衣服一样，买衣服的操作是否能够完成，取决于老板是否已经把工资付给了你。其实，再深入思考一下就会知道，能否实施买衣服的操作，除了需要钱之外，有时还取决于服装商店是否在营业。如果用伪代码来表示，则为：

```
if(钱>0&& 商店==open)
    买衣服；
else
```

等待;

显然,还应该有更复杂的情况。例如:

```
if(钱>0&&((服装店 1==open)||(服装店 2==open)))
    买衣服;
else
    等待;
```

也就是说,在程序中一个任务的操作能否实施,常常需要由多个信号量的逻辑运算结果作为前提条件。为了处理此类问题,μC/OS-II 提供了可以处理多个信号量的信号量集。其示意图如图 6-1 所示。

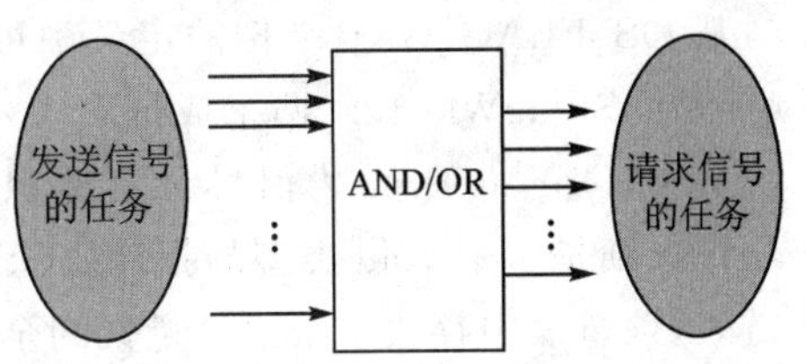

图 6-1 信号量集的示意图

从图中可以看到,信号量集实质上就是一个多输入、多输出的组合逻辑。其输入为其他任务发出的多个信号,而输出则是这多个输入逻辑运算的结果。

目前,μC/OS-II 信号量集可以对信号量进行"与(AND 或 ALL)"和"或(OR 或 ANY)"两种逻辑运算。

6.1.2 信号量集的结构组成

从总体上看,μC/OS-II 把信号量集的功能分成了两部分:标志组和等待任务链表。标志组存放了信号量集的所有信号,而等待任务链表中的每个节点都对应着一个叫做 OS_FLAG_NODE 的结构。

OS_FLAG_NODE 结构实质上就是等待任务控制块。也就是说,μC/OS-II 信号量集由一个标志组和多个等待任务控制块组成。

1. 信号量集的标志组

所谓标志组,其实更应该叫做输入信号标志组,其主要组成部分就是一个叫做信号列表的二进制数 OSFlagFlags。OSFlagFlags 其实就是一个位图,其长度可在系统配置文件 OS_CFG. H 中来定制,系统默认定义为 16 位。该位图每一位都对应一个信号量,位图的作用就是用来接收并保存其他任务所发送来的信号量值,所以它也可看作是输入信号暂存器。

OSFlagFlags 的图形表示如图 6-2 所示。

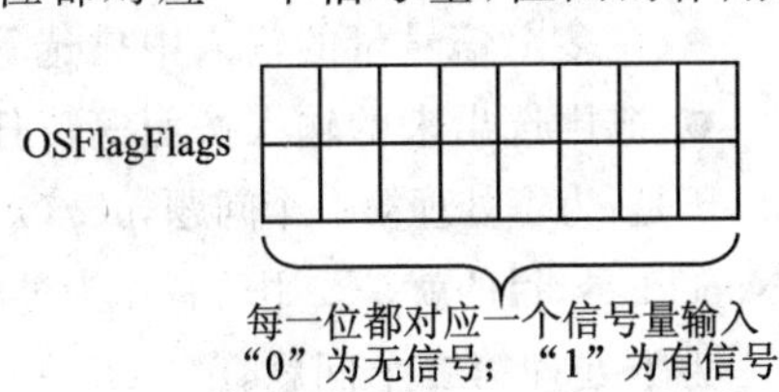

图 6-2 OSFlagFlags 的图形表示

与操作系统中的其他设施一样,信号量集也应该有一个控制块,而且这个控制块应该以 OSFlagFlags 作为重要成员之一。由于 OSFlagFlags 存放了输入信号量的值，所以 μC/OS-II 将这个控制块叫做了“标志组”。与其他控制块类似，标志组也是一个结构。其定义如下：

```
typedef struct{
    INT8U       OSFlagType;         //识别是否为信号量集的标志
    void        * OSFlagWaitList;   //指向等待任务链表的指针
    OS_FLAGS    OSFlagFlags;        //输入信号量值列表
}OS_FLAG_GRP;
```

从 OS_FLAG_GRP 结构的定义中可见，除了核心成员 OSFlagFlags 之外，还有 OSFlagType 和 OSFlagWaitList 两个成员。

其中，OSFlagType 为信号量集标识，其值固定为 OS_EVENT_TYPE_FLAG；OSFlagWaitList 则是一个 void 类型的指针。OSFlagWaitList 指针有两种用途，其主要用途是指向一个链表，该链表中存放了给信号量集的全部等待任务。

综上所述，一个信号量集的标志组结构 OS_FLAG_GRP 如图 6-3 所示。

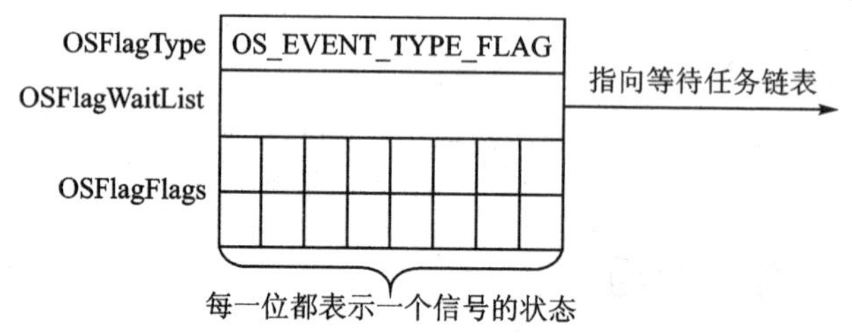

图 6-3 标志组 OS_FLAG_GRP 的图形表示

2. 等待任务

所谓等待任务，就是那些已经向信号量集发出了请求操作的任务。

与只需接收一个信号量值的一般信号量等待任务相比，信号量集等待任务需要做的操作要多得多，所以对于等待任务的记录不能只使用那个简单的位图了。

那么信号量集等待任务的操作究竟有什么复杂的呢？原来信号量集的标志组只保存了各输入信号量的值，至于如何对这些值进行处理应该是等待任务的事情，于是等待任务就必须来完成以下两个操作：

- 在多个信号量的输入中挑选等待任务感兴趣的输入。
- 把挑选出来的输入按照等待任务所希望的逻辑来运算，以得出输出。

于是，为了处理第一个问题，μC/OS-II 定义了长度与输入标志列表 OSFlagFlags 相等的 OSFlagNodeFlags，目的就是要用后者作为过滤器从输入标志列表筛选出等待任务感兴趣的输入。

为了处理第二个问题，μC/OS-II 又定义了一个 OSFlagNodeWaitType 变量来指定对筛选出来的信号的逻辑运算。

OSFlagNodeWaitType 的可选值及其意义见表 6-1。

表 6-1 OSFlagNodeWaitType 的可选值及其意义

常 数	信号有效状态	等待任务的就绪条件
OS_FLAG_WAIT_CLR_ALL 或 OS_FLAG_WAIT_CLR_AND	0	信号全部有效(全 0)
OS_FLAG_WAIT_CLR_ANY 或 OS_FLAG_WAIT_CLR_OR	0	信号有 1 个或 1 个以上有效(有 0)
OS_FLAG_WAIT_ SET_ALL 或 OS_FLAG_WAIT_ SET _AND	1	信号全部有效(全 1)
OS_FLAG_WAIT_ SET_ANY 或 OS_FLAG_WAIT_ SET _OR	1	信号有 1 个或 1 个以上有效(有 1)

OSFlagFlags(为了简单,这里为 8 位)、OSFlagNodeFlags、OSFlagNodeWaitType 三者之间的关系如图 6-4 所示。

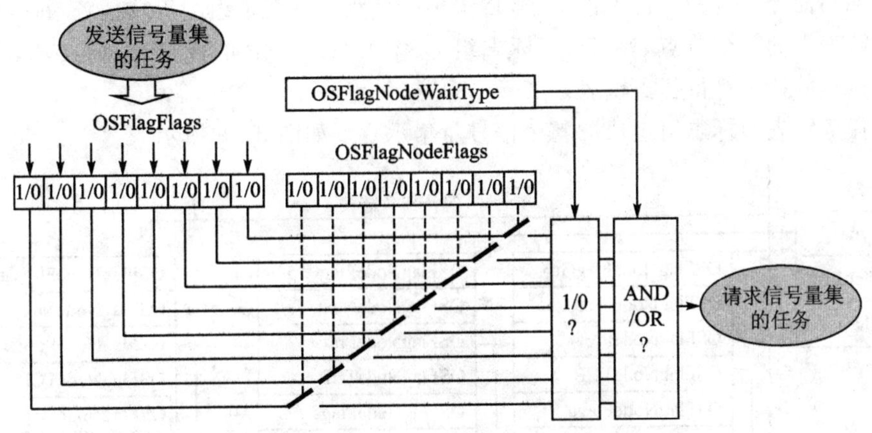

图 6-4 标志组与等待任务共同完成信号量集的逻辑运算及控制

综上所述,为了描述信号量集的等待任务,μC/OS-II 在上面所介绍的 OSFlagNode-Flags、OSFlagNodeWaitType 两个数据基础上,又增加了一些其他辅助数据,从而形成数据结构 OS_FLAG_NODE。

OS_FLAG_NODE 结构的定义如下:

```
typedef struct {
    void            * OSFlagNodeNext;         //指向下一个节点的指针
    void            * OSFlagNodePrev;         //指向前一个节点的指针
    void            * OSFlagNodeTCB;          //指向对应任务的任务控制块的指针
    void            * OSFlagNodeFlagGrp;      //反向指向信号量集的指针
    OS_FLAGS        OSFlagNodeFlags;          //信号过滤器
    INT8U           OSFlagNodeWaitType;       //定义逻辑运算关系的数据
} OS_FLAG_NODE;
```

由于关联了任务控制块,所以该结构也可看作信号量集等待任务控制块。

OS_FLAG_NODE 结构的图形表示如图 6-5 所示。

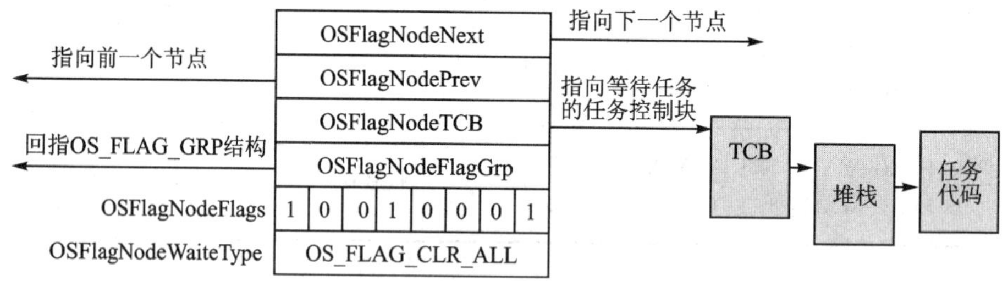

图 6-5 信号量集等待任务的图形表示

3. 等待任务链表

与其他前面介绍过的事件不同,信号量集用一个双向链表来组织等待任务,每一个等待任务都是该链表中的一个节点(Node)。标志组 OS_FLAG_GRP 的成员 OSFlagWaitList 就指向了信号量集的这个等待任务链表。

等待任务链表与标志组组成的整个信号量集示意图如图 6-6 所示。

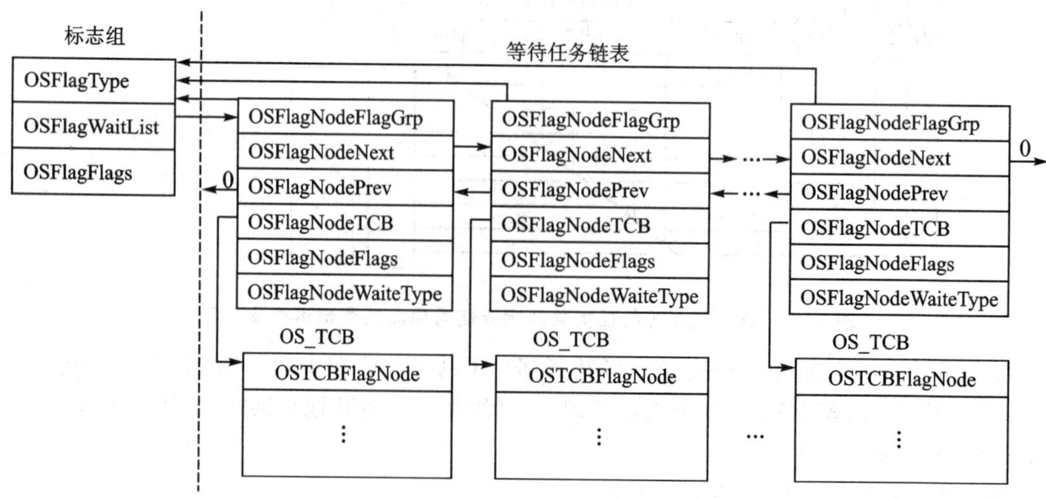

图 6-6 信号量集结构图

6.1.3 对等待任务链表的操作

μC/OS-II定义了两个对等待任务链表的基本操作——添加节点和删除节点，以供对信号量集操作的函数调用。

1. 添加节点

给等待任务链表添加节点的函数为OS_FlagBlock()。该函数的原型如下：

```
static  void  OS_FlagBlock (
                    OS_FLAG_GRP * pgrp,         //信号量集指针
                    OS_FLAG_NODE * pnode,       //待添加的等待任务节点指针
                    OS_FLAGS flags,             //指定等待信号的数据
                    INT8U wait_type,            //信号与等待任务之间的逻辑
                    INT16U timeout              //等待时限
                    );
```

这个函数将在请求信号量集函数OSFlagPend()中被调用。

2. 删除节点

从等待任务链表中删除一个节点的函数为OS_FlagUnlink()。该函数的原型如下：

```
void  OS_FlagUnlink (OS_FLAG_NODE * pnode);
```

这个函数将在发送信号量集函数OSFlagPost()中被调用。

6.1.4 空标志组链表

在μC/OS-II初始化时，系统会根据在文件OS_CFG.H中定义的常数OS_MAX_FLAGS创建OS_MAX_FLAGS个标志组，并借用成员OSFlagWaitList作为指针把这些标志组链接成一个单向链表。由于这个链表中的各个标志组还未被真正创建，因此这个链表叫做空标志组链表。

空标志组链表的头指针存放在系统全局变量OSFlagList中，每当应用程序创建一个信号量集时就从这个链表中取一个标志组，并移动头指针OSFlagList，使之指向下一个空标志组。

空标志组链表的结构如图6-7所示。

图 6-7　空信号量集标志组链表

6.2　信号量集的操作

6.2.1　创建信号量集

任务可以通过调用函数 OSFlagCreate()来创建一个信号量集。该函数原型如下：

```
OS_FLAG_GRP  * OSFlagCreate (
                              OS_FLAGS flags,      //信号的初始值
                              INT8U * err          //错误信息
                              );
```

函数 OSFlagCreate()的源代码如下：

```
OS_FLAG_GRP  * OSFlagCreate (OS_FLAGS flags, INT8U * err)
{
#if OS_CRITICAL_METHOD == 3
    OS_CPU_SR     cpu_sr;
#endif
    OS_FLAG_GRP * pgrp;
    if (OSIntNesting > 0)
    {
        * err = OS_ERR_CREATE_ISR;
        return ((OS_FLAG_GRP * )0);
    }
    OS_ENTER_CRITICAL();
    pgrp = OSFlagFreeList;
    if (pgrp != (OS_FLAG_GRP * )0)
    {
        OSFlagFreeList
```

```
                = (OS_FLAG_GRP *)OSFlagFreeList -> OSFlagWaitList;
        pgrp -> OSFlagType = OS_EVENT_TYPE_FLAG;
        pgrp -> OSFlagFlags = flags;
        pgrp -> OSFlagWaitList = (void *)0;
        OS_EXIT_CRITICAL();
        *err = OS_NO_ERR;
    }
    else
    {
        OS_EXIT_CRITICAL();
        *err = OS_FLAG_GRP_DEPLETED;
    }
    return (pgrp);
}
```

从函数的源代码中可知，创建信号量集的函数主要做了两项工作：一是从空标志组链表中取下一个标志组，同时给成员 OSFlagType 和 OSFlagFlags 赋初值；二是令指向等待任务链表的指针 OSFlagWaitList 为空指针。

在实际应用中，OSFlagFlags 可以根据需要赋值。

创建一个信号量集分为两个步骤：首先要定义一个全局的 OS_FLAG_GRP 类型的指针，然后在应用程序需要创建信号量集的位置调用函数 OSFlagCreate()。例如：

```
OS_FLAG_GRP   *FlagPtr;
INT8U err;

void main(void)
{
    ……
    OSInit();
    ……
    FlagPtr = OSFlagCreate (
                            (OS_FLAGS)0,          //所有信号的初始值为 0
                            &err
                            );
    ……
}
```

调用创建信号量集 OSFlagCreate()成功后，该函数返回的是这个信号量集标志组的指针，应用程序可以用这个指针对信号量集进行相应的操作。

6.2.2 请求信号量集

任务可以通过调用函数 OSFlagPend()请求一个信号量集。该函数的原型如下：

```
OS_FLAGS  OSFlagPend (
                    OS_FLAG_GRP * pgrp,      //所请求的信号量集指针
                    OS_FLAGS flags,          //滤波器
                    INT8U wait_type,         //逻辑运算类型
                    INT16U timeout,          //等待时限
                    INT8U * err              //错误信息
                        );
```

函数参数 flags 是用来给等待任务链表节点成员 OSFlagNodeFlags 赋值的；参数 wait_type 应该是表 6-1 所列举的 4 个常数之一。

函数调用成功后，将返回标志组成员 OSFlagFlags 的值。

任务也可通过调用函数 OSFlagAccept()无等待地请求一个信号量集。该函数的原型如下：

```
OS_FLAGS  OSFlagAccept (
                    OS_FLAG_GRP * pgrp,      //所请求的信号量集指针
                    OS_FLAGS flags,          //请求的信号
                    INT8U wait_type,         //任务就绪与信号之间的逻辑关系
                    INT8U * err              //错误信息
                        );
```

函数 OSFlagAccept()的参数除了少了一个等待时限 timeout 之外，其余与函数 OSFlag-Pend()的参数相同，其返回值也是标志组的成员 OSFlagFlags。

6.2.3 向信号量集发送信号

任务可以通过调用函数 OSFlagPost()向信号量集发送信号。该函数的原型如下：

```
OS_FLAGS  OSFlagPost (
                    OS_FLAG_GRP * pgrp,      //信号量集指针
                    OS_FLAGS flags,          //选择所要发送的信号
                    INT8U opt,               //信号有效的选项
                    INT8U * err              //错误信息
                        );
```

所谓任务向信号量集发送信号，就是对信号量集标志组中的信号进行置 1(置位)或置 0(复位)的操作。至于对信号量集中的哪些信号进行操作，由函数中的参数 flags 来指定；对指

定的信号是置 1 还是置 0，由函数中的参数 opt 来指定（opt = OS_FLAG_SET 为置 1 操作；opt = OS_FLAG_CLR 为置 0 操作）。

例如，要对信号量集 FlagPtr 发送信号，待发送的信号为 OSFlagFlags 中的第 0 位和第 3 位并且是要把它们置 1，则调用时的代码如下：

```
OS_FLAGS  OSFlagPost (
                        FlagPtr,                //信号量集指针
                        (OS_FLAGS ) 9,          //选择所要发送的信号
                        OS_FLAG_SET,            //信号有效的选项
                        &err                    //错误信息
                        );
```

例 6-1 设计一个有 3 个任务的应用程序，这 3 个任务分别叫做 MyTask、YouTask 和 HerTask。要求用一个信号量集来控制 MyTask 的运行，即任务 YouTask 发送一个信号，任务 HerTask 发送一个信号，当这两个任务都发送了信号之后，MyTask 才能运行。

答 应用程序的代码如下：

```
/************************Test************************/
#include "includes.h"
#define  TASK_STK_SIZE   512                     //任务堆栈长度
OS_STK   StartTaskStk[TASK_STK_SIZE];            //定义任务堆栈区
OS_STK   MyTaskStk[TASK_STK_SIZE];               //定义任务堆栈区
OS_STK   YouTaskStk[TASK_STK_SIZE];              //定义任务堆栈区
OS_STK   HerTaskStk[TASK_STK_SIZE];              //定义任务堆栈区
INT16S   key;                                    //用于退出的键
char * s1 = "MyTask 正在运行";
char * s2 = "YouTask 正在运行";
char * s3 = "HerTask 正在运行";
INT8U err;
INT8U y = 0;                                     //字符显示位置
OS_FLAG_GRP * Sem_F;
void  StartTask(void * data);                    //声明起始任务
void  MyTask(void * data);                       //声明任务
void  YouTask(void * data);                      //声明任务
void  HerTask(void * data);                      //声明任务
/************************主函数************************/
void  main (void)
{
    OSInit();                                    //初始化 μC/OS-II
    PC_DOSSaveReturn();                          //保存 DOS 环境
```

```
    PC_VectSet(uCOS, OSCtxSw);                          //安装中断
    Sem_F = OSFlagCreate (0,&err);                       //创建信号量集
    OSTaskCreate(StartTask,                             //创建任务 StartTask
                (void * )0,
                &StartTaskStk[TASK_STK_SIZE - 1],
                0);
    OSStart();                                          //启动多任务管理
}
/***********************任务 StartTask***********************/
void  StartTask (void * pdata)
{
#if OS_CRITICAL_METHOD == 3
    OS_CPU_SR  cpu_sr;
#endif
    pdata = pdata;
    OS_ENTER_CRITICAL();
    PC_VectSet(0x08, OSTickISR);                        //安装时钟中断向量
    PC_SetTickRate(OS_TICKS_PER_SEC);                   //设置时钟频率
    OS_EXIT_CRITICAL();
    OSStatInit();                                       //初始化统计任务
    OSTaskCreate(MyTask,                                //创建任务 MyTask
                (void * )0,
                &MyTaskStk[TASK_STK_SIZE - 1],
                3);
        OSTaskCreate(YouTask,                           //创建任务 YouTask
                (void * )0,
                &YouTaskStk[TASK_STK_SIZE - 1],
                4);
    OSTaskCreate(HerTask,                               //创建任务 HerTask
                (void * )0,
                &HerTaskStk[TASK_STK_SIZE - 1],
                5);
    for ( ; ; )
    {
    //如果按下 ESC 键,则退出 μC/OS - II
        if (PC_GetKey(&key) == TRUE)
        {
            if (key == 0x1B)
            {
```

```
                PC_DOSReturn();
            }
        }
        OSTimeDlyHMSM(0, 0, 3, 0);                                //等待 3 s
    }
}
/ * * * * * * * * * * * * * * * * * * * * * * * *任务 MyTask * * * * * * * * * * * * * * * * * * * * * * * */
void  MyTask (void * pdata)
{
#if OS_CRITICAL_METHOD == 3
    OS_CPU_SR  cpu_sr;
#endif
    pdata = pdata;
    for ( ; ; )
    {
        OSFlagPend(                                               //请求信号量集
            Sem_F,
            (OS_FLAGS)3,                                          //请求第 0 位和第 1 位信号
            OS_FLAG_WAIT_SET_ALL,                                 //信号都为 1 表示有效
            0,
            &err
                );
        PC_DispStr(10, ++y,
                s1,     DISP_BGND_BLACK + DISP_FGND_WHITE );
            OSTimeDlyHMSM(0, 0, 2, 0);                            //等待 2 s
    }
}
/ * * * * * * * * * * * * * * * * * * * * * * * *任务 YouTask * * * * * * * * * * * * * * * * * * * * * * * */
void  YouTask (void * pdata)
{
#if OS_CRITICAL_METHOD == 3
    OS_CPU_SR  cpu_sr;
#endif
    pdata = pdata;

    for ( ; ; )
    {
        PC_DispStr(10, ++y,
                s2,     DISP_BGND_BLACK + DISP_FGND_WHITE );
```

```
        OSTimeDlyHMSM(0, 0, 8, 0);                          //延时 8 s
        OSFlagPost(                                          //发送信号量集
                Sem_F,
                (OS_FLAGS)2,                                 //给第 1 位发送信号
                OS_FLAG_SET,                                 //信号置 1
                &err
                    );
        OSTimeDlyHMSM(0, 0, 2, 0);                          //等待 2 s
    }
}
/**********************任务 HerTask**********************/
void HerTask (void * pdata)
{
#if OS_CRITICAL_METHOD == 3
    OS_CPU_SR  cpu_sr;
#endif
    pdata = pdata;
    for ( ; ; )
    {
        PC_DispStr(10, ++y,
                s3,DISP_BGND_BLACK + DISP_FGND_WHITE );
        OSFlagPost(                                          //发送信号量集
                Sem_F,
                (OS_FLAGS)1,                                 //给第 0 位发送信号
                OS_FLAG_SET,                                 //信号置 1
                &err
        );
        OSTimeDlyHMSM(0, 0, 1, 0);                          //等待 1 s
    }
}
/************************End************************/
```

例 6-1 应用程序的运行结果如图 6-8 所示。

例 6-2 把例 6-1 中任务 MyTask 调用的请求信号量集函数 OSFlagPend()改为无等待请求函数 OSFlagAccept(),运行该程序后,观察运行结果并与例 6-2 应用程序的运行结果进行比较。

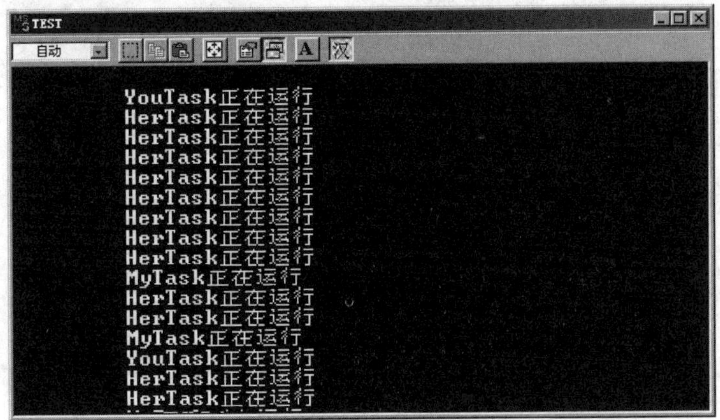

图 6-8 例 6-1 应用程序的运行结果

答 任务 MyTask 修改后的代码如下：

```
/ ************************* 任务 MyTask ************************* /
void  MyTask (void * pdata)
{
#if OS_CRITICAL_METHOD == 3
    OS_CPU_SR  cpu_sr;
#endif
    pdata = pdata;
    for (;;)
    {
        OSFlagAccept(                           //无等待地请求信号量集
                Sem_F,
                (OS_FLAGS)3,                    //请求第 0 位和第 1 位信号
                OS_FLAG_WAIT_SET_ALL,           //信号都为 1 表示有效
                &err
                    );
        PC_DispStr(10, ++y,
                s1,
                DISP_BGND_BLACK + DISP_FGND_WHITE );
        OSTimeDlyHMSM(0, 0, 2, 0);              //等待 2 s
    }
}
```

例 6-2 应用程序的运行结果如图 6-9 所示。

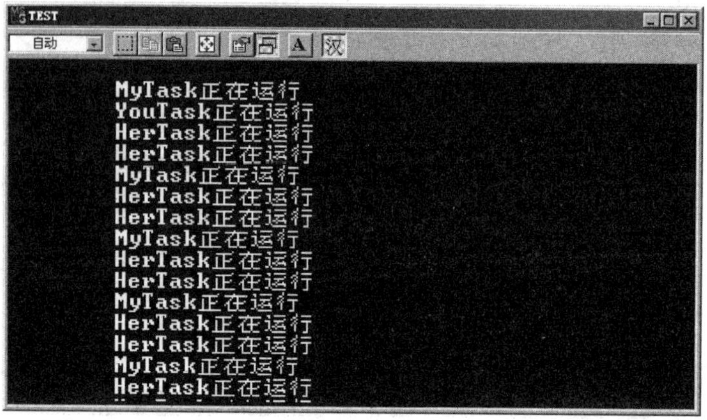

```
MyTask正在运行
YouTask正在运行
HerTask正在运行
HerTask正在运行
MyTask正在运行
HerTask正在运行
HerTask正在运行
MyTask正在运行
HerTask正在运行
HerTask正在运行
MyTask正在运行
HerTask正在运行
HerTask正在运行
MyTask正在运行
HerTask正在运行
```

图 6－9　例 6－2 应用程序的运行结果

6.2.4　查询信号量集的状态

调用函数 OSFlagQuery()可以查询一个信号量集的状态。该函数的原型如下：

```
OS_FLAGS  OSFlagQuery (
                         OS_FLAG_GRP * pgrp,      //待查询的信号量集的指针
                         INT8U * err;             //错误信息
                         );
```

函数的返回值为被查询信号量集标志组的成员 OSFlagFlags，应用程序可用它来完成一些更为复杂的控制。

例 6－3　修改例 6－2 应用程序，使任务 MyTask 可根据信号的不同状态实现不同的功能。

答　修改后 3 个任务的代码如下：

```
OS_FLAGS Flags;                                    //定义变量

/************************任务 MyTask************************/
void  MyTask (void * pdata)
{
#if OS_CRITICAL_METHOD == 3
    OS_CPU_SR  cpu_sr;
#endif
    pdata = pdata;
    for (;;)
    {
```

```
        Flags = OSFlagQuery(                    //查询信号量集的状态
                        Sem_F,
                        &err
                        );
    switch(Flags)
    {
    case 1:
        s1 = "第 0 位信号有效";
        PC_DispStr(10, ++y,
            s1,
            DISP_BGND_BLACK + DISP_FGND_WHITE );
        break;
    case 2:         s1 = "第 1 位信号有效";
        PC_DispStr(10, ++y,
            s1,
            DISP_BGND_BLACK + DISP_FGND_WHITE );
        break;
    case 3:
        s1 = "第 0 和第 1 位信号都有效";
        PC_DispStr(10, ++y,
            s1,
            DISP_BGND_BLACK + DISP_FGND_WHITE );
        break;
    }
    OSFlagPost(                                 //发送信号量集
            Sem_F,
            (OS_FLAGS)3,                        //给第 0、1 位发送信号
            OS_FLAG_CLR,                        //信号置 0
            &err
            );

        OSTimeDlyHMSM(0, 0, 2, 0);              //等待 2 s
    }
}
/**************************任务 YouTask**************************/
void  YouTask (void *pdata)
{
#if OS_CRITICAL_METHOD == 3
    OS_CPU_SR  cpu_sr;
#endif
    pdata = pdata;
    for (;;)
```

```
    {
        PC_DispStr(10, ++y,
                   s2,
                   DISP_BGND_BLACK + DISP_FGND_WHITE );
        OSTimeDlyHMSM(0, 0, 4, 0);                      //延时 8 s
        OSFlagPost(                                     //发送信号量集
                   Sem_F,
                   (OS_FLAGS)2,                         //给第 1 位发送信号
                   OS_FLAG_SET,                         //信号置 1
                   &err
                   );
        OSTimeDlyHMSM(0, 0, 2, 0);                      //等待 2 s
    }
}
/**************************任务 HerTask**************************/
void  HerTask (void * pdata)
{
#if OS_CRITICAL_METHOD == 3
    OS_CPU_SR  cpu_sr;
#endif
    pdata = pdata;
    for (;;)
    {
        PC_DispStr(10, ++y,
                   s3,
                   DISP_BGND_BLACK + DISP_FGND_WHITE );
        if(y<14)
        {
            OSFlagPost(                                 //发送信号量集
                       Sem_F,
                       (OS_FLAGS)1,                     //给第 0 位发送信号
                       OS_FLAG_SET,                     //信号置 1
                       &err
                       );
        }
        OSTimeDlyHMSM(0, 0, 1, 0);                      //等待 1 s
    }
}
/**************************End**************************/
```

例 6-3 应用程序的运行结果如图 6-10 所示。

图 6-10 例 6-3 应用程序的运行结果

6.2.5 删除信号量集

通过调用函数 OSFlagDel()可以删除一个信号量集。该函数的原型如下：

```
OS_FLAG_GRP   * OSFlagDel (
                              OS_FLAG_GRP  * pgrp,      //待删除的信号量集指针
                              INT8U opt, INT8U  * err; //错误信息
                                 );
```

6.3 小 结

- 信号量集实现了多个信号量的组合功能，它是一个多输入多输出系统，使一个任务可与多个任务进行同步。
- 信号量集的多个信号量输入值由标志组来存放，等待任务控制块对标志组中的输入信号进行过滤并实施逻辑运算，其结果就是等待任务所请求的信号量值。
- 每个信号量集都有一个等待任务链表，链表的每一个节点都通过任务控制块关联着一个任务。

6.4 练习题

1. 叙述信号量集的工作过程。
2. 使用信号量集可以在应用程序中完成哪些工作？

第7章　动态内存管理

应用程序在运行中为了某种特殊需要，经常需要临时获得一些内存空间，因此作为一个比较完善的操作系统，必须具有动态分配内存的能力。能否合理、有效地对内存储器进行分配和管理，是衡量一个操作系统品质的指标之一。特别是对于实时操作系统来说，还应该保证系统在动态分配内存时，它的执行时间必须是可确定的。μC/OS－II 改进了 ANSI C 用来动态分配和释放内存的函数 malloc()和 free()，使它们可以对大小固定的内存块进行操作，从而使函数 malloc()和 free()的执行时间成为可确定的，满足了实时操作系统的要求。

本章的主要内容有：

- μC/OS－II 对内存的分区及分块；
- 描述内存块的数据结构——内存控制块；
- 内存控制块与内存分区之间的关系；
- 对内存的操作。

7.1　内存控制块

μC/OS－II 对内存进行两级管理，即把一个连续的内存空间分为若干个分区，每个分区又分为若干个大小相等的内存块。操作系统以分区为单位来管理动态内存，而任务以内存块为单位来获得和释放动态内存。内存分区及内存块的使用情况则由内存控制块来记录。

7.1.1　可动态分配内存的划分

1. 内存块

μC/OS－II 以若干个数据单元组成一个内存块，内存块的大小可由用户定制。在 μC/OS－II 中，内存块是系统向应用程序提供动态内存的最小单位。

2. 内存分区

使用内存块来进行动态内存的管理显得过于零碎，因此 μC/OS－II 将多个内存块组成一个内存分区，从而把内存分区作为管理的基本单位。

3. 内存分区与内存块的定义

在内存中定义一个内存分区及其内存块的方法非常简单，只要定义一个二维数组即可。例如：

```
INT16U IntMemBuf[10][10];
```

就定义了一个用来存储 INT16U 类型数据的内存分区，这个内存分区含有 10 个内存块，每个内存块可以存放 10 个 INT16U 类型数据。

7.1.2 内存控制块 OS_MEM 的结构

作为可管理的系统对象，动态分配内存区也应该具有相应的控制块。只有把内存控制块与分区关联起来之后，系统才能对其进行相应的管理和控制，它才是一个真正的动态内存区。

内存控制块 OS_MEM 的定义如下：

```
typedef struct {
    void     * OSMemAddr;              //内存分区的指针
    void     * OSMemFreeList;          //内存控制块链表指针
    INT32U   OSMemBlkSize;             //内存块的长度
    INT32U   OSMemNBlks;               //分区内内存块的数目
    INT32U   OSMemNFree;               //分区内当前可分配的内存块的数目
} OS_MEM;
```

内存控制块与内存分区和内存块之间的关系如图 7-1 所示。

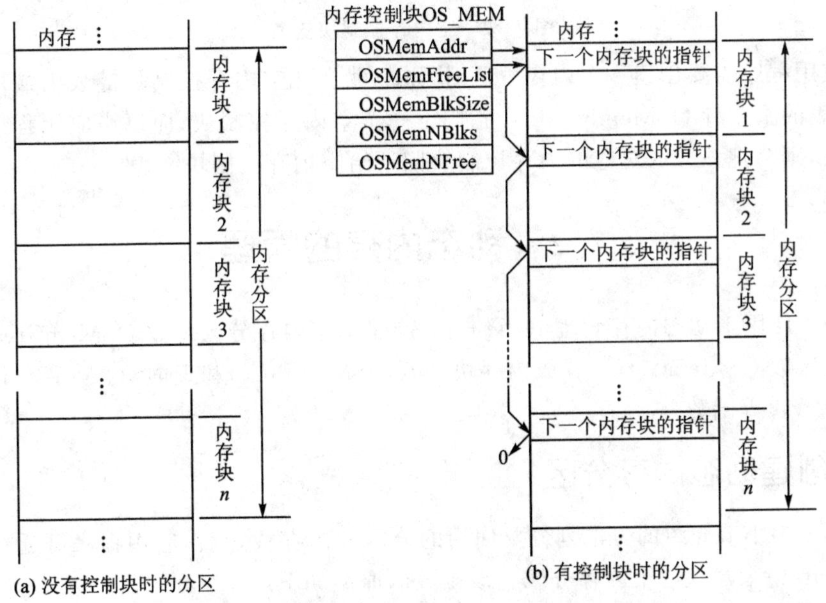

图 7-1 内存控制块与内存分区和内存块的关系

从图 7-1(b)中可知,内存控制块的内存分区指针 OSMemAddr 指向了内存分区,内存分区中的各个内存块又组成了一个单向链表,内存控制块的链表指针 OSMemFreeList 就指向了这个单向链表的头。

内存控制块的其他 3 个变量分别记录了分区中内存块的长度、总数目以及现在还未被分配的内存块数目。

7.1.3 空内存控制块链表

与 μC/OS-II 中的其他控制块一样,在 μC/OS-II 初始化时,会调用内存控制块的初始化函数 OS_MemInit()定义并初始化一个空内存控制块链表。

在这个空内存控制块链表中,一共有 OS_MAX_MEM_PART(在文件 OS_CFG.H 中定义的常数)个空内存控制块。这些空内存控制块的指针成员 OSMemFreeList 暂时作为指向下一个空内存控制块的指针。

空内存控制块链表的结构如图 7-2 所示。

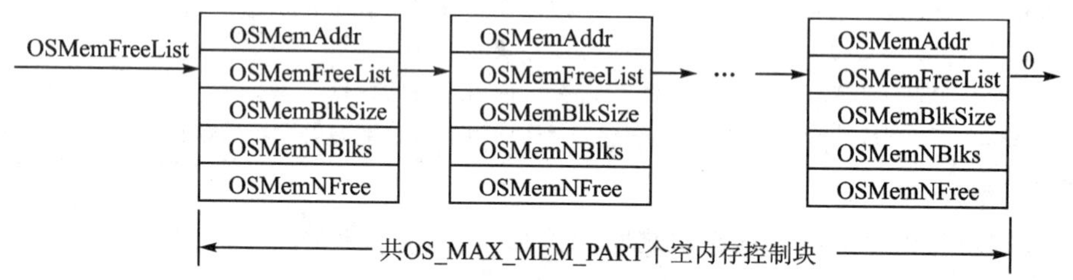

图 7-2 空内存控制块链表

每当应用程序需要创建一个内存分区时,系统就会从空内存控制块链表中摘取一个控制块,而把链表的头指针 OSMemFreeList 指向下一个空内存控制块;而每当应用程序释放一个内存分区时,则会把该分区对应的内存控制块归还给空内存控制块链表。

7.2 动态内存的管理

μC/OS-II 用于动态内存管理的函数有:创建动态内存分区函数 OSMemCreate()、请求获得内存块函数 OSMemGet()、释放内存块函数 OSMemPut()和查询动态内存分区状态函数 OSMemQuery()等函数。

7.2.1 创建动态内存分区

在用 7.1.1 小节介绍的方法划分要使用的分区和内存块之后,应用程序可通过调用函数 OSMemCreate()来建立一个内存分区。该函数的原型如下:

```
OS_MEM * OSMemCreate(
                void * addr,            //内存分区的起始地址
                INT32U nblks,           //分区中内存块的数目
                INT32U blksize,         //每个内存块的字节数
                INT8U  * err            //错误信息
                );
```

函数 OSMemCreate()的流程图如图 7-3 所示。

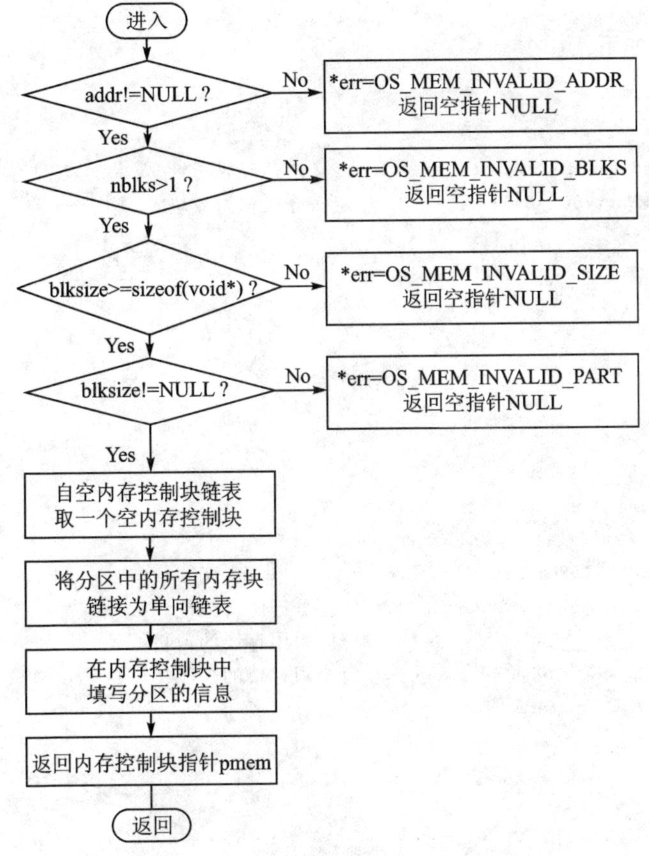

图 7-3　函数 OSMemCreate()的流程图

从图 7-3 中可以看到,函数首先对创建一个内存分区的基本条件做一系列判断,然后定义内存分区。如果其中有一个条件不满足,就意味着函数调用失败,于是函数就返回一个 NULL 指针,并把相应的错误信息传递到 err 中。

在这一系列的条件判断中有两个问题值得注意:一是分区的内存块至少有两块;二是每个内存块的空间至少能存放一个指针,因为要在内存块中建立一个用于把分区内的内存块链

接为一个链表的指针。

在接下来的工作中，函数 OSMemCreate()主要做了3个工作：首先自空内存控制块链表取一个控制块；然后把分区内的内存块链接成链表建立内存分区；最后再把刚建立的内存分区的相关信息填入内存控制块，并返回与这个刚建立的内存分区相关联的内存控制块的指针，以作为其他内存管理函数调用时的参数。

例 7-1 建立一个含有50个内存块并且每块的长度为64字节的内存分区。试写出主要代码。

答 主要代码如下：

```
//定义全局变量

OS_MEM * CommTxBuffer;                    //定义内存分区指针
INT8U    CommTxPart[50][64];              //定义分区和内存块
INT8U    err;

//在主函数的适当位置建立内存分区

void main(void)
{
INT8U err;
        …
    OSInit();
        …
    CommTxBuffer = OSMemCreate(
                        CommTxPart,      //内存分区的首地址
                        50,              //分区内内存块的数目
                        64,              //每个内存块的长度
                        &err
                        );
        …
    OSStart();
}
```

7.2.2 请求获得一个内存块

在应用程序需要一个内存块时，应用程序可以通过调用函数 OSMemGet()向某内存分区请求获得一个内存块。该函数的原型如下：

```
void  * OSMemGet (
                          OS_MEM * pmem,     //内存分区的指针
                          INT8U * err        //错误信息
                          );
```

函数 OSMemGet()中的参数 pmem 是应用程序希望获得的内存块所在内存分区所对应的内存控制块的指针。函数调用成功后,其返回值为所请求的内存块指针。

函数 OSMemGet()的流程图如图 7-4 所示。

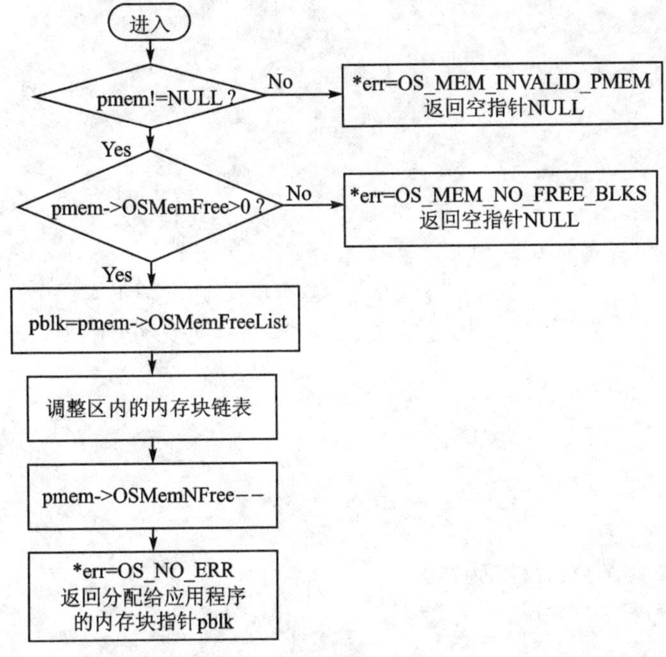

图 7-4　函数 OSMemGet()的流程图

可以看到,函数 OSMemGet()在判断应用程序传递来的内存控制块的指针为非 NULL 及内存分区尚存在未被分配的内存块后,就将内存块链表第一个块的指针 OSMemFreeList 赋给了指针 pblk;然后就重新调整内存块链表,并使指针 OSMemFreeList 指向新的链表头;最后返回指针 pblk。

当函数调用失败时,函数返回空指针 NULL。

例 7-2　在例 7-1 的基础上写出任务 MyTask 请求一个内存块的代码。

答　应用程序主要代码如下:

```
//定义全局变量：

OS_MEM  * CommTxBuffer;                              //定义内存分区指针
INT8U     CommTxPart[50][64];                        //定义分区和内存块
INT8U     err;
INT8U      * BlkPtr;                                 //定义内存块指针

//在主函数的适当位置建立内存分区

void main(void)
{
INT8U err;
        …
    OSInit();
        …
    CommTxBuffer = OSMemCreate(
                            CommTxPart,         //内存分区的首地址
                            50,                 //分区内内存块的数目
                            64,                 //每个内存块的长度
                            &err
                            );
        …
    OSStart();
}
//在任务 MyTask 的合适位置请求内存块
void MyTask((void * )pdata)
{
    ……
    for( ; ; )
    {
        ……
        BlkPtr = OSMemGet (
                    CommTxBuffer,               //内存分区的指针
                    &err                        //错误信息
                    );
        ……
    }
}
```

需要注意的是，应用程序在调用函数 OSMemGet()时，应该事先知道该分区中内存块的

大小，并且在使用时不能超过该内存块长度，否则会引起灾难性的后果。

从这一点可以看出，μC/OS－II的内存管理还相当粗糙，因为对于一个完善的操作系统来说，上述问题完全应该由系统增加一些内存边界检查之类的代码来解决，而不应该推给用户。但这也并不排除是μC/OS－II设计者有意为之，因为他完全可能出于另外一种考虑，那就是嵌入式系统设计人员通常都会对操作系统具有较透彻的了解和理解，用户稍加小心就不会出现问题；加之现代嵌入式处理器（例如ARM）往往在硬件上就提供了一定的保证，所以用户只要多承担点义务（在使用时稍加注意），那么就可以减少很多系统代码，从而节省了内存。

7.2.3 释放一个内存块

当应用程序不再使用一个内存块时，必须及时地将其释放。

应用程序通过调用函数OSMemPut()来释放一个内存块。该函数的原型如下：

```
INT8U  OSMemPut (
                 OS_MEM   * pmem,      //内存块所属内存分区的指针
                 void * pblk           //待释放内存块的指针
                 );
```

函数的返回值是错误信息。如果函数调用成功，将返回信息OS_NO_ERR；否则根据具体错误将返回OS_MEM_INVALID_PMEM（控制块指针为空指针）、OS_INVALID_PBLK（释放内存块指针为空指针）和OS_MEM_FULL（分区已满）。

函数OSMemPut()的流程图如图7－5所示。

需要注意的是，在调用函数OSMemPut()的一个内存块时，一定要确保把该内存块释放到它原来所属的内存分区中，否则会引起灾难性的后果。

例如，对例7－2中任务MytTask使用的内存块，在任务不再使用它时，应该用下面的代码来释放它：

```
OSMemPut (
                 CommTxBuffer,          //内存块所属内存分区的指针
                 BlkPtr                 //待释放内存块的指针
                 );
```

例7－3 设计一个含有一个任务的应用程序，该任务负责打印两个起始显示位置不同的相同字符串。要求在任务中申请一个内存块，并把存放字符串显示起始位置的数据变量定义在该内存块中。

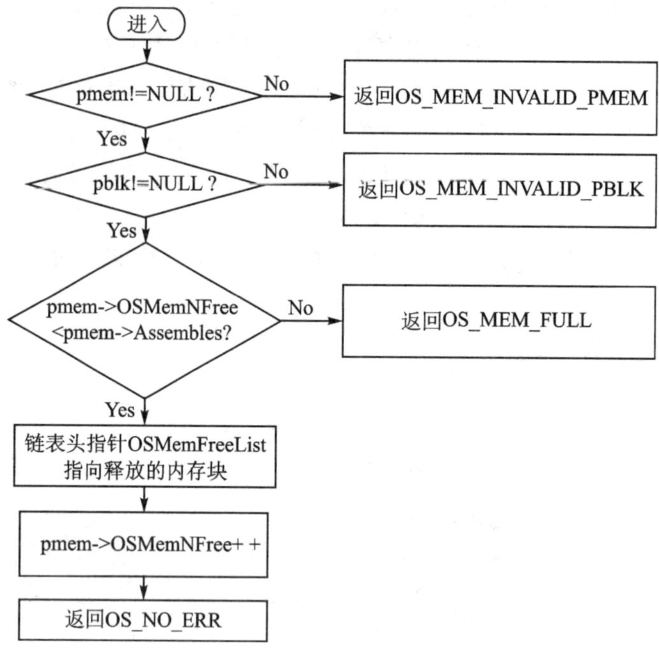

图 7－5　函数 OSMemPut()的流程图

答　应用程序代码如下：

```
/************************Test***************************/
#include "includes.h"
#define  TASK_STK_SIZE    512
OS_STK      StartTaskStk[TASK_STK_SIZE];
OS_STK      MyTaskStk[TASK_STK_SIZE];
OS_MEM      *IntBuffer;                          //定义内存控制块指针
INT8U       IntPart[50][64];                     //划分分区及内存块
INT8U       *IntBlkPtr;                          //定义指针
INT16S      key;
char *s1 = "MyTask 正在运行";
INT8U err;
INT8U y = 0;
void  StartTask(void *data);
void  MyTask(void *data);                        //声明任务
/************************主函数***************************/
void  main (void)
```

```
{
    OSInit();
    PC_DOSSaveReturn();
    PC_VectSet(uCOS, OSCtxSw);
    IntBuffer = OSMemCreate(IntPart,50,64,&err);          //创建动态内存分区
    OSTaskCreate(StartTask,
                 (void * )0,
                 &StartTaskStk[TASK_STK_SIZE - 1],
                 0);
    OSStart();
}
/*************************任务 StartTask*************************/
void  StartTask (void * pdata)
{
#if OS_CRITICAL_METHOD == 3
    OS_CPU_SR  cpu_sr;
#endif
    pdata = pdata;
    OS_ENTER_CRITICAL();
    PC_VectSet(0x08, OSTickISR);
    PC_SetTickRate(OS_TICKS_PER_SEC);
    OS_EXIT_CRITICAL();
    OSStatInit();
    OSTaskCreate(MyTask,                                 //创建任务 MyTask
                 (void * )0,
                 &MyTaskStk[TASK_STK_SIZE - 1],
                 3);
    for ( ; ; )
    {
    //如果按下 ESC 键,则退出 μC/OS - II
        if (PC_GetKey(&key) == TRUE)
        {
            if (key == 0x1B)
            {
                PC_DOSReturn();
            }
        }
        OSTimeDlyHMSM(0, 0, 3, 0);                        //等待 3 s
    }
```

```
}
/***************************任务 MyTask***************************/
void  MyTask (void * pdata)
{
#if OS_CRITICAL_METHOD == 3
    OS_CPU_SR  cpu_sr;
#endif
    pdata = pdata;
    for (;;)
    {
        IntBlkPtr = OSMemGet (                    //请求内存块
                    IntBuffer,                    //内存分区的指针
                    &err                          //错误信息
                    );
        * IntBlkPtr = 1;
        PC_DispStr( * IntBlkPtr * 10, ++y,
            s1,
            DISP_BGND_BLACK + DISP_FGND_WHITE );
        * ++IntBlkPtr = 2;
        PC_DispStr( * IntBlkPtr * 10, ++y,
            s1,
            DISP_BGND_BLACK + DISP_FGND_WHITE );
        IntBlkPtr--;
        OSMemPut (                                //释放内存块
                IntBuffer,                        //内存分区的指针
                IntBlkPtr                         //待释放内存块的指针
                );
        OSTimeDlyHMSM(0, 0, 1, 0);                //等待 1 s
    }
}
/***************************End***************************/
```

例 7－3 应用程序的运行结果如图 7－6 所示。

图 7-6　例 7-3 应用程序的运行结果

7.2.4　查询一个内存分区的状态

应用程序可以通过调用函数 OSMemQuery()来查询一个分区目前的状态信息。该函数的原型如下：

```
INT8U  OSMemQuery (
                    OS_MEM  * pmem,          //待查询的内存控制块的指针
                    OS_MEM_DATA  * pdata     //存放分区状态信息的结构的指针
                        )
```

其中，参数 pdata 是一个 OS_MEM_DATA 类型的结构。该结构的定义如下：

```
typedef struct {
    void        * OSAddr;               //内存分区的指针
    void        * OSFreeList;           //分区内内存块链表的头指针
    INT32U     OSBlkSize;               //内存块的长度
    INT32U     OSNBlks;                 //分区内内存块的数目
    INT32U     OSNFree;                 //分区内空闲内存块的数目
    INT32U     OSNUsed;                 //已被分配的内存块数目
} OS_MEM_DATA;
```

调用函数 OSMemQuery()后，内存分区的状态信息就存放在这个结构中。

调用函数 OSMemQuery()成功后，返回常数 OS_NO_ERR。

例 7-4　设计一个有 3 个任务的应用程序，这 3 个任务分别是 MyTask、YouTask 和 HerTask。在应用程序中创建一个动态内存分区，该分区有 8 个内存块，每个内存块的长度为 6 字节。应用程序的任务 YouTask 和 HerTask 都在任务运行后请求一个内存块，随后就释放它；任务 MyTask 也在任务运行后请求一个内存块，但是要在任务 MyTask 运行 6 次后，才释

放它所申请的内存块。

为了了解内存分区变化的情况,编写代码来观察分区头指针和已被使用内存块的个数。

答 应用程序代码如下:

```
/*************************Test****************************/
#include "includes.h"
#define  TASK_STK_SIZE    512
OS_STK    StartTaskStk[TASK_STK_SIZE];
OS_STK    MyTaskStk[TASK_STK_SIZE];
OS_STK    YouTaskStk[TASK_STK_SIZE];
OS_STK    HerTaskStk[TASK_STK_SIZE];
INT16S    key;
char * s;
char * s1 = "MyTask";
char * s2 = "YouTask";
char * s3 = "HerTask";
INT8U err;
INT8U y = 0;
INT8U Times = 0;
OS_MEM    * IntBuffer;                    //定义内存控制块指针
INT8U     IntPart[8][6];                  //划分分区及内存块
INT8U     * IntBlkPtr;
OS_MEM_DATA MemInfo;
void  StartTask(void * data);
void  MyTask(void * data);
void  YouTask(void * data);
void  HerTask(void * data);
/*************************主函数**************************/
void  main (void)
{
    OSInit();
    PC_DOSSaveReturn();
    PC_VectSet(uCOS, OSCtxSw);
    IntBuffer = OSMemCreate(IntPart,8,6,&err);
    OSTaskCreate(StartTask,(void * )0,
                 &StartTaskStk[TASK_STK_SIZE - 1],0);
    OSStart();
}
```

```
/*************************任务 StartTask**************************/
void  StartTask (void * pdata)
{
#if OS_CRITICAL_METHOD == 3
    OS_CPU_SR  cpu_sr;
#endif
    pdata = pdata;
    OS_ENTER_CRITICAL();
    PC_VectSet(0x08, OSTickISR);
    PC_SetTickRate(OS_TICKS_PER_SEC);
    OS_EXIT_CRITICAL();
    OSStatInit();
    OSTaskCreate(MyTask,    (void * )0,
                &MyTaskStk[TASK_STK_SIZE - 1],3);
    OSTaskCreate(YouTask,(void * )0,&YouTaskStk[TASK_STK_SIZE - 1],4);
    OSTaskCreate(HerTask,(void * )0,&HerTaskStk[TASK_STK_SIZE - 1],5);
    for ( ; ; )
    {
    //如果按下 ESC 键,则退出 μC/OS - II
    if (PC_GetKey(&key) == TRUE)
    {
        if (key == 0x1B)
        {
                PC_DOSReturn();
        }
    }
        OSTimeDlyHMSM(0, 0, 3, 0);
    }
}
/*************************任务 MyTask*************************/
void  MyTask (void * pdata)
{
#if OS_CRITICAL_METHOD == 3
    OS_CPU_SR  cpu_sr;
#endif
    pdata = pdata;
    for ( ; ; )
    {
        PC_DispStr(10, ++y,s1,DISP_BGND_BLACK + DISP_FGND_WHITE );
```

```
        IntBlkPtr = OSMemGet (                          //请求内存块
                    IntBuffer,                          //内存分区的指针
                     &err                               //错误信息
                    );
        OSMemQuery (                                    //查询内存控制块信息
                    IntBuffer,                          //待查询内存控制块指针
                     &MemInfo
                    );
        sprintf(s,"%0x",MemInfo.OSFreeList);            //显示头指针
        PC_DispStr(30,y,s,DISP_BGND_BLACK + DISP_FGND_WHITE );
    sprintf(s,"%d",MemInfo.OSNUsed);                    //显示已用内存块数目
    PC_DispStr(40,y,s,DISP_BGND_BLACK + DISP_FGND_WHITE );
        if(Times>4)
        {
            OSMemPut (                                  //释放内存块
                        IntBuffer,                      //内存分区的指针
                        IntBlkPtr                       //待释放内存块的指针
                        );
        }
    Times++;
        OSTimeDlyHMSM(0, 0, 1, 0);                      //等待1 s
    }
}
/************************任务YouTask************************/
void  YouTask (void *pdata)
{
#if OS_CRITICAL_METHOD == 3
    OS_CPU_SR  cpu_sr;
#endif
    pdata = pdata;

    for ( ; ; )
    {
        PC_DispStr(10,++y,s2,DISP_BGND_BLACK + DISP_FGND_WHITE );
        IntBlkPtr = OSMemGet (                          //请求内存块
                            IntBuffer,                  //内存分区的指针
                            &err                        //错误信息
                            );
        OSMemQuery (                                    //查询内存控制块信息
```

```
                IntBuffer,                          //待查询的内存控制块指针
                &MemInfo
                );
        sprintf(s," %0x",MemInfo.OSFreeList);       //显示头指针


        PC_DispStr(30,y,s,DISP_BGND_BLACK + DISP_FGND_WHITE );
        sprintf(s," %d",MemInfo.OSNUsed);           //显示已用内存块数目
        PC_DispStr(40,y,s,DISP_BGND_BLACK + DISP_FGND_WHITE );
        OSMemPut (                                  //释放内存块
            IntBuffer,                              //内存分区的指针
            IntBlkPtr                               //待释放内存块的指针
            );      OSTimeDlyHMSM(0, 0, 2, 0);  //等待 2 s
    }
}
/**************************任务 HerTask**************************/
void  HerTask (void * pdata)
{
#if OS_CRITICAL_METHOD == 3
    OS_CPU_SR  cpu_sr;
#endif
    pdata = pdata;
    for ( ; ; )
    {
        PC_DispStr(10, ++y,s3,DISP_BGND_BLACK + DISP_FGND_WHITE );
        IntBlkPtr = OSMemGet (                      //请求内存块
                        IntBuffer,                  //内存分区的指针
                        &err                        //错误信息
                        );
        OSMemQuery (                                //查询内存控制块信息
            IntBuffer,                              //待查询的内存控制块指针
            &MemInfo
            );
        sprintf(s," %0x",MemInfo.OSFreeList);       //显示头指针
        PC_DispStr(30,y,s,DISP_BGND_BLACK + DISP_FGND_WHITE );

        sprintf(s," %d",MemInfo.OSNUsed);           //显示已用内存块数目
        PC_DispStr(40,y,s,DISP_BGND_BLACK + DISP_FGND_WHITE );
        OSMemPut (                                  //释放内存块
```

```
                IntBuffer,              //内存分区的指针
                IntBlkPtr               //待释放内存块的指针
                );
            OSTimeDlyHMSM(0, 0, 1, 0);  //等待 1 s
        }
    }
/************************End*************************/
```

例 7-4 应用程序的运行结果如图 7-7 所示。

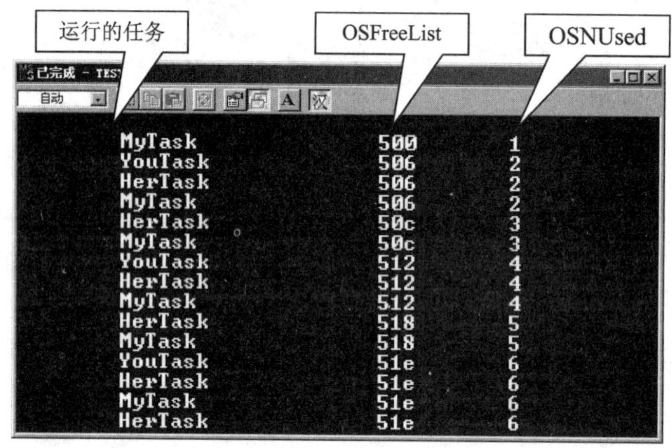

图 7-7 例 7-4 应用程序的运行结果

7.3 小 结

- 通过定义一个二维数组在内存中划分一个内存分区,其中的所有内存块应大小相等。
- 系统通过与内存分区相关联的内存控制块来对内存分区进行管理。
- 划分及创建内存分区根据需要由应用程序负责,而系统只提供了可供任务调用的相关函数。
- 在 μC/OS-II 中,在使用和释放动态内存的安全性方面,要由应用程序全权负责。

7.4 练习题

1. 什么叫内存分区?什么叫内存块?内存分区与内存块之间有什么关系?
2. 在同一个内存分区中内存块是按什么方式组织起来的?
3. 什么叫内存控制块?内存控制块中都记录了一些什么信息?
4. 设计一个有两个任务的应用程序,其中一个任务用来进行两个数的加法运算,另一个任务则用来显示结果,要求把加法运算的结果存放到动态内存中。

第8章 在51单片机上移植μC/OS-II

操作系统是一种与硬件(处理器)相关的软件,根据某一种处理器来设计的操作系统通常不能在其他种类的处理器上运行。如果要在其他处理器上运行该操作系统,则必须对操作系统做相应的改造,即所谓的移植。

本章的主要内容有:

- 移植 μC/OS-II 时的一般性问题;
- 在 51 单片机上移植 μC/OS-II 时的堆栈设计;
- 在 51 单片机上基于 μC/OS-II 操作系统应用程序的设计举例。

8.1 μC/OS-II 移植的一般性问题

一个软件的移植工作总是与用户所选择的处理器硬件结构相关的,因此把一个软件往不同的处理器上移植的方法也不尽相同,所以这里只能介绍移植工作的一些共同特点。

8.1.1 可重入函数的概念

在多任务操作系统环境中,应用程序的各个任务是并发运行的,所以会经常出现多个任务"同时"调用同一个函数的情况。这里之所以在"同时"这个词上使用了引号,是因为这个"同时"的含义与我们平时所说的同时不是一个概念。这里所说的"同时"实质上是指多个任务在同一个时间段内交叉调用同一个函数的情况,这是并发系统的一个共同特点。

由于上述特点的存在,调用这个函数的多个任务就有可能通过该函数而产生意外的耦合,从而产生互相干扰。例如,有一个任务 A 和任务 B 都要调用的函数 Swap(),而该函数又使用了全局变量 temp。

```
int temp;
void Swap(int * x,int * y)
{
    temp = * x;
     * x = * y;
     * y = temp;
}
```

于是,如果当任务 A 调用 Swap()函数期间,系统发生了任务切换而使任务 B 也调用了函数 Swap(),那么任务 B 将要改变全局变量 temp 的值,从而使任务 A 传递给全局变量 temp 的值发生丢失而出现错误。因此,在多任务操作系统中,系统所提供的函数都必须在设计时就采取相应措施,从而保证函数能被多个任务所调用,并且不会产生任务之间的相互干扰。凡是具有这种能力的函数就叫做可重入函数。

一般来说,如果函数没有使用全局变量,那么就具有了实现可重入函数的基础。当然,由于最终代码要由编译器来生成,所以为了能够产生可重入函数,用户还要使用可以生成可重入代码的编译器。

总之,当进行操作系统的移植并需要修改操作系统的某些函数时,一定要注意保证这些函数的可重入性。即原来是可重入的函数,修改后还应该是可重入函数。

8.1.2 时钟节拍的产生

通过前面的学习已经知道,μC/OS－II 要通过硬件中断来实现系统时钟,并在时钟中断服务程序中处理与时间相关的问题。因此,用户所选用的处理器必须具有响应中断的能力,并同时应该具有开中断与关中断指令。

一般情况下应使用硬件定时器作为时钟中断源,这个定时器可能是与微处理器集成在一个芯片上的,也可以是分立的。定时中断的频率以 10～100 Hz 为宜。

8.1.3 任务堆栈的设计

要使 μC/OS－II 能够正常运行,用户选用的处理器必须可支持堆栈操作,即应该有堆栈操作指令。

1. 堆栈的格式

众所周知,不同的处理器支持堆栈的增长方向也不同,因此在对 μC/OS－II 的移植时,一定要正确地定义堆栈格式。

2. 系统堆栈与任务堆栈的关系

通过前面的学习已经知道,μC/OS－II 的每一个任务都应该有一个私有堆栈(任务堆栈),通常这个堆栈需要存放在 RAM。

但遗憾的是,有些单片处理器的片内 RAM 极其有限(例如 51 系列单片机),不可能把应用程序中所有任务的任务堆栈都设置在片内 RAM 中。仔细分析后就会知道,由于这种处理器只有一个 CPU,在某个时刻只能运行一个任务,所以只要保证这个正在运行任务的堆栈存放在内存即可。于是,对于这种片内 RAM 较小的系统,可以把各个任务堆栈的内容存放在片外 RAM,而只在片内 RAM 中设置一个公用堆栈,每当一个任务被调度器选中时,则在任务切换时把该任务在片外 RAM 存储的堆栈内容复制到片内公用堆栈,而公用堆栈中的被中止运行任务的堆栈内容复制到该任务片外堆栈中。为了方便起见,各个任务用来存储各自任务堆栈内容的片外 RAM 空间就叫做任务堆栈；而那个定义在片内 RAM 中的，各个任务在运行时使用的堆栈就叫做系统堆栈。

综上所述，在诸如 51 系列单片机这类片内 RAM 较小的系统中，任务的切换比普通系统的任务切换多了一项工作，即任务堆栈和系统堆栈的切换，如图 8－1 所示。

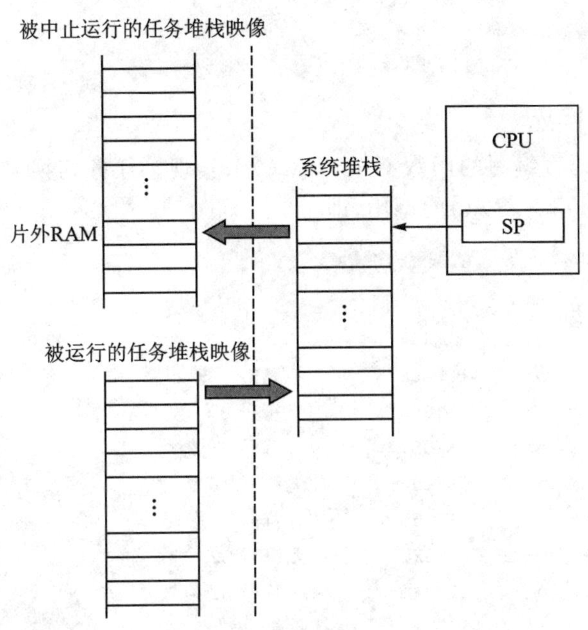

图 8－1　系统堆栈与任务堆栈映射之间的关系

8.2　在 51 系列单片机上移植 μC/OS－II

为了提高可移植性，μC/OS－II 的绝大部分代码都用 C 语言编写。在一般情况下，这部分代码不需要修改就可以使用，而需要修改的主要是以下 4 个文件：

- 汇编文件 OS_CPU_A.ASM；
- 处理器相关 C 文件 OS_CPU.H 和 OS_CPU_C.C；
- 系统配置文件 OS_CFG.H。

8.2.1　文件 OS_CPU.H 的修改

1. 堆栈的增长方向

由于 51 单片机规定堆栈从低地址向高地址增长（由下往上增长），所以用来定义堆栈增长

方向的常数 OS_STK_GROWTH 的值应该为 0，即

```
#define  OS_STK_GROWTH      0
```

2. 定义临界段的宏

设置临界区的两个宏分别直接使用 51 单片机的开中断和关中断指令来实现。

```
#define  OS_ENTER_CRITICAL()   EA = 0
#define  OS_EXIT_CRITICAL()    EA = 1
```

3. 定义任务切换宏

任务切换由汇编语言编写的函数 OSCtxSw()来实现。任务切换宏 OS_TASK_SW()封装了对任务切换函数 OSCtxSw()的调用，即

```
#define  OS_TASK_SW()       OSCtxSw()
```

4. 定义数据类型

```
typedef unsigned    char    BOOLEAN;    //不要 bit 定义
typedef unsigned    char    INT8U;      //无符号 8 位数
typedef signed      char    INT8S;      //有符号 8 位数
typedef unsigned    int     INT16U;     //无符号 16 位数
typedef signed      int     INT16S;     //有符号 16 位数
typedef unsigned    long    INT32U;     //无符号 32 位数
typedef signed      long    INT32S;     //有符号 32 位数
typedef float               FP32;       //单精度浮点数
typedef double              FP64;       //双精度浮点数

typedef unsigned    char    OS_STK;     //栈单元宽度为 8 位

#define BYTE                INT8S       //兼容以前版本的数据类型
#define UBYTE               INT8U       //μC/OS-II 可以不用这些数据类型
#define WORD                INT16S
#define UWORD               INT16U
#define LONG                INT32S
#define ULONG               INT32U
```

8.2.2 任务堆栈的设计

前面讲过，51 单片机在任务切换时要进行任务堆栈和系统堆栈之间的复制操作，所以为了方便复制工作，应该在堆栈中存有堆栈长度的数据。

在 51 单片机上移植 μC/OS-II 时，系统堆栈与任务堆栈映像之间的关系如图 8-2 所示。

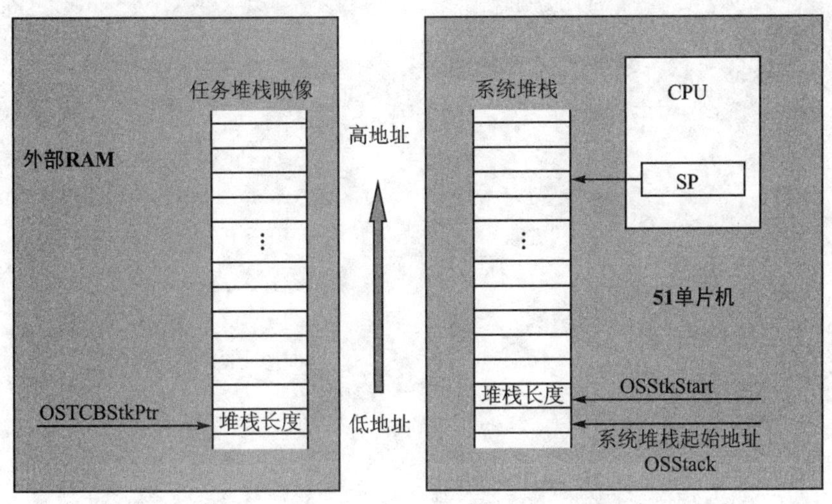

图 8-2 在 51 单片机上移植 μC/OS-II 时，系统堆栈与任务堆栈映像之间的关系

在 51 单片机的外部 RAM 中设置任务堆栈映像，任务堆栈映像的最低地址空间用来存放用户堆栈的长度，并使该任务 TCB 中的 OSTCBStkPtr 指针变量指向该地址。

51 单片机的堆栈指针 SP 总是先加 1 再存数据，因此，SP 初始时指向系统堆栈起始地址(OSStack)减 1 处(OSStkStart)。很明显，系统堆栈长度为 SP－OSStkStart。

在任务切换时，应该先把当前任务在系统堆栈的内容复制保存到该任务堆栈映像中。即计算 SP－OSStkStart 得出堆栈长度，并将其写入任务堆栈映像最低地址空间中，然后以其为长度，以任务堆栈映像最低地址为目标起址，以 OSStkStart 为源起址，由系统堆栈向任务堆栈映像复制数据。

然后把就绪最高优先级任务堆栈映像中的内容复制到系统堆栈。方法是：自任务控制块中获得该任务堆栈映像的最低地址，从中取出堆栈长度，以最高优先级任务堆栈映像最低地址为源起址，以系统堆栈起址 OSStkStart 为目标起址，由任务堆栈映像向系统堆栈复制数据。

任务切换函数 OSCtxSw()及在任务切换时对系统堆栈和任务堆栈映像的操作都是用汇编语言编写的，其代码如下(注意，函数 OSCtxSw()的入口在标号 OSCtxSw 处)：

```
;-------------------------------------------------------------------------------
        RSEG ?PR?OSStartHighRdy?OS_CPU_A
OSStartHighRdy:
        USING 0
        LCALL _?OSTaskSwHook

OSCtxSw_in:
        ;OSTCBCur => DPTR  获得当前 TCB 指针
        MOV  R0,#LOW(OSTCBCur)
        INC  R0
        MOV  DPH,@R0
        INC  R0
        MOV  DPL,@R0

        ;任务堆栈映像指针 => DPTR
        INC  DPTR
        MOVX A,@DPTR
        MOV  R0,A
        INC  DPTR
        MOVX A,@DPTR
        MOV  R1,A
        MOV  DPH,R0
        MOV  DPL,R1

        ;任务堆栈映像长度 * UserStkPtr => R5
        MOVX A,@DPTR
        MOV  R5,A                  ;R5 = 任务堆栈映像长度

        ;把待运行任务堆栈映像的内容复制到系统堆栈
        MOV  R0,#OSStkStart
restore_stack:
        INC  DPTR
        INC  R0
        MOVX A,@DPTR
        MOV  @R0,A
        DJNZ R5,restore_stack

        ;恢复系统堆栈指针 SP
        MOV  SP,R0
```

```
    ;恢复任务堆栈映像指针?C_XBP
    INC     DPTR
    MOVX    A,@DPTR
    MOV     ?C_XBP,A
    INC     DPTR
    MOVX    A,@DPTR
    MOV     ?C_XBP+1,A

    ;OSRunning = TRUE
    MOV     R0,#LOW (OSRunning)
    MOV     @R0,#01

    POPALL              ;把系统堆栈内容弹入 CPU
    SETB EA             ;开中断
    RETI                ;利用中断返回指令,使系统切换至待运行任务
;-------------------------------------------------------------------------------------------
    RSEG ?PR?OSCtxSw?OS_CPU_A
;任务切换函数入口
OSCtxSw:
    PUSHALL                     ;把被中止运行任务的 CPU 内容压栈

OSIntCtxSw_in:
    ;获得堆栈长度和起始地址
    MOV  A,SP
    CLR  C
    SUBB A,#OSStkStart
    MOV  R5,A                   ;获得堆栈长度

    ;OSTCBCur => DPTR           ;获得当前任务 TCB 指针
    MOV  R0,#LOW (OSTCBCur);
    INC  R0
    MOV  DPH,@R0
    INC  R0
    MOV  DPL,@R0

    ;获得任务堆栈映像指针
    INC  DPTR
    MOVX A,@DPTR
```

```
        MOV     R0,A
        INC     DPTR
        MOVX    A,@DPTR
        MOV     R1,A
        MOV     DPH,R0
        MOV     DPL,R1

        ;保存堆栈长度
        MOV     A,R5
        MOVX    @DPTR,A

        MOV     R0,#OSStkStart        ;获得堆栈起始地址
;把系统堆栈内容复制到任务堆栈映像
save_stack:
        INC     DPTR
        INC     R0
        MOV     A,@R0
        MOVX    @DPTR,A
        DJNZ    R5,save_stack

        ;保存任务堆栈映像指针?C_XBP
        INC     DPTR
        MOV     A,?C_XBP
        MOVX    @DPTR,A
        INC     DPTR
        MOV     A,?C_XBP + 1
        MOVX    @DPTR,A

        ;调用用户程序
        LCALL _?OSTaskSwHook

        ;获得最高级就绪任务的 TCB
        MOV     R0,#OSTCBCur
        MOV     R1,#OSTCBHighRdy
        MOV     A,@R1
        MOV     @R0,A
        INC     R0
        INC     R1
        MOV     A,@R1
```

```
        MOV     @R0,A
        INC     R0
        INC     R1
        MOV     A,@R1
        MOV     @R0,A

        MOV     R0,#OSPrioCur
        MOV     R1,#OSPrioHighRdy
        MOV     A,@R1
        MOV     @R0,A

        LJMP    OSCtxSw_in
;---------------------------------------------------------------------
        RSEG ?PR?OSIntCtxSw?OS_CPU_A

OSIntCtxSw:

        ;调整 SP 指针去掉在调用 OSIntExit(),OSIntCtxSw()
        ;过程中压入堆栈的多余内容 SP = SP - 4
        MOV  A,SP
        CLR  C
        SUBB A,#4
        MOV  SP,A
        LJMP OSIntCtxSw_in
```

其中压栈和出栈代码段代码如下：

```
;定义压栈出栈宏-----------------------------------------------------------------
PUSHALL     MACRO
        PUSH  PSW
        PUSH  ACC
        PUSH  B
        PUSH  DPL
        PUSH  DPH
        MOV   A,R0     ;R0～R7 入栈
        PUSH  ACC
        MOV   A,R1
        PUSH  ACC
        MOV   A,R2
        PUSH  ACC
```

```
            MOV     A,R3
            PUSH    ACC
            MOV     A,R4
            PUSH    ACC
            MOV     A,R5
            PUSH    ACC
            MOV     A,R6
            PUSH    ACC
            MOV     A,R7
            PUSH    ACC
            ;PUSH   SP          ;不必保存 SP,任务切换时由相应程序调整
            ENDM
;定义出栈宏-----------------------------------------------------------------
POPALL      MACRO
            ;POP    ACC         ;不必保存 SP,任务切换时由相应程序调整
            POP     ACC         ;R0~R7 出栈
            MOV     R7,A
            POP     ACC
            MOV     R6,A
            POP     ACC
            MOV     R5,A
            POP     ACC
            MOV     R4,A
            POP     ACC
            MOV     R3,A
            POP     ACC
            MOV     R2,A
            POP     ACC
            MOV     R1,A
            POP     ACC
            MOV     R0,A
            POP     DPH
            POP     DPL
            POP     B
            POP     ACC
            POP     PSW
            ENDM
;------------------------------------------------------------------------------------
```

8.2.3 文件 OS_CPU_C.C 的修改

文件 OS_CPU_C.C 需要修改的内容主要为任务堆栈初始化函数 OSTaskStkInit()。由于要使用单片机上的定时器为系统设置时钟中断，因此还要添加对 51 单片机定时器的初始化程序。

1. 改写任务堆栈初始化函数

```
void * OSTaskStkInit (  void ( * task)(void * pd),
                        void * ppdata, void * ptos,
                        INT16U opt
                        )reentrant
{
    OS_STK * stk;

    ppdata = ppdata;
    opt = opt;                          //opt 未被用到,保留此语句防止告警产生
    stk = (OS_STK * )ptos;              //用户堆栈最低有效地址
  * stk ++= 15;                         //用户堆栈长度
  * stk ++= (INT16U)task & 0xFF;        //任务地址低 8 位
  * stk ++= (INT16U)task > > 8;         //任务地址高 8 位
  * stk ++= 0x00;                       //PSW
  * stk ++= 0x0A;                       //ACC
  * stk ++= 0x0B;                       //B
  * stk ++= 0x00;                       //DPL
  * stk ++= 0x00;                       //DPH
  * stk ++= 0x00;                       //R0

    /* R3、R2、R1 用于传递任务参数 ppdata,其中 R3 代表存储器类型,R2 为高字节偏移,R1 为低字节
       位移
       通过分析 KEIL 汇编,了解到任务的 void ppdata 参数恰好是用 R3、R2、R1 传递,不是通过虚拟
       堆栈 */
  * stk ++= (INT16U)ppdata & 0xFF;      //R1
  * stk ++= (INT16U)ppdata >> 8;        //R2
  * stk ++= 0x01;                       //R3
  * stk ++= 0x04;                       //R4
  * stk ++= 0x05;                       //R5
  * stk ++= 0x06;                       //R6
  * stk ++= 0x07;                       //R7
    //不用保存 SP,任务切换时根据用户堆栈长度计算得出
```

```
    * stk++= (INT16U)(ptos+MaxStkSize)>> 8;          //堆栈映像指针高 8 位
    * stk++= (INT16U)(ptos+MaxStkSize) & 0xFF;       //堆栈映像指针低 8 位
      return ((void*)ptos);
}
```

2. 系统时钟初始化

如果使用 51 单片机的 T0 定时器作为系统时钟的中断源,那么它的初始化代码如下:

```
void InitTimer0(void) reentrant
{
    TMOD = TMOD&0xF0;
    TMOD = TMOD|0x01;           //模式 1(16 位定时器),仅受 TR0 控制
    TH0 = 0x70;                 //定义 Tick = 50 次/秒(即 0.02 秒/次)
    TL0 = 0x00;
    //ET0 = 1;                  //允许 T0 中断,此时 EA = 0(51 上电缺省值),中断还不会发生,
                                //满足在 OSStart()前不产生中断的请求
    TR0 = 1;
}
```

8.2.4 几点注意事项

本来原则上在对 μC/OS-II 进行移植时,并不需要修改与处理器无关的代码,但因为在默认情况下 KEIL 编译器生成的代码不可重入,如果要生成可重入代码,则必须在函数声明后面显式地使用关键字 reentrant。

另外,由于 μC/OS-II 使用的 pdata、data 等参数都与 KEIL 的关键字相同,所以还要把 μC/OS-II 的这些数据改成 ppdata、ddata 等。

在 μC/OS-II 汇编源程序用到了 OSTCBCur、OSTCBHighRdy、OSRunning、OSPrioCur、OSPrioHighRdy 等变量,为了使用 Ri 而不用 DPTR 对它们进行访问,要使用 KEIL 扩展关键字 IDATA,将它们定义在内部 RAM 中。

8.3 应用举例

8.3.1 LED 数码显示器的驱动程序

LED 显示以其简单、实用及价格低廉等优点,使它是单片机应用中经常使用的一种显示方式。其中一种方案的硬件电路如图 8-3 所示。

在图 8-3 中,8 位 8 段 LED 显示器为共阴极接法,采用并行接口 8155 通过驱动器 7407 来进行驱动。该方案中使用 8155 的 PA 端口进行显示器的位选择(低电平有效),使用 PB 端

口进行显示器的字段选择(高电平有效)。

已知 8155 命令字端口地址为 7F00H,PA 端口地址为 7F01H,PB 端口地址为 7F02H,显示器的段选码存放在单片机内部 RAM 中从标号地址 TABLE 开始的连续 16 个单元中。

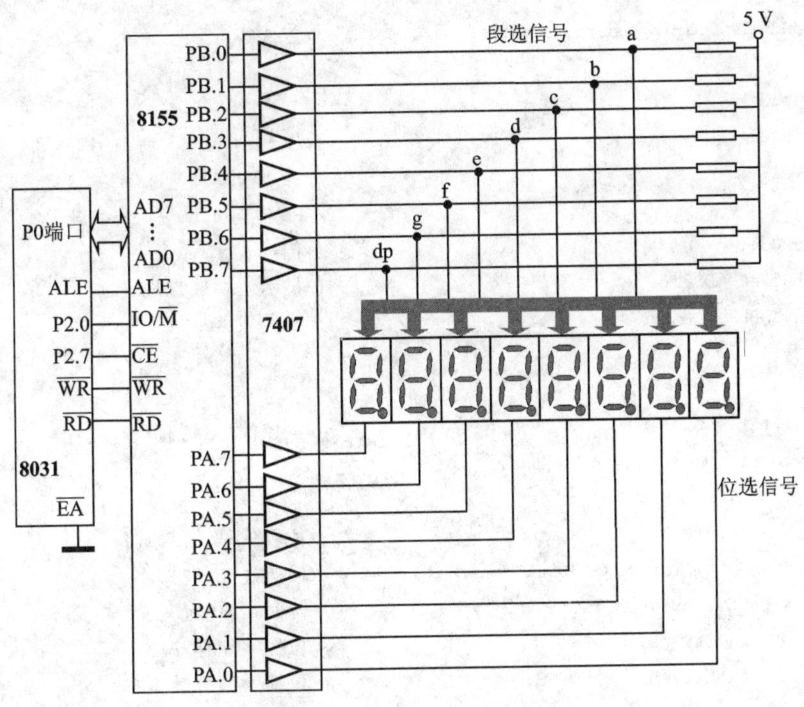

图 8-3 LED 显示硬件原理图

```
#include <includes.h>
INT8U xdata * DspBuffer;                //定义显示缓冲区指针
INT8U code * Tbl;                       //定义段码表指针
INT8U xdata * Cmd;                      //定义 8155 命令字寄存器指针
INT8U xdata * Pa;                       //定义 8155 的 PA 端口指针
INT8U xdata * Pb;                       //定义 8155 的 PB 端口指针
INT8U bitCtl;                           //定义位控信号字
INT8U i;
void TaskLEDDsp (void * ppdata) reentrant;
OS_STK TaskLEDDspStk [64];              //任务堆栈

void main(void)
{
    OSInit();
```

```
        InitTimer0();
        OSTaskCreate(TaskLEDDsp, (void *)0, & TaskLEDDspStk[0],2);
        OSStart();
    }
    void TaskLEDDsp(void * ppdata) reentrant
    {
    ppdata = ppdata;
    Cmd = 0x7F00;                                   //Cmd 指向 8155 命令字寄存器
    Pa = 0x7F01;                                    //Pa 指向 8155 的 PA 端口
    Pb = 0x7F02;                                    //Pb 指向 8155 的 PB 端口
    * Cmd = 0x03;                                   //传送 8155 命令字
        DspBuffer = DSPB;                           //显示缓冲区首地址
        Tbl = TABLE;                                //段码表首地址
        for(;;)
        {
            bitCtl = 0x7F;                          //位控信号赋初值
            for(i = 0;i<8;i++)
            {
            * Pa = bitCtl;                          //位控信号送 PA 端口
            * Pb = *( Tbl + *( DspBuffer + i));     //段码送 PB 端口
                OSTimeDly(OS_TICKS_PER_SEC);        //延时 1 ms
                bitCtl = bitCtl >> 1;               //位控字左移一位
                bitCtl = bitCtl|0x80;               //位控字高位补 1
            }
        }
    }
```

8.3.2 串行接口的应用

1. 51 单片机的串行接口

51 系列单片机的内部有一个可编程的全双工异步串行通信接口,它主要由 2 个共用端口(SBUF)的串行数据缓冲器和 1 个波特率发生器构成,片外有一根串行数据接收线 RXD(P3.0)和一根串行数据发送线 TXD(P3.1)。51 系列单片机串行数据接口的结构如图 8-4 所示。

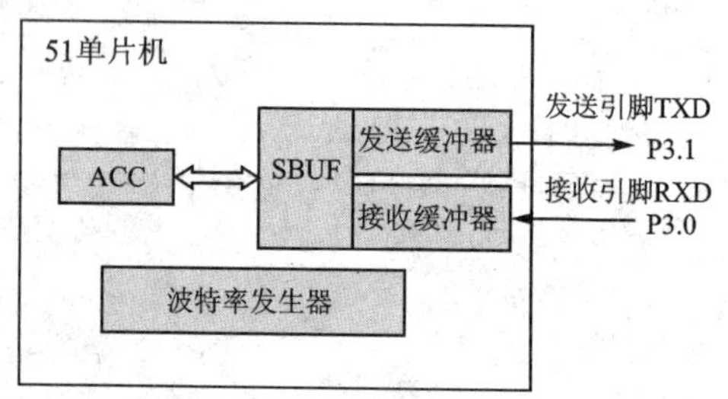

图 8-4　51 单片机串行接口的构成

串行数据接口有如表 8-1 所列的 4 种工作方式可供选择。

表 8-1 51 单片机串行数据接口的工作方式

工作方式	SM0	SM1	说 明	波特率
工作方式 0	0	0	移位寄存器(用于 I/O 扩展)	$f_{OSC}/12$
工作方式 1	0	1	10 位异步收发	波特率可变,由 T1 控制
工作方式 2	1	0	11 位异步收发	$f_{OSC}/64$ 或 $f_{OSC}/32$
工作方式 3	1	1	11 位异步收发	波特率可变,由 T1 控制

可以使用 SCON 和 PCON 这两个控制字来设置 51 单片机的串行数据接口的工作方式。这两个控制字的格式分别如图 8-5 和图 8-6 所示。

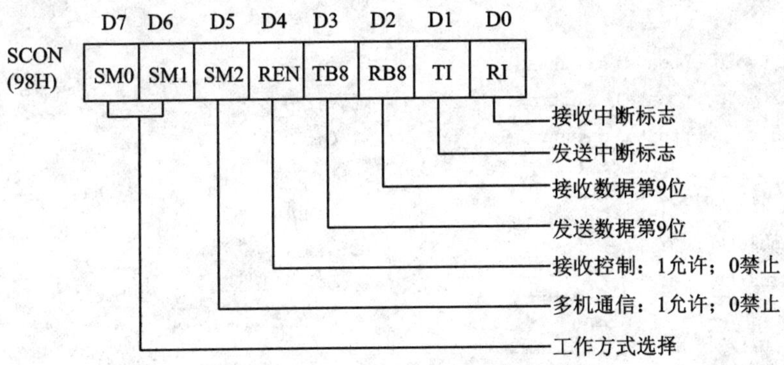

图 8-5 串行接口 SCON 控制字格式

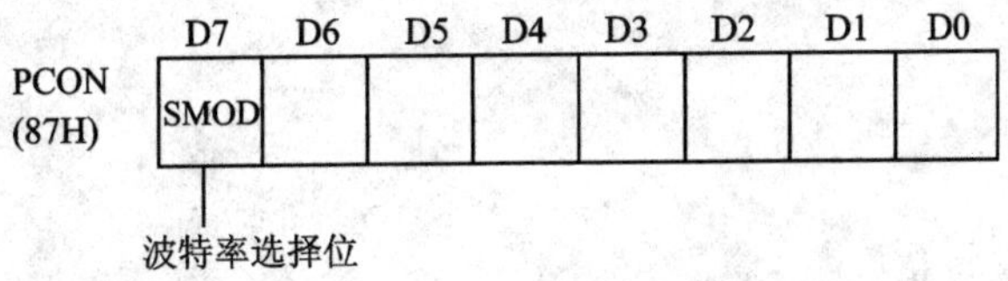

图 8-6 PCON 控制字的格式

当采用工作方式 0 时：

$$波特率=\frac{f_{OSC}}{12}$$

当采用工作方式 2 时：

$$波特率=f_{OSC}\frac{2^{SMOD}}{64}$$

当采用工作方式 1 和方式 3 时：

$$波特率=f_{OSC}\frac{2^{SMOD}}{32\times12}\left(\frac{1}{2^K-X}\right)$$

式中：X——定时器 T1 定时预置初值；

K——定时器的位数(8、13 或 16)。

2. 应用程序

下面的应用程序中设置了 3 个任务，每个任务通过串行接口滚动输出一个字符串。

```
//**************************************************************
//                       串口应用程序清单
//**************************************************************
#include <includes.h>

void Task1(void * ppdata) reentrant;             //定义任务 1
void Task2(void * ppdata) reentrant;             //定义任务 2
void Task3(void * ppdata) reentrant;             //定义任务 3

OS_STK Task1Stk[64];                             //定义任务 1 堆栈
OS_STK Task2Stk[64];                             //定义任务 2 堆栈
OS_STK Task3Stk[64];                             //定义任务 3 堆栈

//主函数------------------------------------------------------------
void main(void)
{
    OSInit();

    InitTimer0();                                //初始化系统时钟
    InitSerial();                                //串口初始化
    InitSerialBuffer();

    OSTaskCreate(Task1, (void * )0, &Task1Stk [0],2);
    OSTaskCreate(Task2, (void * )0, &Task2Stk [0],3);
    OSTaskCreate(Task3, (void * )0, &Task3Stk [0],4);

    OSStart();
}

//任务 1------------------------------------------------------------
void Task1(void * ppdata) reentrant
```

```
{
    ppdata = ppdata;

    ET0 = 1;

    clrscr();
    PrintStr("\n\t\t\t**************************\n");
    PrintStr("\t\t*      Hello! The world.         *\n");
    PrintStr("\t\t**************************\n\n\n");

    for(;;)
    {
        PrintStr("\t\t\tThis is Task1.\n");
        OSTimeDly(OS_TICKS_PER_SEC);
    }
}

//任务 2--------------------------------------------------------------------------
void Task2(void * ppdata) reentrant
{
    ppdata = ppdata;

    for(;;)
    {
        PrintStr("\t\t\t\tThis is Task2.\n");
        OSTimeDly(3 * OS_TICKS_PER_SEC);
    }
}

//任务 3--------------------------------------------------------------------------
void Task3(void * ppdata) reentrant
{
    ppdata = ppdata;

    for(;;)
    {
        PrintStr("\t\t\t\t\tThis is Task3.\n");
        OSTimeDly(6 * OS_TICKS_PER_SEC);
    }
```

```
}

//**************************************************************
//                         serial.h 文件
//**************************************************************
void InitSerial() reentrant;                              //串口初始化
void InitSerialBuffer(void) reentrant;                    //串口缓冲区初始化
void PrintChar(unsigned char ch) reentrant;               //显示字符
void PrintStr(unsigned char * str) reentrant;             //显示字符串
void clrscr() reentrant;                                  //清屏
void serial(void) reentrant;                              //串口中断服务子程序

//收发数据缓冲区长度
#define LenTxBuf         2000
#define LenRxBuf         50

#define MaxLenStr        100


//***********************************************************
//                      serial.c 文件
//***********************************************************
INT8U xdata TxBuf[LenTxBuf],RxBuf[LenRxBuf];              //收发缓冲区实体
INT8U xdata * inTxBuf, * outTxBuf, * inRxBuf, * outRxBuf;  //收发缓冲区读/写指针
//串口初始化程序--------------------------------------------------
void InitSerial() reentrant
{
        TMOD = TMOD&0x0F;
        TMOD = TMOD|0x20;
        TL1 = 0xFD;
        TH1 = 0xFD;                                       //19 200 bps , 22.118 4 MHz
        SCON = 0x50;
        PCON = 0x00;
        TR1 = 1;                                          //启动定时器 T1
}

//中断时调用的串口任务函数------------------------------------------
void serial(void) reentrant
{
```

```
        INT8U * t;

        if(TI){
                TI = 0;
                if(inTxBuf == outTxBuf)
                {
                    TIflag = 1;
                    return;
                }                                       //TxBuf 空
                SBUF = * outTxBuf;
                outTxBuf++;
                if(outTxBuf == TxBuf + LenTxBuf)
                    outTxBuf = TxBuf;
        }
        if(RI){
                RI = 0;
                t = inRxBuf;t++;
                if(t == RxBuf + LenRxBuf)
                    t = RxBuf;
                if(t == outRxBuf)
                    return;                             //RxBuf 满
                * inRxBuf = SBUF;
                inRxBuf = t;
        }
}

//显示字符串函数------------------------------------------------------------------
void PrintStr(unsigned char * str) reentrant
{
        INT8U  i;
        INT8U  j;
        INT8U  ch;

        OS_ENTER_CRITICAL();                            //入临界区
        for(i = 0;i<MaxLenStr;i++)
        {
                ch = *(str + i);
                if(ch == '\0')
                    break;
```

```
                else
                    if(ch == '\n')
                    {
                        PrintChar(10);
                        PrintChar(13);
                    }
                    else
                        if(ch == '\t'){
                        for(j = 0;j<TABNum;j++)
                                PrintChar(' ');
                }
                else PrintChar(ch);
        }
        OS_EXIT_CRITICAL();                          //出临界区
}

//显示字符函数------------------------------------------------------------------
void PrintChar(unsigned char ch) reentrant
{
        INT8U *t;

        OS_ENTER_CRITICAL();                         //入临界区
        t = inTxBuf;t++;
        if(t == TxBuf + LenTxBuf)
            t = TxBuf;
        if(t == outTxBuf)
        {
            OS_EXIT_CRITICAL();                      //出临界区
            return;
        }                                            //TxBuf 满
        *inTxBuf = ch;
        inTxBuf = t;
        OS_EXIT_CRITICAL();                          //出临界区
        if(TIflag)
        {
                TIflag = 0;
                TI = 1;
        }
}
```

```
//清屏函数---------------------------------------------------------------------------------
void clrscr() reentrant
{
        //使用 25 个回车换行来清屏幕
        PrintStr("\n\n\n\n\n\n\n\n\n\n\n\n\n\n\n\n\n\n\n\n\n\n\n\n\n");
}
//*****************************************************

;****************************************************
;          在文件 OS_CPU_A.ASM 中用汇编语言编写的中断服务程序
;****************************************************
SerialISR:                      ;串口中断服务程序

        USING 0
        CLR   EA                ;先关中断,以防中断嵌套
        PUSHALL
        LCALL _?serial
        SETB EA
        POPALL
        RETI
;****************************************************
```

上述应用程序在 KEIL51 中的运行结果如图 8-7 所示。

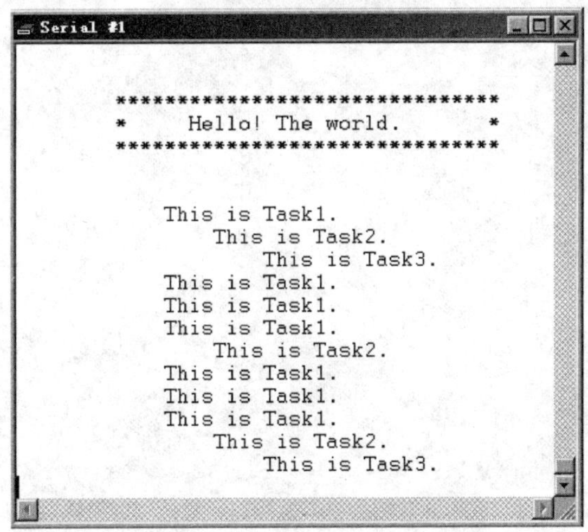

图 8-7　应用程序在 KEIL51 中的运行结果

8.4 小 结

- 多任务操作系统中,系统所提供的函数应该能允许同时被多个任务所调用而不会通过函数中变量的耦合引起任务之间的相互干扰。这样的函数叫做可重入函数。
- 应该使用硬件定时器作为时钟中断源。这个定时器可以是与微处理器集成在一个芯片上的,也可以是分立的。定时中断的频率以 10～100 Hz 为宜。
- 不同的处理器支持堆栈的增长方向也不同,因此在对 μC/OS-II 进行移植时,一定要正确地定义堆栈的格式。

8.5 练习题

1. 什么叫可重入函数?
2. 为什么在把 μC/OS-II 向 51 单片机上移植时要设立系统堆栈和任务堆栈映像?

第9章 基于 ARM 的 μC/OS-II

目前,在嵌入式处理器芯片中,以 ARM7 为核的处理器是应用较多的一种。由于它具有多种工作模式,并且支持标准 32 位 ARM 指令集和 16 位 Thumb 指令集两种不同的指令集,因而在把 μC/OS-II 向 ARM 移植时要考虑一些比较特殊的问题。本章对在 ARM7 上移植 μC/OS-II 做了比较详细的介绍。

本章的主要内容有:

- C 编译器的选择及 ARM 工作模式的选择;
- 用软中断技术实现系统底层函数调用的方法;
- 为充分发挥 ARM 的功能而添加的 4 个系统调用。

9.1 移植规划

9.1.1 编译器的选择

目前,适用于 ARM 处理器核的 C 编译器有很多种,例如 SDT、ADS、IAR、TASKING 和 GCC 等,其中使用比较多的是 SDT、ADS 和 GCC。

SDT 和 ADS 都是由 ARM 公司自己开发的,其中 ADS 是 SDT 的升级版,而且以后 ARM 公司不再支持 SDT,所以进行 μC/OS-II 向 ARM7 的移植时最好采用 ADS 编译器。本章介绍的移植代码就是使用 ADS 编译器来编译的,并在 MagicARM2200 教学实验开发平台调试通过。

9.1.2 ARM7 工作模式的选择

ARM7 处理器核具有用户、系统、管理、中止、未定义、中断和快中断 7 种模式。但由于 μC/OS-II 的开放性,如果没有特殊要求,只需采用用户模式和系统模式即可。

为了实现工作模式的切换,在移植时为 μC/OS-II 增加了两个用于模式切换的系统函数 ChangeToSYSMode()和 ChangeToUSRMode()。

9.2 移 植

9.2.1 文件 OS_CPU.H 的编写

1. 不依赖于编译的数据类型

μC/OS－II 不使用 C 语言中的 short、int、long 等与处理器类型有关数据的类型，而代之以移植性强的整数数据类型。根据 ADS 编译器的特性，在文件 OS_CPU.H 中这些数据类型的定义如下：

```
typedef    unsigned char     BOOLEAN;
typedef    unsigned char     INT8U;
typedef    signed char       INT8S;
typedef    unsigned short    INT16U;
typedef    signed short      INT16S;
typedef    unsigned int      INT32U;
typedef    signed int        INT32S;
typedef    float             FP32;
typedef    double            FP64;
typedef    INT32U            OS_STK;
```

2. 用软中断实现系统调用接口

众所周知，作为系统管理软件，操作系统安全与否直接影响着系统的安全性。所以在处理器硬件的支持下，现代系统都对操作系统进行了相应的保护。现在，因为 ARM 具有系统模式和用户模式之分，如果不使用特殊手段，用户模式不能进入系统模式。换句话说，ARM 的两种模式为操作系统的保护提供了条件。具体来说，就是使操作系统 μC/OS－II 所提供的所有函数运行于系统模式，而使用户应用程序运行于用户模式，从而实现对操作系统代码的保护。

但由于 μC/OS－II 在代码上并没有考虑上述问题，所以如果再把 μC/OS－II 移植到 ARM 还要利用上述两种模式来保护系统软件，那么作为移植者，需要考虑的问题之一就是模式切换问题，因为用户模式代码是不能随便切换模式的。

在 ARM 体系结构的处理器中，用户软件可以使用软中断指令 SWI 来切换模式。换句话说，凡是用户程序需要调用系统函数的地方都首先要使用软中断来进入系统模式，然后再调用相应函数。显然，在这种具有系统保护措施的系统中来调用系统函数是一件很麻烦的事情。但幸运的是，为了用户的方便，ADS 编译器允许用户使用关键字__swi 作为前缀来声明一个利用软中断的系统调用；也就是说，移植者只要遵照格式使用这个关键字，那么 ADS 编译器会把所有事情都处理好。

在ADS编译器中使用关键字__swi定义系统调用的格式为：

__swi(功能号) 返回值类型 名称(参数列表)；

由此可见，其格式相当简单，就是在普通函数原型前面加上"__swi(功能号)"，而这个函数原型就是用户程序调用该函数时使用的原型。编译器在见到按上述格式定义的函数时，不仅把函数调用转换成软中断，而且还会按关键字__swi后面的功能号将函数代码编译在如下形式的代码中：

```
switch(功能号)
    case 0:
        功能号为 0 的系统功能函数代码;
        break;
    case 1:
        功能号为 1 的系统功能函数代码;
        break;
    case 2:
        功能号为 2 的系统功能函数代码;
        break;
    default:
        ……
```

而这段代码就是软中断SWI的中断服务程序。也就是说，当用户程序使用函数名来调用系统函数时会携带功能号引发一个软中断，而这个功能号则指定了该函数代码在软中断服务程序中的位置。

在本例中，μC/OS-II中需要用软中断实现的函数及其软中断功能号分配见表9-1。

表9-1 需要用软中断来实现的函数

功能号	函数名	说 明
0x00	void OS_TASK_SW(void)	任务级任务切换函数
0x01	void _OSStartHighRdy(void)	运行优先级最高的任务，由OSStartHighRdy()产生
0x02	void OS_ENTER_CRITICAL(void)	关中断
0x03	void OS_EXIT_CRITICAL(void)	开中断
0x80	void ChangeToSYSMode(void)	任务切换到系统模式
0x81	void ChangeToUSRMode(void)	任务切换到用户模式
0x82	void TaskIsARM(INT8U prio)	任务代码是ARM代码
0x83	void TaskIsTHUMB(INT8U prio)	任务代码是Thumb代码

在移植文件 OS_CPU. H 中，表 9－1 中各函数的声明如下：

```
__swi(0x00) void OS_TASK_SW(void);              //任务级任务切换函数
__swi(0x01) void _OSStartHighRdy(void);         //运行优先级最高的任务
__swi(0x02) void OS_ENTER_CRITICAL(void);       //关中断
__swi(0x03) void OS_EXIT_CRITICAL(void);        //开中断
__swi(0x80) void ChangeToSYSMode(void);         //任务切换到系统模式
__swi(0x81) void ChangeToUSRMode(void);         //任务切换到用户模式
__swi(0x82) void TaskIsARM(INT8U prio);         //任务代码是 ARM 代码
__swi(0x83) void TaskIsTHUMB(INT8U prio);       //任务代码是 Thumb 代码
```

在上面声明的函数中，需要注意的是，后面的 4 个函数不是 μC/OS－II 的原有函数，而是移植者根据 ARM 的需要编写并添加到 μC/OS－II 中的函数。

其实，这就是那些区分了系统空间和用户空间的通用操作系统用来实现“系统调用”的典型做法。

3. OS_STK_GROWTH

虽然 ARM 处理器对堆栈向上及向下的两种增长方式都给予了支持，但由于编译器 ADS 仅支持堆栈从上往下长，并且必须是满递减堆栈，所以在文件中用来定义堆栈增长方式的常量 OS_STK_GROWTH 的值应该为 1，即

```
#define  OS_STK_GROWTH     1
```

9.2.2 文件 OS_CPU_C. C 的编写

1. 任务堆栈初始化函数 OSTaskStkInit()

在编写任务堆栈初始化函数 OSTaskStkInit()之前，必须先根据处理器的结构和特点确定任务的堆栈结构。本移植的堆栈结构见图 9－1。

根据图 9－1，很容易写出函数 OSTaskStkInit()的代码。函数 OSTaskStkInt()的代码清单如下：

```
OS_STK * OSTaskStkInit(
                    void ( * task)(void * pd),
                    void * pdata,
                    OS_STK * ptos,
                    INT16U opt)
{
    OS_STK * stk;
    opt = opt;
    stk = ptos;                  //获取堆栈指针
    /*  建立任务环境，ADS1.2 使用满递减堆栈
```

```
    * stk = (OS_STK) task;                    //pc
    * -- stk = (OS_STK) task;                 //lr
    * -- stk = 0;                             //r12
    * -- stk = 0;                             //r11
    * -- stk = 0;                             //r10
    * -- stk = 0;                             //r9
    * -- stk = 0;                             //r8
    * -- stk = 0;                             //r7
    * -- stk = 0;                             //r6
    * -- stk = 0;                             //r5
    * -- stk = 0;                             //r4
    * -- stk = 0;                             //r3
    * -- stk = 0;                             //r2
    * -- stk = 0;                             //r1
    * -- stk = (unsigned int) pdata;          //r0,第一个参数使用 R0 传递
    * -- stk = (USER_USING_MODE|0x00);        //spsr,允许 IRQ、FIQ 中断
    * -- stk = 0;                             //关中断计数器 OsEnterSum
      return (stk);
}
```

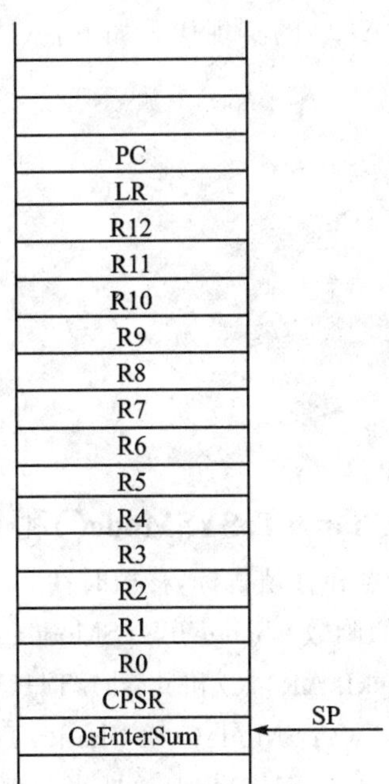

图 9-1　任务堆栈结构

堆栈中的OsEnterSum比较特别，它不是CPU的寄存器，而是一个全局变量，目的是用它来保存开关中断的次数。于是，用户在任务中就不必过分考虑开关中断对其他任务的影响。

2. OS_ENTER_CRITICAL()和OS_EXIT_CRITICAL()

μC/OS-II分别使用宏OS_ENTER_CRITICAL()和OS_EXIT_CRITICAL()来关中断和开中断。在ARM处理器核中可利用改变程序状态寄存器CPSR中的相应控制位实现。由于使用了软件中断，程序状态寄存器CPSR保存到程序状态保存寄存器SPSR中，软件中断退出时会将SPSR恢复到CPSR中，所以程序只要改变程序状态保存寄存器SPSR中相应的控制位即可。

关中断宏OS_ENTER_CRITICAL()的实现代码如下：

```
__asm
{
    MRS     R0,SPSR
    ORR     R0,R0,#NoInt
    MSR     SPSR_c,R0
}
OsEnterSum++;
```

开中断宏OS_EXIT_CRITICAL()的实现代码如下：

```
if (--OsEnterSum == 0)
{
    __asm
    {
        MRS      R0,SPSR
        BIC      R0,R0,#NoInt
        MSR      SPSR_c,R0
    }
}
```

3. 处理器模式转换函数ChangeToSYSMode()和ChangeToUSRMode()

本移植方案根据ARM核的特点和移植目标，移植时在μC/OS-II中增加了4个系统函数。其中，两个是用来转换处理器模式的函数ChangeToSYSMode()和ChangeToUSRMode()；两个是设置任务的初始指令集的函数TaskIsARM()和TaskIsTHUMB()。

处理器模式转换函数ChangeToSYSMode()和ChangeToUSRMode()使用软件中断功能0x80和0x81实现，其中函数ChangeToSYSMode()把当前任务转换到系统模式。

```
__asm
{
    MRS      R0,SPSR
    BIC      R0,R0,#0x1F
    ORR      R0,R0,#SYS32Mode
    MSR      SPSR_c,R0
}
```

函数 ChangeToUSRMode()把当前任务转换到用户模式。

```
__asm
{
    MRS      R0,SPSR
    BIC      R0,R0,#0x1F
    ORR      R0,R0,#USR32Mode
    MSR      SPSR_c,R0
}
```

它们可以在任何情况下使用。它们改变程序状态保留寄存器 SPSR 的相应位段，而程序状态保留寄存器会在软件中断退出时复制到程序状态寄存器 CPSR，任务的处理器模式就改变了。

为使用户调用它们时不受处理器模式的限制，它们都是通过软件中断服务程序来实现的。处理器模式转换函数 ChangeToSYSMode()的软件中断功能编号为 0x80；ChangeToUSRMode()的软件中断功能编号为 0x81。

4. 设置任务的初始指令集函数 TaskIsARM()和 TaskIsTHUMB()

函数 TaskIsARM()和 TaskIsTHUMB()被用来在一个 μC/OS－II 任务运行之前，指定该任务使用的指令集。

其中，函数 TaskIsARM()用于声明一个待运行任务所使用的指令集是 ARM 指令集；而函数 TaskIsTHUMB()用于声明一个待运行任务所使用的指令集是 Thumb 指令集。在调用这两个函数时，都需要传递一个唯一的参数——被指定指令集的任务的优先级别。

指定用户任务初始指令集为 ARM 指令集的函数 TaskIsARM()在软中断服务程序中对应的代码段如下：

```
if (Regs[0] <= OS_LOWEST_PRIO)
{
   ptcb = OSTCBPrioTbl[Regs[0]];
   if (ptcb != NULL)
   {
       ptcb -> OSTCBStkPtr[1] &= ~(1 << 5);
   }
}
```

指定用户任务初始指令集为 Thumb 指令集的函数 TaskIsTHUMB()在软中断服务程序中对应的代码段如下：

```
if (Regs[0] <= OS_LOWEST_PRIO)
{
        ptcb = OSTCBPrioTbl[Regs[0]];
        if (ptcb != NULL)
        {
                ptcb -> OSTCBStkPtr[1] |= (1 << 5);
        }
}
```

由于 ARM 是用处理器的寄存器 CPSR 的 T 标志位来指示和设置系统当前指令集的，而 μC/OS-II 任务在创建之后未运行之前，是把寄存器 CPSR 的值存放在任务堆栈中的，所以函数 TaskIsARM()和 TaskIsTHUMB()的核心工作就是修改存放在任务堆栈中的 CPSR 的 T 标志位。其过程为：首先，程序判断传递的参数(任务的优先级)是否在允许的范围内；然后获取任务的任务控制块 TCB 的指针，如果指针指向有效 TCB，则修改在任务堆栈中存储的 CPSR 的标志着指令集的 T 标志位。

函数 TaskIsARM()和 TaskIsTHUMB()的软件中断功能号分别为 0x82 和 0x83。

值得注意的是，由于要求这两个函数必须在相应的任务建立后但还未运行时调用，所以在低优先级任务中创建高优先级任务就要十分小心，否则会出现问题。此时，最好按下面提供的三种方法来做：

- 高优先级任务使用默认的指令集；
- 改变函数 OSTaskCreateHook()使任务默认不是处于就绪状态，建立任务后调用函数 OSTaskResume()来使任务进入就绪状态；
- 建立任务时禁止任务切换，调用函数 TaskIsARM()或 TaskIsTHUMB()后再允许任务切换。

5. 软件中断服务程序的 C 语言部分

前面曾经谈到，为了使 μC/OS-II 的一些底层系统函数在调用时与处理器工作模式无关，所以在移植时这些函数是通过软件中断来实现的。该软件中断服务程序代码如下：

```
void SWI_Exception(
                int SWI_Num,        //软中断功能号
                int * Regs          //Regs 为指向堆栈中保存寄存器的值的指针
                )
{
OS_TCB     * ptcb;
    switch(SWI_Num)
```

```
{   //宏 OS_ENTER_CRITICAL()的代码段---------------------------------------
    case 0x02:
        __asm
        {
            MRS     R0,SPSR
            ORR     R0,R0,#NoInt
            MSR     SPSR_c,R0
        }
        OsEnterSum++;
        break;
    //宏 OS_EXIT_CRITICAL()的代码段---------------------------------------
    case 0x03:
        if (--OsEnterSum == 0)
        {
            __asm
            {
                MRS     R0,SPSR
                BIC     R0,R0,#NoInt
                MSR     SPSR_c,R0
            }
        }
        break;
    //函数 ChangeToSYSMode()的代码段---------------------------------------
    case 0x80:
        __asm
        {
            MRS     R0,SPSR
            BIC     R0,R0,#0x1F
            ORR     R0,R0,#SYS32Mode
            MSR     SPSR_c,R0
        }
        break;
    //函数 ChangeToUSRMode()的代码段---------------------------------------
    case 0x81:
        __asm
        {
            MRS     R0,SPSR
            BIC     R0,R0,#0x1F
            ORR     R0,R0,#USR32Mode
```

```
                MSR         SPSR_c,R0
            }
            break;
        //函数 TaskIsARM()的代码段----------------------------------------
        case 0x82:
            if (Regs[0] <= OS_LOWEST_PRIO)
            {
                ptcb = OSTCBPrioTbl[Regs[0]];
                if (ptcb != NULL)
                {
                    ptcb -> OSTCBStkPtr[1] &= ~(1 << 5);
                }
            }
            break;
        //函数 TaskIsTHUMB()的代码段--------------------------------------
        case 0x83:
            if (Regs[0] <= OS_LOWEST_PRIO)
            {
                ptcb = OSTCBPrioTbl[Regs[0]];
                if (ptcb != NULL)
                {
                    ptcb -> OSTCBStkPtr[1] |= (1 << 5);
                }
            }
            break;
        default:
            break;
    }
}
```

从以上的代码中可以看出，程序中使用一个 switch 开关结构把软件中断功能号为 0x02、0x03、0x80、0x81、0x82、0x83 的 6 个组织到一个中断服务程序 SWI_Exception()中了。

参照表 9-1 也可发现，软中断功能号为 0x00、0x01 的函数并没有在这里实现，而是在 OS_CPU_A.S 文件中实现的。详情请参考 9.2.3 小节。

6. OSStartHighRdy()

函数 OSStartHighRdy()的代码清单如下：

```
void OSStartHighRdy(void)
{
    _OSStartHighRdy();
}
```

由表 9-1 可知,这是调用软中断的 0x01 号功能,该功能是在文件 OS_CPU_A.S 中用汇编语言实现的。详情请参考 9.2.3 小节。

7. 钩子函数

μC/OS-II 为了用户在系统函数中书写自己的代码而预置了一些函数名带有 Hook 字样的钩子函数,这些函数在移植时可全为空函数。

9.2.3 文件 OS_CPU_A.S 的编写

1. 软件中断服务程序的汇编语言部分

软件中断服务程序的汇编语言部分程序清单如下:

```
SoftwareInterrupt
            LDR         SP, StackSvc;--------------------------------------- (1)
            STMFD       SP!, {R0 - R3, R12, LR} ;--------------------------- (2)
            MOV         R1, SP;--------------------------------------------- (3)
            MRS         R3, SPSR;------------------------------------------- (4)
            TST         R3, #T_bit;----------------------------------------- (5)
            LDRNEH      R0, [LR, # - 2];------------------------------------ (6)
            BICNE       R0, R0, # 0xFF00;----------------------------------- (7)
            LDREQ       R0, [LR, # - 4];------------------------------------ (8)
            BICEQ       R0, R0, # 0xFF000000;------------------------------- (9)
            CMP         R0, #1 ;-------------------------------------------- (10)
            LDRLO       PC, = OSIntCtxSw;----------------------------------- (11)
            LDREQ       PC, = __OSStartHighRdy;----------------------------- (12)
            BL          SWI_Exception;-------------------------------------- (13)
            LDMFD       SP!, {R0 - R3, R12, PC}^ ;-------------------------- (14)
```

ARM 处理器要求软中断的功能号必须包含在 SWI 指令中,这样应用程序就可以在执行 SWI 指令时,通过读取该条指令的相应位段来获得功能号。

由于 ARM 处理器核两个指令集的指令长度不同,在不同的指令集中 SWI 指令的功能号所处的位段也不同,因此在上面的代码中先用第(4)、(5)两条指令判断处理器是处在什么指令集状态。如果是 Thumb 指令集状态,则通过第(6)、(7)两条指令取得软中断功能号;如果是 ARM 指令集状态,则通过第(9)、(10)两条指令取得软中断功能号。

然后,通过指令(10)判断软中断功能号是 0 还是 1。如果是 0,就跳转到指令(11)(任务切换函数处),执行 OS_TASK_SW();如果是 1,就跳转到指令(12),执行_OSStartHighRdy()。

其他功能就给软件中断的 C 语言处理函数处理。它有两个参数:第一个是功能号,存于 R0 中;第二个是保存参数和返回值的指针,也就是堆栈中存储用户函数 R0~R3 的位置,实质就是当前堆栈指针的值,它存于 R1 中,见代码清单中的指令(3)。

2. OS_TASK_SW()和 OSIntCtxSw()

任务级任务切换函数 OS_TASK_SW()及中断级任务切换函数 OSIntCtxSw()均用汇编语言编写。

因为在进行任务切换时,被切换的任务可能正处于系统模式,也可能正处于用户模式;可能使用 ARM 指令集,也可能使用 Thumb 指令集;又由于只有用系统模式的 SPSR 保存任务的 CPSR,才能保证正确的任务切换,所以一定要在 ARM 的系统模式下进行任务切换(见下面代码清单的第(37)条指令)。

OS_TASK_SW()和 OSIntCtxSw()的代码如下:

```
OSIntCtxSw
                ;保存任务环境
                LDR     R2,[SP,#20]                     ;获取 PC------------------------------ (1)
                LDR     R12,[SP,#16]                    ;获取 R12----------------------------- (2)
                MRS     R0,CPSR                         ;------------------------------------- (3)

                MSR     CPSR_c,#(NoInt | SYS32Mode)     ;------------------------------------- (4)
                MOV     R1,LR                           ;------------------------------------- (5)
                STMFD   SP!,{R1 - R2}                   ;保存 LR、PC-------------------------- (6)
                STMFD   SP!,{R4 - R12}                  ;保存 R4~R12-------------------------- (7)

                MSR     CPSR_c,R0                       ;------------------------------------- (8)
                LDMFD   SP!,{R4 - R7}                   ;获取 R0~R3--------------------------- (9)
                ADD     SP,SP,#8                        ;出栈 R12、PC------------------------- (10)
                MSR     CPSR_c,#(NoInt | SYS32Mode)     ;------------------------------------- (11)
                STMFD   SP!,{R4 - R7}                   ;保存 R0~R3--------------------------- (12)
                LDR     R1,=OsEnterSum                  ;获取 OsEnterSum---------------------- (13)
                LDR     R2,[R1]                         ;------------------------------------- (14)
                STMFD   SP!,{R2, R3}                    ;保存 CPSR、OsEnterSum---------------- (15)
               ;保存当前任务堆栈指针到当前任务的 TCB
                LDR     R1,=OSTCBCur                    ;------------------------------------- (16)
                LDR     R1,[R1]                         ;------------------------------------- (17)
                STR     SP,[R1]                         ;------------------------------------- (18)

                BL      OSTaskSwHook                    ;调用钩子函数------------------------- (19)
```

```
        ;OSPrioCur <= OSPrioHighRdy
        LDR     R4, = OSPrioCur              ;------------------------------------ (20)
        LDR     R5, = OSPrioHighRdy          ;------------------------------------ (21)
        LDRB    R6,[R5]                      ;------------------------------------ (22)
        STRB    R6,[R4]                      ;------------------------------------ (23)
        ;OSTCBCur <= OSTCBHighRdy
        LDR     R6, = OSTCBHighRdy           ;------------------------------------ (24)
        LDR     R6,[R6]                      ;------------------------------------ (25)
        LDR     R4, = OSTCBCur               ;------------------------------------ (26)
        STR     R6,[R4]                      ;------------------------------------ (27)
OSIntCtxSw_1
        ;获取新任务堆栈指针
        LDR     R4,[R6];17 寄存器 CPSR、OsEnterSum、R0~R12、LR、SP --------------- (28)
        ADD     SP,R4,#68                    ;------------------------------------ (29)
        LDR     LR,[SP,#-8]                  ;------------------------------------ (30)
        MSR     CPSR_c,#(NoInt | SVC32Mode)  ;进入管理模式------------------------ (31)
        MOV     SP,R4                        ;设置堆栈指针------------------------ (32)

        LDMFD   SP!, {R4, R5}                ;CPSR、OsEnterSum-------------------- (33)
        LDR     R3, = OsEnterSum             ;恢复新任务的 OsEnterSum------------- (34)
        STR     R4,[R3]                      ;------------------------------------ (35)
        MSR     SPSR_cxsf,R5                 ;恢复 CPSR--------------------------- (36)
        LDMFD   SP!,{R0-R12,LR,PC }^         ;运行新任务-------------------------- (37)
```

3. 启动最高优先级就绪任务函数 OSStartHighRdy()

由 9.2.2 小节可知，函数 OSStartHighRdy()是通过调用__OSStartHighRdy 来启动最高优先级就绪任务的，而__OSStartHighRdy 是必须用汇编语言来编写的。其代码清单如下：

```
__OSStartHighRdy
    MSR     CPSR_c,#(NoInt | SYS32Mode)     ;------------------------------------ (1)
    LDR     R4, = OSRunning;------------------------------------------------------ (2)
    MOV     R5,#1;---------------------------------------------------------------- (3)
    STRB    R5,[R4];-------------------------------------------------------------- (4)
    BL      OSTaskSwHook    ;----------------------------------------------------- (5)
    LDR     R6, = OSTCBHighRdy;--------------------------------------------------- (6)
    LDR     R6,[R6]     ;--------------------------------------------------------- (7)
    B       OSIntCtxSw_1;--------------------------------------------------------- (8)
```

9.2.4 关于中断及时钟节拍

在本移植中，只使用了 ARM 的 IRQ 中断。由于不同的 ARM 芯片的中断系统并不完全一样，因此不可能编写出对所有使用 ARM 核的处理器通用的中断及时钟节拍移植代码。

但是，为了使用户可用 C 语言编写中断服务程序时不必为处理器的硬件区别而困扰，这里还是根据 μC/OS-II 对中断服务程序的要求以及 ARM7 体系结构特点和 ADS 编译器特点，编写了一个适用于所有基于 ARM7 核处理器的汇编宏。这个宏实现了 μC/OS-II for ARM7 中断服务程序的汇编代码与 C 函数代码之间的通用接口。其代码如下：

```
MACRO
$IRQ_Label HANDLER $IRQ_Exception_Function
    EXPORT  $IRQ_Label                  ;输出的标号-------------------------------  (1)
    IMPORT  $IRQ_Exception_Function     ;引用的外部标号---------------------------  (2)
$IRQ_Label
    SUB     LR, LR, #4                  ;计算返回地址-----------------------------  (3)
    STMFD   SP!, {R0-R3, R12, LR}       ;保存任务环-------------------------------  (4)
    MRS     R3, SPSR                    ;保存状态---------------------------------  (5)
    STMFD   SP, {R3, SP, LR}^           ;保存用户状态的R3、SP、LR-----------------  (6)
; OSIntNesting++
    LDR     R2, =OSIntNesting           ;-----------------------------------------  (7)
    LDRB    R1, [R2]                    ;-----------------------------------------  (8)
    ADD     R1, R1, #1                  ;-----------------------------------------  (9)
    STRB    R1, [R2]                    ;-----------------------------------------  (10)

    SUB     SP, SP, #4*3                ;-----------------------------------------  (11)

    MSR     CPSR_c, #(NoInt | SYS32Mode)  ;切换到系统模式-------------------------  (12)
    CMP     R1, #1                      ;-----------------------------------------  (13)
    LDREQ   SP, =StackUsr               ;-----------------------------------------  (14)

    BL      $IRQ_Exception_Function     ;调用C语言的中断处理程序------------------  (15)
    MSR     CPSR_c, #(NoInt | SYS32Mode)   ;切换到系统模式------------------------  (16)
    LDR     R2, =OsEnterSum             ;OsEnterSum使OSIntExit退出时关中断--------  (17)
    MOV     R1, #1                      ;-----------------------------------------  (18)
    STR     R1, [R2]                    ;-----------------------------------------  (19)

    BL      OSIntExit                   ;-----------------------------------------  (20)
```

```
    LDR     R2, = OsEnterSum                ;因为服务程序退出,所以 OsEnterSum = 0------------(21)
    MOV     R1,#0                           ;-------------------------------------------------(22)
    STR     R1, [R2]                        ;-------------------------------------------------(23)

    MSR     CPSR_c,#(NoInt | IRQ32Mode)     ;切换回 IRQ 模式---------------------------------(24)
    LDMFD   SP, {R3, SP, LR}^               ;恢复用户状态的 R3、SP、LR-----------------------(25)

    LDR     R0, = OSTCBHighRdy              ;-------------------------------------------------(26)
    LDR     R0, [R0]                        ;-------------------------------------------------(27)
    LDR     R1, = OSTCBCur                  ;-------------------------------------------------(28)
    LDR     R1, [R1]                        ;-------------------------------------------------(29)
    CMP     R0, R1                          ;-------------------------------------------------(30)

    ADD     SP, SP,#4 * 3                   ;-------------------------------------------------(31)
    MSR     SPSR_cxsf, R3                   ;-------------------------------------------------(32)
    LDMEQFD SP!, {R0 - R3, R12, PC}^        ;不进行任务切换-----------------------------------(33)
    LDR     PC, = OSIntCtxSw                ;进行任务切换-------------------------------------(34)
MEND
```

有了这个宏,中断服务程序的 C 语言部分的编写很简单。其示意代码如下:

```
void ISR(void)
{
    OS_ENTER_CRITICAL()------------------------------------------------------------(1)
    清除中断源;--------------------------------------------------------------------(2)
    通知中断控制器中断结束:--------------------------------------------------------(3)
    开中断:OS_EXIT_CRITICAL();----------------------------------------------------(4)
    用户处理程序;------------------------------------------------------------------(5)
}
```

因为在系统响应了中断并进入中断服务程序之后,中断计数器 OsEnterSum 的值一定是 0,如果在此之后服务程序调用了 μC/OS - II 系统服务函数(它们一般会成对地调用 OS_ENTER_CRITICAL()和 OS_EXIT_CRITICAL()),则很可能在系统没有清中断源情况下就打开中断,造成处理器中断系统的异常而使应用程序工作异常,所以在中断服务程序中必须设置一个临界段,并且在这个临界段中处理清除中断源事宜,见示意代码中的(1)~(4)。

9.3 在 LPC2000 上移植 μC/OS - II

目前,由于 ARM 公司的政策,基于 ARM7 处理器核的各种处理器芯片在存储系统、片内外设设备、中断系统等方面都存在或多或少的差异，再加之嵌入式系统的具体应用项目对资源的要求不一样，因此移植时，在前面介绍的 μC/OS-II 在 ARM7 上移植的通用代码的基础上，还需要有一些与上述问题相关的代码由用户自行编写。如果使用 ADS1.2 集成开发环境来编译代码，则还需要用户或厂家编写部分启动代码。由于启动代码编写与用户具体使用的 ARM 器件关联很大，限于篇幅，本书对此不做介绍，感兴趣的读者请参阅北京航空航天大学出版社出版的《ARM 嵌入式系统基础教程》一书。

9.3.1 挂接 SWI 软件中断

将软中断异常处理程序挂接到内核是通过修改启动代码来实现的，见下面程序清单的指令(3)和(11)。

```
Reset
        LDR         PC,ResetAddr;                                    (1)
        LDR         PC,UndefinedAddr;                                (2)
        LDR         PC,SWI_Addr;                                     (3)
        LDR         PC,PrefetchAddr;                                 (4)
        LDR         PC,DataAbortAddr;                                (5)
        DCD         0xB9205F80;                                      (6)
        LDR         PC,[PC,# - 0xFF0];                               (7)
        LDR         PC,FIQ_Addr;                                     (8)

ResetAddr           DCD       ResetInit;                             (9)
UndefinedAddr       DCD       Undefined;                             (10)
SWI_Addr            DCD       SoftwareInterrupt;                     (11)
PrefetchAddr        DCD       PrefetchAbort;                         (12)
DataAbortAddr       DCD       DataAbort;                             (13)
nouse               DCD       0;                                     (14)
IRQ_Addr            DCD       IRQ_Handler;                           (15)
FIQ_Addr            DCD       FIQ_Handler;                           (16)
```

9.3.2 中断及时钟节拍中断

编写中断服务程序代码比较简单，按照 9.2.4 小节编写 C 语言处理函数即可。关键在于把程序与芯片的相关中断源挂接，使芯片在产生相应的中断后，会调用相应的处理程序。这需要做以下两方面的工作。

1. 增加汇编语言接口的支持

方法是在文件中 IRQ.S 适当位置添加如下代码：

```
×××_Handler      HANDLER Xxx_Exception
```

在实际编写代码时,其中的×××应该替换为用户自己所需要的字符串。

2. 初始化向量中断控制器

初始化向量中断控制器示意代码如下:

```
VICVectAddrX = (uint32)  ×××_Handler ;
VICVectCntlX = (0x20 | Y);
VICIntEnable = 1 << Y;
```

其中,X 为分配给中断的优先级,Y 为中断的通道号。

至于时钟节拍服务中断服务程序的编写,除了在时钟节拍服务中断服务程序中必须调用函数 OSTimeTick()外,与普通中断服务没有什么区别,这里不再介绍。

9.3.3 一个基于 μC/OS-II 和 ARM 的应用程序实例

这是一个基于 μC/OS-II 和 ARM 的应用程序实例。该应用程序运行后,用户每按一下按键 KEY1,则会使蜂鸣器发出两声鸣叫。这个应用程序中共有 Task1 和 Task2 两个任务:用 Task1 作为启动任务并处理按键事务;用任务 Task2 来处理蜂鸣器的鸣叫。应用程序主要的代码清单如下:

```
//主函数代码----------------------------------------------------------
#include "config.h"
OS_STK        TaskStartStk[TASK_STK_SIZE];          //任务 Task1 的任务堆栈
OS_STK        TaskStk[TASK_STK_SIZE];               //任务 Task2 的任务堆栈
int main (void)
{
    OSInit();                                       //初始化 μC/OS-II 系统
    OSTaskCreate(Task1,                             //创建任务 Task1
                (void *)0,
                &TaskStartStk[TASK_STK_SIZE - 1],
                0);
    OSStart();                                      //启动 μC/OS-II 任务管理
    return 0;
}
//任务 Task1------------------------------------------------------------
void  Task1(void * pdata)
{
    pdata = pdata;
    TargetInit();                                   //目标板初始化
    for ( ; ; )
```

```
    {
        OSTimeDly(OS_TICKS_PER_SEC / 50);
        if (GetKey() != KEY1)
        {
            continue;                           //按键不是 KEY1,则不理会
        }
        OSTimeDly(OS_TICKS_PER_SEC / 50);      //延时 20 ms,用于按键去抖
        if (GetKey() ! = KEY1)                  //确认按键是否仍然是 KEY1
        {
            continue;
        }
        OSTaskCreate(Task2,                     //创建任务 Task2
                (void * )0,
                &TaskStk[TASK_STK_SIZE - 1],
                10);
        while (GetKey() != 0)                   //等待按键被释放
        {
            OSTimeDly(OS_TICKS_PER_SEC / 50);   //延时 20 ms
        }
    }
}
//任务 Task2---------------------------------------------------------------
void  Task2(void * pdata)
{
    pdata = pdata;
    BeeMoo();                                   //使蜂鸣器鸣叫
    OSTimeDly(OS_TICKS_PER_SEC / 8);            //延时
    BeeNoMoo();                                 //关闭蜂鸣器
    OSTimeDly(OS_TICKS_PER_SEC / 4);            //延时
    BeeMoo();                                   //使蜂鸣器鸣叫
    OSTimeDly(OS_TICKS_PER_SEC / 8);            //延时
    BeeNoMoo();                                 //关闭蜂鸣器
    OSTaskDel(OS_PRIO_SELF);                    //任务删除自身
}
//-----------------------------------------------------------------
```

从以上代码中可以看到,应用程序用任务 Task1 来完成按键的识别、消抖工作,并在确认按键 KEY1 被按下时创建能使蜂鸣器鸣叫的任务 Task2;Task2 在完成蜂鸣器的两次鸣叫之后,就把任务自身删除。

9.4 小 结

- 为使在不同的 ARM 工作模式下调用 μC/OS - II 底层接口函数不受访问权限的限制，在移植时使用了 ARM 的软中断技术。
- 根据 ARM 核的特点和移植目标，移植时在 μC/OS - II 中增加了 4 个系统函数。其中，两个是用来转换处理器模式的函数 ChangeToSYSMode()和 ChangeToUSRMode()；两个是设置任务的初始指令集的函数 TaskIsARM()和 TaskIsTHUMB()。
- 为了使用户可用 C 语言编写中断服务程序时不必为处理器的硬件区别而困扰，根据 μC/OS - II 对中断服务程序的要求以及 ARM7 体系结构特点和 ADS 编译器特点，编写了一个适用于所有基于 ARM7 核处理器的汇编宏。这个宏实现了 μC/OS - II for ARM7 中断服务程序的汇编语言代码与 C 语言函数代码之间的通用接口。

9.5 练习题

1. 移植 μC/OS - II 到 ARM7 为何使用 SWI 软件中断异常接口？

2. 写出 ADS 中关键字_swi 的具体用法。

3. 移植代码为何要增加 ChangeToSYSMode()、ChangeToUSRMode()、TaskIsARM()和 TaskIsTHUMB()这 4 个函数？它们如何使用？

4. 在 LPC2200 上编写一个简单的基于 μC/OS - II 的程序。

第10章 μC/OS－II 在 80x86 上的移植

为了学习上的方便，μC/OS－II 的作者把 μC/OS－II 移植到了 PC 机上，从而使用户可在 PC 机上通过实验来了解这个操作系统。

本章的主要内容有：

- 任务切换的处理；
- μC/OS－II 的系统时钟处理。

10.1 概　述

本书第 8 章之前正文中的所有例题都是在 PC 中运行的，更准确地说，是在移植到 80x86 系列微处理器的 μC/OS－II 平台上运行的。因此，在应用程序的主函数中，除了要用 OSInit()函数初始化的环境之外，还要使用 PC_VectSet(uCOS, OSCtxSw)来安装 μC/OS－II 任务切换的中断向量；而在起始任务的代码中要使用 PC_VectSet(0x08, OSTickISR)来安装 μC/OS－II 系统时钟中断向量，并且要使用 PC_SetTickRate(OS_TICKS_PER_SEC)来设置 μC/OS－II 系统时钟周期(见下面代码中的黑体文字部分)。

```
void  main (void)
{
    ……
    OSInit();
    PC_DOSSaveReturn();                            //保存 DOS 环境
    PC_VectSet(uCOS, OSCtxSw);                     //安装 μC/OS－II 中断向量
    OSTaskCreate(……);
    OSStart();
}

void  MyTask (void * pdata)
{
```

```
    ……
    OS_ENTER_CRITICAL();
    PC_VectSet(0x08, OSTickISR);                    //安装时钟中断向量
    PC_SetTickRate(OS_TICKS_PER_SEC);               //设置时钟频率
    OS_EXIT_CRITICAL();
    ……
    for (;;)
    {……}
}
```

为了使读者充分理解上述代码的意义，本章将简单介绍把 μC/OS-II 移植到 80x86 上的有关部分。

10.2 任务切换

OSCtxSw()是任务级的任务切换函数，它被 μC/OS-II 任务调度器 OSSched ()在任务切换宏 OS_TASK_SW()中调用，其工作就是保存被中止运行任务的断点和恢复待运行任务的断点并启动它。

10.2.1 任务切换函数 OSCtxSw()

任务切换函数 OSCtxSw()的工作就是保存被中止运行任务的断点和恢复待运行任务的断点并启动它。因此，在这个函数中主要是一系列的压栈和出栈操作。由于 C 语言没有对 CPU 寄存器操作的指令，所以该函数只能用汇编语言来编写。它在文件 OS_CPU_A. ASM 中的代码如下：

```
_OSCtxSw    PROC    FAR
;
            PUSHA;------------------------------------------------------------ (1)
            PUSH    ES
            PUSH    DS
;
            MOV     AX, SEG _OSTCBCur
            MOV     DS, AX
;
            LES     BX, DWORD PTR DS:_OSTCBCur;------------------------------- (2)
            MOV     ES:[BX + 2], SS
            MOV     ES:[BX + 0], SP
;
```

```
            CALL    FAR PTR _OSTaskSwHook;------------------------------------- (3)
;
            MOV     AX, WORD PTR DS:_OSTCBHighRdy + 2;------------------------- (4)
            MOV     DX, WORD PTR DS:_OSTCBHighRdy
            MOV     WORD PTR DS:_OSTCBCur + 2, AX
            MOV     WORD PTR DS:_OSTCBCur, DX
;
            MOV     AL, BYTE PTR DS:_OSPrioHighRdy;---------------------------- (5)
            MOV     BYTE PTR DS:_OSPrioCur, AL
;
            LES     BX, DWORD PTR DS:_OSTCBHighRdy;---------------------------- (6)

            MOV     SS, ES:[BX + 2]
            MOV     SP, ES:[BX]
;
            POP     DS;-------------------------------------------------------- (7)
            POP     ES
            POPA
;
            IRET;------------------------------------------------------------- (8)
;
_OSCtxSw    ENDP
```

下面按代码后面的标号,将代码简单介绍如下:

(1) 把被中止运行任务的在 CPU 其他寄存器中的断点数据保存到当前任务堆栈之中。

(2) 把指向新的堆栈结构的指针保存到当前任务控制块 TCB 中。

(3) 调用钩子函数 OSTaskSwHook()。应用程序设计人员可在其中编写一些自己的代码。

(4) 把待运行任务的任务控制块 TCB 复制到 OSTCBCur 中。

(5) 把待运行任务的优先级别 Prio(任务的标识)复制到全局变量 OSPrioCur 中。

(6) 恢复待运行任务在上一次被中止运行时所保存的任务堆栈指针。

(7) 从待运行任务的任务堆栈中将断点数据恢复到 CPU 的各个寄存器。

(8) 中断返回,并恢复待运行任务的程序计数器和程序状态字。这条指令被执行后,CPU 即按当前程序计数器的指向运行待运行的新任务。

从上述代码中可以看到,任务切换函数 OSCtxSw()实现任务切换是靠中断返回指令 IRET 来实现的,因此 OSCtxSw()应该是一个中断服务程序。

10.2.2 任务切换宏 OS_TASK_SW()

前面提到，进行任务切换的关键是要实现任务断点指针的切换，这个工作是要靠中断技术来实现的。因此，任务切换宏 OS_TASK_SW()的全部工作就是想办法主动引发一次中断，然后在中断服务程序中完成任务切换的其他工作。由于 80x86 具有内部中断（软中断）指令，因此在宏中引发一次中断是相当容易的，即在宏中封装内部中断指令 INT 即可。在文件 OS_CPU.H 中有关任务切换宏 OS_TASK_SW()的代码如下：

```
#define  uCOS              0x80              //定义常量 uCOS 并且值为 0x80
#define  OS_TASK_SW()      asm  INT  uCOS    //引发 INT 0x80 内部中断
```

由此可见，在任务调度函数 OSSched()中调用一次任务切换宏 OS_TASK_SW()就执行了一次指令：

```
INT  0x80
```

即引发了一个内部中断，中断向量码为 0x80。

之所以选择中断向量码为 0x80，是因为在 80x86 系统中 DOS 和 BIOS 都没有用到它是一个允许用户使用的向量码（大多数如此，不过如果用户在 PC 机上使用 μC/OS-II，最好先查看一下系统的中断向量表，以确定该向量码真的未被使用；如果已被占用，那么只好再寻找一个未被使用的中断向量码）。

任务调度器 OSSched()、任务切换宏 OS_TASK_SW()、内部中断指令 INT 0x80 和任务切换函数（中断服务程序）之间的关系见图 10-1。

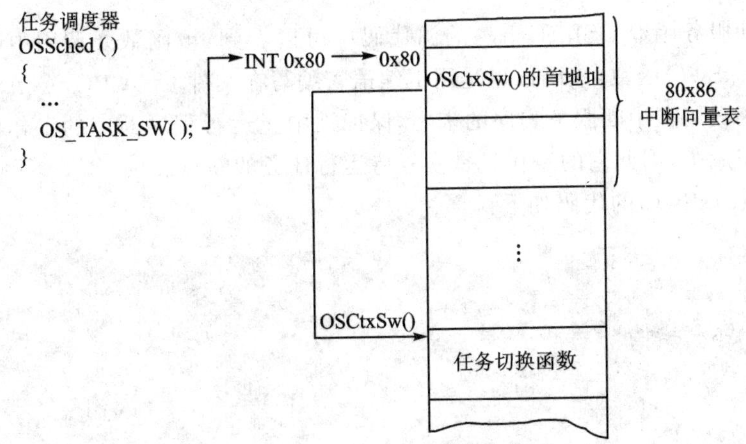

图 10-1 任务切换宏与任务切换函数之间的关系

既然 μC/OS-II 的任务切换是在中断中完成的，那么应用程序就应在创建任务和调用系统函数 OSStart()启动 μC/OS-II 之前，向系统的中断向量表安装任务切换函数 OSCtxSw()的中断向量。安装 μC/OS-II 中断向量的代码如下：

```
PC_VectSet(uCOS, OSCtxSw);                  //安装 μC/OS-II 中断向量
```

其中，参数 uCOS 为中断向量码；OSCtxSw 为中断向量。

10.2.3 中断级任务切换函数 OSIntCtxSw()

μC/OS-II 规定，在所有的中断服务程序将要结束时都要调用中断服务函数 OSIntExit()。该函数的源代码如下：

```
void  OSIntExit (void)
{
    ……
    if ((OSIntNesting == 0) && (OSLockNesting == 0))
    {
        ……
        {
            ……
            OSIntCtxSw();
        }
    }
    ……
}
```

从退出中断服务函数 OSIntExit()的源代码中可以看到，该函数要调用中断时执行任务切换的 OSIntCtxSw()函数，该函数也是用汇编语言编写在文件 OS_CPU_A.ASM 中的。

由于这个函数用在中断服务程序的末尾，保护被中止运行程序断点的工作已经在中断服务程序的前段完成了，因此它的工作只是恢复待运行任务的断点。

函数 OSIntCtxSw()的代码如下：

```
_OSIntCtxSw PROC     FAR
;
            CALL     FAR PTR _OSTaskSwHook;
            MOV      AX, SEG _OSTCBCur
            MOV      DS, AX
;
            MOV      AX, WORD PTR DS:_OSTCBHighRdy + 2
            MOV      DX, WORD PTR DS:_OSTCBHighRdy
            MOV      WORD PTR DS:_OSTCBCur + 2, AX
```

```
            MOV     WORD PTR DS:_OSTCBCur, DX
;
            MOV     AL, BYTE PTR DS:_OSPrioHighRdy
            MOV     BYTE PTR DS:_OSPrioCur, AL
;
            LES     BX, DWORD PTR DS:_OSTCBHighRdy
            MOV     SS, ES:[BX+2]
            MOV     SP, ES:[BX]
;
            POP     DS
            POP     ES
            POPA
;
            IRET
;
_OSIntCtxSw ENDP
```

10.3 系统时钟

在 PC 机上移植和运行 μC/OS-II 要注意其与 PC 中其他操作系统的关系(主要是与 DOS 操作系统之间的关系)。不能因为安装了 μC/OS-II 而使其他系统不能正常使用。

10.3.1 PC 中 DOS 的系统时钟

在 PC 中,DOS 系统时钟的周期为 54.93 ms(18.206 48 Hz)。

DOS 操作系统的系统时钟是由 PC 上配置的硬件定时器产生的。在硬件定时器的每个定时周期结束时,硬件定时器便向 CPU 申请一次中断,在中断服务程序中处理成 DOS 所需要的系统时钟,同时处理 DOS 系统有关时间的一些管理事务。在 80x86 系统的中断向量表中,产生 DOS 系统时钟的硬件定时器所占用的中断向量码为 0x08。

10.3.2 PC 中 μC/OS-II 的系统时钟

在把 μC/OS-II 向 80x86 移植时,根据实时系统的要求,把 μC/OS-II 的系统时钟的频率定为 200 Hz,显然频率比 DOS 的时钟频率高得多,因此借用产生 DOS 系统时钟的定时器的定时信号来产生 μC/OS-II 系统时钟。即截取产生 DOS 系统时钟的硬件定时器的定时中断,先行产生 μC/OS-II 系统时钟,然后对产生 μC/OS-II 时钟进行 11 分频再产生 DOS 的时钟,即

$$\text{DOS 的时钟频率}=\frac{200\ \text{Hz}}{11}=18.181\ 818\ 18\ \text{Hz}$$

取 18.206 48 Hz,以不影响 DOS 的时钟和 DOS 的运行。

为此,μC/OS-II 的应用程序应该在适当的时机,把 μC/OS-II 时钟中断服务程序的中断向量 OSTickISR 安装到 80x86 中断向量表里,而且该位置的中断向量码应该为 0x08。而把 0x08 中原来的 DOS 的时钟中断向量转存到中断向量表的另一个空白位置 0x81 中。这个工作是由 PC 功能函数 PC_DOSSaveReturn()来执行的。PC_DOSSaveReturn()功能函数的源代码如下:

```
void PC_DOSSaveReturn (void)
{
#if OS_CRITICAL_METHOD == 3
    OS_CPU_SR  cpu_sr;
#endif

    PC_ExitFlag  =  FALSE; //---------------------------------------------------- (1)
    OSTickDOSCtr =  1;//--------------------------------------------------------- (2)
    PC_TickISR  =  PC_VectGet(VECT_TICK);//-------------------------------------- (3)

    PC_VectSet(VECT_DOS_CHAIN,PC_TickISR);//------------------------------------- (4)

    setjmp(PC_JumpBuf);//-------------------------------------------------------- (5)
    if (PC_ExitFlag == TRUE)//--------------------------------------------------- (6)
    {
        OS_ENTER_CRITICAL();
        PC_SetTickRate(18);//---------------------------------------------------- (7)
        OS_EXIT_CRITICAL();
        PC_VectSet(VECT_TICK, PC_TickISR);//------------------------------------- (8)
        PC_DispClrScr(DISP_FGND_WHITE + DISP_BGND_BLACK);//---------------------- (9)
        exit(0);  //------------------------------------------------------------- (10)
    }
}
```

下面按上面代码中的标号,对 PC_DOSSaveReturn()函数进行说明:

(1) 设定返回 DOS 的标志 PC_ExitFlag 为 FALSE,即不返回 DOS 环境。

(2) 把计数器 OSTickDOSCtr 初值设置为 1。

(3) 获得 DOS 时钟中断向量。其中,常量 VECT_TICK=0x08。

(4) 把 DOS 时钟中断向量转移到中断向量表的 VECT_DOS_CHAIN 位置。其中常量

VECT_DOS_CHAIN=0x81。

(5) 调用函数 setjmp()把 CPU 寄存器中内容保存到结构体 PC_JumpBuf 中。

(6) 判断 PC_ExitFlag,由于 PC_ExitFlag 为 FALSE,因此函数返回。

10.3.3 μC/OS-II 系统时钟中断服务程序

μC/OS-II 系统时钟中断服务程序一般应该用汇编语言编写。其示意性代码如下：

```
void OSTickISR(void)
{
    保护断点;
    OSIntNesting++;
    If(OSIntNesting == 1)
    {
        OSTCBCur -> OSTCBStkPtr = SS:SP;
    }
    OSTickDOSCtr--;
    If(OSTickDOSCtr == 0)
    {
        OSTickDOSCtr = 11;
        INT 81H;
    }
    else
    {
        把 EOI 送往 PIC;
    }
    OSTimeTick();
    OSINTExit();
    恢复断点;
    中断返回;
}
```

从上面黑体字的代码段中可以看到,除了处理 μC/OS-II 的时间管理事务之外,每发生 11 次 μC/OS-II 系统时钟中断,μC/OS-II 系统的时钟中断服务程序 OSTickISR()都用"INT 81H"指令引发一次 DOS 系统时钟的中断,以让 DOS 处理自己的时间事务,而在其他次数只简单地用 EOI 指令清除 PC 机中断控制器的中断标志。

10.3.4 μC/OS-II 系统时钟中断向量的安装

由上可知,在运行 μC/OS-II 之前必须调用 PC 功能函数 PC_DOSSaveReturn(),中断向量 0x08 的位置腾空，以便安装 μC/OS－II 的时钟中断向量。而安装 μC/OS－II 时钟中断向量的工作，一般是在 μC/OS－II 运行的第一个任务(起始任务)中用如下代码来完成的：

```
PC_VectSet(0x08, OSTickISR);                //安装时钟中断向量
PC_SetTickRate(OS_TICKS_PER_SEC);           //设置时钟频率
```

并紧接着用 PC 功能函数来设置 μC/OS－II 的系统时钟频率。

DOS 环境与 μC/OS－II 环境下 PC 机的中断向量表之间的比较如图 10－2 所示。

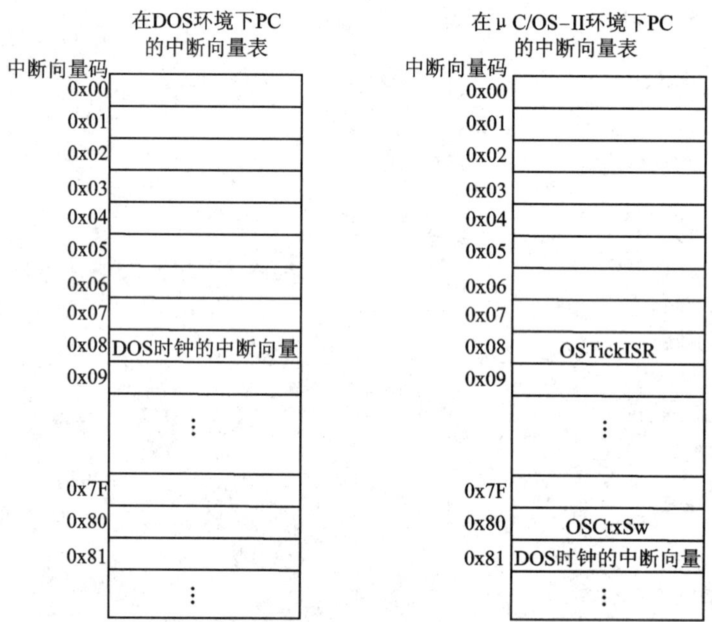

图 10－2　DOS 环境与 μC/OS－II 环境下 PC 中断向量表的比较

10.3.5　由 μC/OS－II 返回 DOS

当 μC/OS－II 的任务结束需要使 PC 机返回 DOS 时，要调用 PC 功能函数 PC_DOSReturn()。该函数的源代码如下：

```
void PC_DOSReturn (void)
{
    PC_ExitFlag = TRUE;
    longjmp(PC_JumpBuf, 1);
}
```

10.4 小　结

- 为在 PC 上对 μC/OS－II 进行测试，移植者把 μC/OS－II 看成了一个运行在 DOS 上的特殊进程。
- 为不影响 PC 机上其他操作系统的运行，移植 μC/OS－II 时，把 μC/OS－II 的系统时钟串联在了系统时钟链中。

第11章 μC/OS－II可裁剪性的实现

在实际应用程序的设计中，一般不会用到 μC/OS－II 系统提供的全部函数，所以 μC/OS－II 允许用户根据实际的需要对 μC/OS－II 进行裁剪，即只选用应用程序用到的功能，而不需要的功能则通过条件编译命令把它们裁剪掉(实质上就是令编译器不编译它们)。于是就需要在 μC/OS－II 的配置文件 OS_CFG.H 中，对相关的配置常量进行相应的设置。

本章的主要内容有：

● 介绍用户在设计应用程序时，为选用 μC/OS－II 提供的服务而需要在 OS_CFG.H 中定义的配置常量。

11.1 文件 OS_CFG.H 中用于系统裁剪的常量

为了对系统进行裁剪，配置文件 OS_CFG.H 定义了一些常量。编译系统在对应用程序进行编译时，会依据用户为各个配置常量所赋的值有选择地进行编译，从而生成裁剪后的目标代码。

为了阅读上的方便，本节介绍这些变量时，介绍的顺序与它们在文件 OS_CFG.H 中出现的顺序相同。

表 11－1 列出了用编译常量控制的 μC/OS－II 函数。

表 11－1 μC/OS－II 函数和相关的常量

函　数	使用该函数需要置1的常量	与该函数相关的其他常量
OSInit()	无	OS_MAX_EVENTS OS_Q_EN and OS_MAX_QS OS_MEM_EN OS_TASK_IDLE_STK_SIZE OS_TASK_STAT_EN OS_TASK_STAT_STK_SIZE
OSSchedLock()	无	无
OSSchedUnlock()	无	无

续表 11-1

函　数	使用该函数需要置 1 的常量	与该函数相关的其他常量
OSStart()	无	无
OSStatInit()	OS_TASK_STAT_EN && OS_TASK_CREATE_EXT_EN	OS_TICKS_PER_SEC
OSVersion()	无	无
OSIntEnter()	无	无
OSIntExit()	无	无
OSMboxAccept()	OS_MBOX_EN	无
OSMboxCreate()	OS_MBOX_EN	OS_MAX_EVENTS
OSMboxPend()	OS_MBOX_EN	无
OSMboxPost()	OS_MBOX_EN	无
OSMboxQuery()	OS_MBOX_EN	无
OSMemCreate()	OS_MEM_EN	OS_MAX_MEM_PART
OSMemGet()	OS_MEM_EN	无
OSMemPut()	OS_MEM_EN	无
OSMemQuery()	OS_MEM_EN	无
OSQAccept()	OS_Q_EN	无
OSQCreate()	OS_Q_EN	OS_MAX_EVENTS OS_MAX_QS
OSQFlush()	OS_Q_EN	无
OSQPend()	OS_Q_EN	无
OSQPost()	OS_Q_EN	无
OSQPostFront()	OS_Q_EN	无
OSQQuery()	OS_Q_EN	无
OSSemAccept()	OS_SEM_EN	无
OSSemCreate()	OS_SEM_EN	OS_MAX_EVENTS
OSSemPend()	OS_SEM_EN	无
OSSemPost()	OS_SEM_EN	无
OSSemQuery()	OS_SEM_EN	无
OSTaskChangePrio()	OS_TASK_CHANGE_PRIO_EN	OS_LOWEST_PRIO

续表 11-1

函　数	使用该函数需要置 1 的常量	与该函数相关的其他常量
OSTaskCreate()	OS_TASK_CREATE_EN	OS_MAX_TASKS OS_LOWEST_PRIO
OSTaskCreateExt()	OS_TASK_CREATE_EXT_EN	OS_MAX_TASKS OS_STK_GROWTH OS_LOWEST_PRIO
OSTaskDel()	OS_TASK_DEL_EN	OS_LOWEST_PRIO
OSTaskDelReq()	OS_TASK_DEL_EN	OS_LOWEST_PRIO
OSTaskResume()	OS_TASK_SUSPEND_EN	OS_LOWEST_PRIO
OSTaskStkChk()	OS_TASK_CREATE_EXT_EN	OS_LOWEST_PRIO
OSTaskSuspend()	OS_TASK_SUSPEND_EN	OS_LOWEST_PRIO
OSTaskQuery()		OS_LOWEST_PRIO
OSTimeDly()	无	无
OSTimeDlyHMSM()	无	OS_TICKS_PER_SEC
OSTimeDlyResume()	无	OS_LOWEST_PRIO
OSTimeGet()	无	无
OSTimeSet()	无	无
OSTimeTick()	无	无
OSTaskCreateHook()	OS_CPU_HOOKS_EN	无
OSTaskDelHook()	OS_CPU_HOOKS_EN	无
OSTaskStatHook()	OS_CPU_HOOKS_EN	无
OSTaskSwHook()	OS_CPU_HOOKS_EN	无
OSTimeTickHook()	OS_CPU_HOOKS_EN	无

11.2 配置常量的解释

11.2.1 OS_MAX_EVENTS

配置常量 OS_MAX_EVENTS 用来定义应用系统中可以具有事件控制块最大数量。一旦定义了常量 OS_MAX_EVENTS 的值,那么在应用程序中所应用事件的总数目就不能大于这个值。

例如,某应用系统中需要使用 10 个消息邮箱、5 个消息队列及 3 个信号量,则 OS_MAX_EVENTS 至少应该定义为 18。

11.2.2 OS_MAX_MEM_PARTS

配置常量 OS_MAX_MEM_PARTS 用来定义系统中具有内存控制块数的最大数量。

如果应用程序要使用动态内存,那么内存控制块的配置常数 OS_MAX_MEM_PARTS 最小应该设置为 2。为了使编译器能够对系统的内存管理函数进行编译,因此常量 OS_MEM_EN 也要置为 1。

11.2.3 OS_MAX_QS

配置常量 OS_MAX_QS 定义系统中具有消息队列的最大数目。

如果应用程序要使用消息队列,那么 OS_MAX_ QS 最小应该设置为 2。为了使编译器能够对系统的管理消息队列的函数进行编译,常量 OS_Q_EN 也要同时置 1。

11.2.4 OS_MAX_MEM_TASKS

配置常量 OS_MAX_MEM_TASKS 用来定义应用程序中可以具有任务的最大数目。由于 μC/OS - II 保留了两个系统使用的任务(统计任务和空闲任务),所以常量 OS_MAX_MEM_TASKS 的值不能大于 62。

如果设定 OS_MAX_MEM_TASKS 刚好等于所需任务数,则建立新任务时要注意检查是否超过限定。而 OS_MAX_MEM_TASKS 的值设定得太大,则会造成内存的无谓浪费。

11.2.5 OS_LOWEST_PRIO

配置常量 OS_LOWEST_PRIO 用来设定系统中任务的最低优先级别(最大优先级数目)。

设定适当的 OS_LOWEST_PRIO 值,可以节省用于任务控制块的内存。

μC/OS - II 中优先级别从 0(最高优先级)~63(最低优先级)。μC/OS - II 保留了两个优先级别系统自用:OS_LOWEST_PRIO 和 OS_LOWEST_PRIO－1。其中 OS_LOWEST_PRIO 留给系统的空闲任务 OSTaskIdle();OS_LOWEST_PRIO－1 留给统计任务 OSTaskStat()。从 0～OS_LOWEST_PRIO－2 为用户任务可使用的优先级别。

需要注意的是,OS_LOWEST_PRIO 和 OS_MAX_TASKS 是相互独立的两个配置常量。例如,可以设 OS_MAX_TASKS 为 10,而 OS_LOWEST_PRIO 为 32。此时系统最多可有 10 个任务,用户任务的优先级别可以是 0～30。当然,用 OS_LOWEST_PRIO 来设定的优先级别也要够用。例如,设 OS_MAX_TASKS 为 20,而 OS_LOWEST_PRIO 为 10,优先级别就不够用了。

11.2.6 OS_TASK_IDLE_STK_SIZE

配置常量 OS_TASK_IDLE_STK_SIZE 用来设置 μC/OS-II 中空闲任务任务堆栈的容量。

在设置这个常量时,要注意堆栈容量的单位不是字节,而是 OS_STK(μC/OS-II 中堆栈统一用 OS_STK 声明,根据不同的硬件环境,OS_STK 可为不同的长度)。

空闲任务堆栈的容量取决于所使用的处理器以及预期的最大中断嵌套数。虽然空闲任务几乎不做什么工作,但还是要预留足够的堆栈空间保存 CPU 寄存器的内容,以及可能出现的中断嵌套情况。

11.2.7 OS_TASK_STAT_EN

配置常量 OS_TASK_STAT_EN 用来设定系统是否使用 μC/OS-II 中的统计任务 OSTaskStat()及其初始化函数。若设为 1,则使用统计任务。统计任务每秒运行一次,计算当前系统 CPU 使用率并把结果保存在 8 位全局变量 OSCPUUsage 中。每次运行,OSTaskStat()都将调用 OSTaskStatHook()函数,用户自定义的统计功能可以放在这个函数中。

统计任务 OSTaskStat()的优先级总是自动设为 OS_LOWEST_PRIO－1。

当 OS_TASK_STAT_EN 设为 0 时,μC/OS-II 在系统初始化时,全局变量 OSCPUUsage、OSIdleCtrMax、OSIdleCtrRun 和 OSStatRdy 都将不被声明,以节省内存空间。

11.2.8 OS_TASK_STAT_STK_SIZE

配置常量 OS_TASK_STAT_STK_SIZE 用来设置 μC/OS-II 统计任务的任务堆栈容量。注意单位不是字节,而是 OS_STK。统计任务堆栈的容量取决于所使用的处理器类型以及如下操作:

- 进行 32 位算术运算所需的堆栈空间;
- 调用 OSTimeDly()所需的堆栈空间;
- 调用 OSTaskStatHook()所需的堆栈空间;
- 预计最大的中断嵌套数。

如果想在统计任务中进行堆栈检查,判断实际的堆栈使用,则用户需要设 OS_TASK_CREATE_EXT_EN 为 1,并使用 OSTaskCreateExt()函数建立任务。

11.2.9 OS_CPU_HOOKS_EN

配置常量 OS_CPU_HOOKS_EN 常量用来设定是否在文件 OS_CPU_C.C 中实现各个钩子函数(Hook Function)。如果要实现钩子函数,则常量 OS_CPU_HOOKS_EN 必须设置为 1。

μC/OS-II 中提供了如下 5 个对外接口函数：

- OSTaskCreateHook()；
- OSTaskDelHook()；
- OSTaskStatHook()；
- OSTaskSwHook()；
- OSTimeTickHook()。

这 5 个钩子函数既可在文件 OS_CPU_C.C 中声明，也可在用户代码中声明。

11.2.10 OS_MBOX_EN

配置常量 OS_MBOX_EN 用来控制应用程序是否使用 μC/OS-II 的消息邮箱函数及其相关数据结构。如果要使用，则必须将其设为 1；如果不使用，则设为 0，关闭此常量，以节省内存。

11.2.11 OS_MEM_EN

配置常量 OS_MEM_EN 用来控制应用程序是否使用 μC/OS-II 的内存块管理函数及其相关数据结构。如果要使用，则必须将其设为 1；如果不使用，则设为 0，关闭此常量，以节省内存。

11.2.12 OS_Q_EN

配置常量 OS_Q_EN 用来控制应用程序是否使用 μC/OS-II 中的消息队列函数及其相关数据结构。如果要使用，则必须将其设为 1；如果不使用，则设为 0，关闭此常量，以节省内存。

11.2.13 OS_SEM_EN

配置常量 OS_SEM_EN 用来控制应用程序是否使用 μC/OS-II 中的信号量管理函数及其相关数据结构。如果要使用，则必须将其设为 1；如果不使用，则关闭此常量，以节省内存。

11.2.14 OS_TASK_CHANGE_PRIO_EN

配置常量 OS_TASK_CHANGE_PRIO_EN 用来控制应用程序是否使用 μC/OS-II 的改变任务优先级别函数 OSTaskChangePrio()。如果要使用，则应将其设为 1；如果在应用程序中不需要改变运行任务的优先级，则应将将此常量设置为 0，以节省内存。

11.2.15 OS_TASK_CREATE_EN

配置常量 OS_TASK_CREATE_EN 用来控制应用程序是否使用 μC/OS-II 的 OSTaskCreate()函数。如果使用,则应将其设置为 1;如果不使用,应将 OS_TASK_CREATE_EN 设置为 0,以节省内存。

在 μC/OS－II 中推荐用户使用 OSTaskCreateExt()函数来建立任务。

应该注意的是,OS_TASK_CREATE_EN 和 OS_TASK_CREATE_EXT_EN 至少有一个要为 1。

11.2.16 OS_TASK_CREATE_EXT_EN

配置常量 OS_TASK_CREATE_EXT_EN 用来控制是否使用 μC/OS－II 的 OSTaskCreateExt()函数。如果使用,则应将其设为 1;如果不使用,则应将常量 OS_TASK_CREATE_EXT_EN 设置为 0,以节省内存。

注意,在应用程序中如果要使用堆栈检查函数 OSTaskStkChk(),则必须使用 OSTaskCreateExt()建立任务。

11.2.17 OS_TASK_DEL_EN

配置常量 OS_TASK_DEL_EN 用来控制是否使用 μC/OS－II 的 OSTaskDel()函数。如果要使用,则必须将其设为 1;如果在应用程序中不使用删除任务函数,则应该将 OS_TASK_DEL_EN 设为 0,以节省内存。

11.2.18 OS_TASK_SUSPEND_EN

配置常量 OS_TASK_SUSPEND_EN 用来控制是否使用 μC/OS－II 的函数 OSTaskSuspend()和 OSTaskResume()。如果要使用,则应将其设为 1;如果在应用程序中不使用任务挂起和唤醒函数,则应将常量 OS_TASK_SUSPEND_EN 设为 0,以节省内存。

11.2.19 OS_TICKS_PER_SEC

配置常量 OS_TICKS_PER_SEC 用来表示调用函数 OSTimeTick()的次数。

在函数 OSStatInit()、OSTaskStat()和 OSTimeDlyHMSM()中都会用到 OS_TICKS_PER_SEC。用户需要在自己的初始化程序中保证 OSTimeTick()按所设定的频率调用。

第12章 在集成开发环境上编译 μC/OS-II

大概是为了在工程管理上为自己取得更多的自由，μC/OS-II的作者使用了Makefile、批处理等技术，只选用成品集成开发环境Borland C++4.5(BC45)和TASM中的几个关键部件构成了自己的开发环境。但是这种高手的技巧无疑给初学者，特别是那些没有使用Makefile、批处理等技术对工程进行管理经验的人，造成了极大的障碍，从而不得不为熟悉这些技术花费很多时间和精力。为了降低μC/OS-II的学习难度，本章介绍了两个用普通集成环境编译并学习μC/OS-II的方法。

本章的主要内容有：

- 使用集成开发环境BC3.1编译μC/OS-II；
- DOS程序与Windows程序，实模式与保护模式；
- 集成开发环境VC制作的仿真μC/OS-II。

12.1 使用Borland C++4.5编译μC/OS-II

Borland C++简称BC，是美国Borland公司早年推出的C++集成开发环境，国内常见的版本有Borland C++3.1(BC31)和Borland C++4.5(BC45)，它们均在x86平台上支持C/C++，既可以开发DOS程序，也可以开发Windows程序，特别适合用于制作μC/OS-II这类基于PC/DOS环境的软件产品。

目前，BC31和BC45都可以从网上获得，两者比较，BC45的界面可能更为初学者喜欢和熟悉，故本章以BC45为例介绍μC/OS-II的编译方法。

可能缘于对多文件工程的不熟悉，初学者使用开发工具编写和编译自己的程序时通常不会有什么问题，反而在已有现成源文件的条件下，特别是一个多文件系统时(例如μC/OS-II)，却不知所措了。其实在BG45上编译μC/OS-II相当简单：

- 首先使用BC45创建一个设置正确的空工程；
- 接下来把μC/OS-II源码按照正确的方式、方法加入工程；
- 最后编译、链接和调试运行。

成功的关键就是两点:一要正确地设置工程;二要正确地处理文件的包含关系。

12.1.1 做法与步骤

1. 准备工作

安装BC45并设置Windows系统环境变量;因BC45中没有汇编器,故还需安装汇编器TASM5.0并设置Windows系统环境变量。例如将BC45安装(运行INSTALL.EXE)到D:\BC45;TASM5.0安装到D:\TASM。然后如图12-1所示,选择"我的电脑"→"属性"→"高级"→"环境变量",打开环境变量对话框,在"系统变量"下拉列表中找到path,单击"编辑"按钮,在打开的对话框中变量值末尾添加字符串"D:\BC4.5\BIN;D:\TASM\BIN;"。最后重启计算机。

2. 创建工程

首先创建一个用于存放工程的文件夹,例如E:\ucos_bc。把待要编译的UCOS系统文件及用户程序文件均复制到这个文件夹中,为了便于处理文件包含关系,可以如图12-2所示那样平行地将所有文件都复制到同一个文件夹中。这样就可以把各文件中包含头文件语句中包含语句的文件路径都删掉,只留下文件名。即把INCLUDES.H和ucos_ii.c文件里面包含语句的"\software\ucos-ii\source\""\software\blocks\pc\bc45\"和"\software\ucos-ii\source\"等路径删掉,只留下文件名。

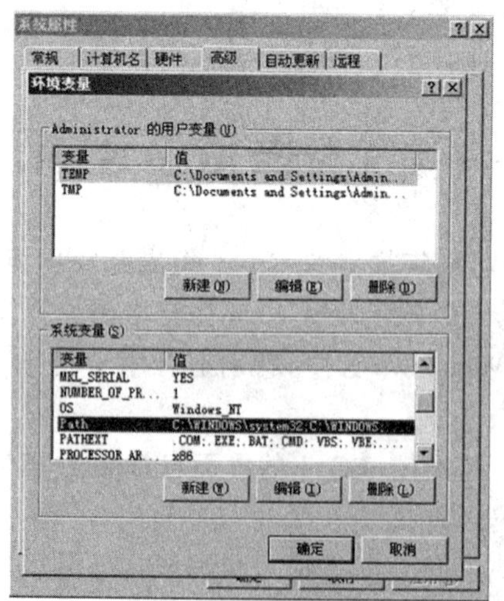

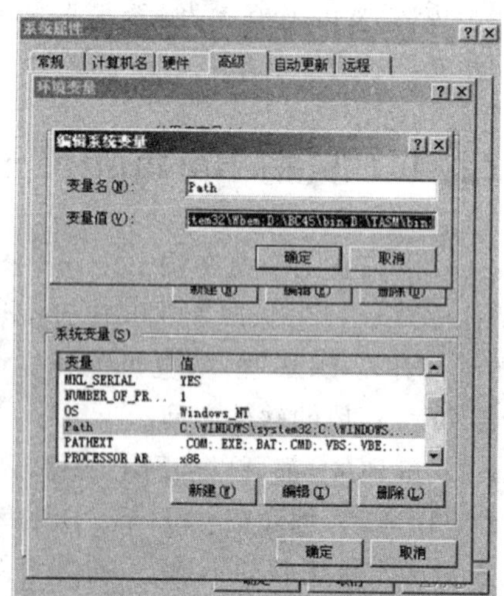

图12-1 设置环境变量

成功地启动了BC45之后,如图12-3(a)所示使用菜单命令project→new project打开New Target对话框,并按照图12-3(b)所示对工程进行设置。设置时特别需要注意的是Platform(运行平台)和Target Model(目标模式)两个选项,前者必须设置为DOS,后者则必须

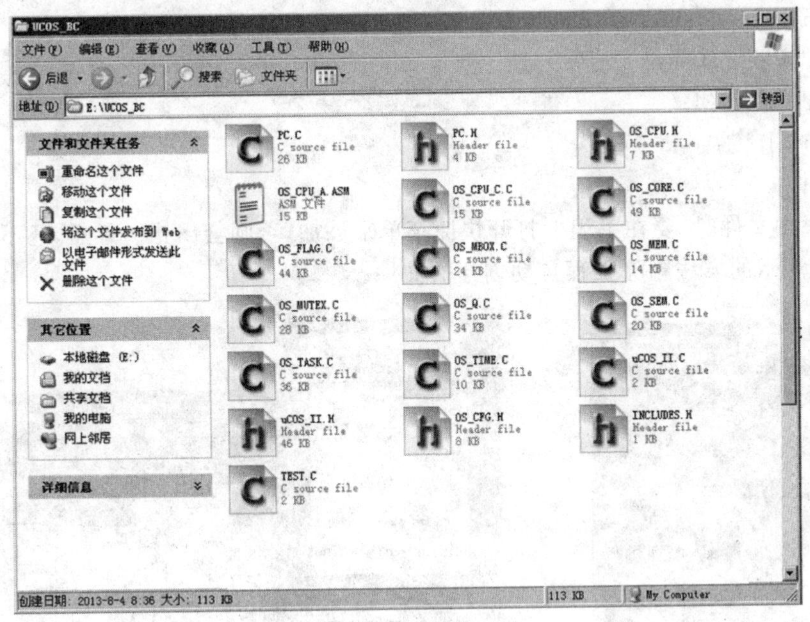

图 12-2　复制到 UCOS_BC 文件夹中的文件

设置为 Large，至于原因这里不做解释，请读者自行参阅其他文献。

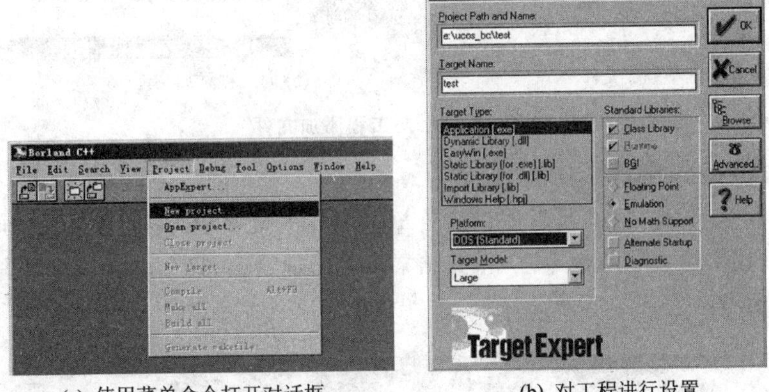

(a) 使用菜单命令打开对话框　　(b) 对工程进行设置

图 12-3　创建工程

3. 向工程中添加文件

虽然文件均已复制到了工程文件夹中，但还尚未被工程管理文件所记录，所以接下来的任务便是按照图 12-4(b)所示的方法在窗口底部的工程 IDE(相当于工作空间 Work Space)向工程添加如下 5 个文件(对于其他文件，系统会根据文件中包含语句所表示的包含关系而得知)：

- TEST.C；
- OS_CPU_C.C；
- CPU_A.ASM；
- uCOS_II.C；
- PC.C。

注意，添加文件时，要在工程上打开快捷菜单来添加，否则会出错。最后，还不要忘记按照图 12-4(a)所示的方法删除工程自动创建的文件。

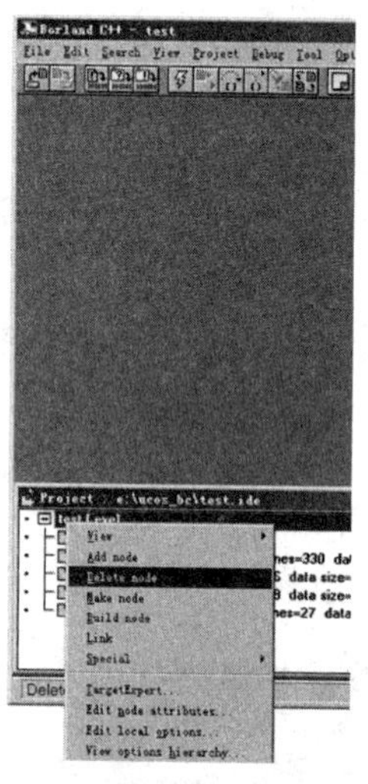

(a) 从工程中删除文件

(b) 向工程添加文件

图 12-4 向工程添加文件

4. 编译、链接与创建

如图 12-5 所示，编译、链接与创建的菜单选项在主菜单 Project 下。如果前面各步骤实施无误，那么使用了这些菜单命令之后，其结果不会出现错误，只会出现一些警告，最后生成的程序可以正常运行。

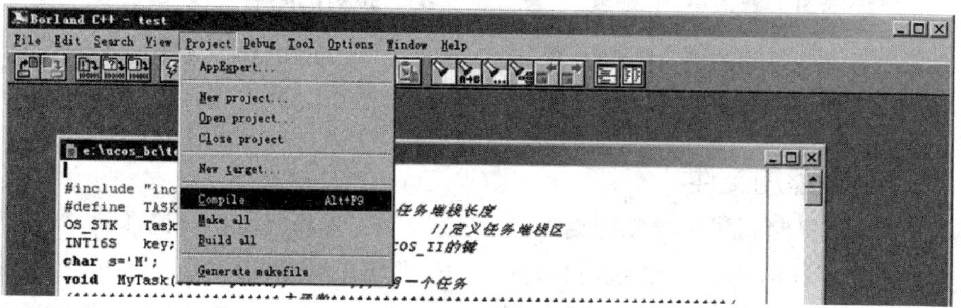

图 12-5 编译、创建等命令

示例见本书提供的文件夹 ucos_BC(若需要请发送邮件至 bhkejian@126.com 索取)。

12.1.2 BC 精简版与完整版之间的关系

本书的前面均使用 BC 的精简版(因本书作者在写第 1 版时还找不到 BC45,故当时使用的是 BC31 精简版来编译 μC/OS-II。

那么什么是精简版呢?它与完整版之间又有什么关系呢?

首先必须指出,所谓 BC 精简版,不是软件生产商的正规产品,而是一种根据需要选取 Borland C++和 TASM 两个开发工具中的关键部件拼凑起来的开发工具,这是习惯于使用命令行开发工程的人常采用的方法,当然为了方便工程管理,又编写了 Makefile 和批处理文件,从而实现了只要双击批处理文件就可以完成程序的编译和链接,进而产生可执行文件。因为完整集成开发环境中那些与图形界面、工程管理、调试等相关的文件均被舍弃,所以这种拼凑的开发环境体积很小,称为“精简版”。

“精简版”也好,“瘦身版”或“杂凑版”也罢。本书之所以保留了上述工程管理与常见方法,一是为了方便读者将来阅读 μC/OS-II 原作者的著作,二是为了使读者有一个了解 Makefile 的机会,因为这个基本技术现在已深深隐藏于各种集成开发环境之中,而很少为初学者可见了。

12.2 使用 Visual C++ 6.0 编译 μC/OS-II

大多数人都对 Visual C++ 6.0(简称 VC6)比较熟悉,所以本节介绍如何使用 VC 对 μC/OS-II 进行编译和运行,但由于 VC6 是一个 Windows 程序开发工具,难以开发一个特别需要硬件支持的软件,因此本章由它编译创建的 μC/OS-II 仅是一个运行于 Windows 平台之上的仿真 μC/OS-II。

12.2.1 DOS 程序与 Windows 程序的区别

不同于既可以开发 DOS 也可以开发 Windows 程序的 BC,VC 开发的仅是 Windows 程序,而现在的 Windows 系统必须运行于 PC 机(以 x86 为处理器的个人计算机)的“保护模式”上,从而以 Windows 为平台的程序也就只能运行于“保护模式”上,而不能像 DOS 程序那样运行于 x86“实模式”,于是使用 VC 编译 μC/OS-II 的工作就变得复杂起来,因为这相当于 μC/OS-II 的移植。

之所以如此,是因为 PC 机的“实模式”与“保护模式”区别甚大。

众所周知,大多数 PC 机使用的是 Intel 的 x86 系列 CPU,其早期芯片为 8086,其结构还比较简单,在 CPU 与内存之间还没有什么内存管理单元 MMU 之类的中间环节,CPU 对内存的寻址基本就是依靠芯片的地址总线,寻址用的 20 位地址就直接对应着芯片外的 20 根地址

线,也对应着内存的 1 MB 实际物理地址,于是程序中的地址与内存的实际物理地址一一对应,在后来出现了"保护模式"之后,8086 的这种模式称为"实地址模式",简称为"实模式"。

尽管实模式的 8086 只有 20 根地址线,最大只能访问 $2^{20}=1$ MB 内存,但由于当时在 PC 机上运行的程序规模都不大,所以还可以满足当时的需求。由于当时 PC 机上典型的操作系统就是 DOS,因此那时的集成开发工具都是用来开发 DOS 程序的,DOS 程序的最大特点就是工作在 x86 的"实模式"上,可以以较简单的方法操作计算机的底层硬件,μC/OS-II 就是使用诸如 BC 之类的 DOS 程序开发工具制作的一个小型操作系统。

随着图形界面程序的兴起,加之用户需求的不断增大,应用程序的规模也剧烈地膨胀起来,最终导致了一个难题的出现,那就是终于有一天人们发现,应用程序的规模大到内存已经容纳不下它们了。即,由于表演舞台已经容纳不下这些表演者了。于是,为了解决这个问题,经过长期的努力,虚拟存储器技术出现了。

所谓虚拟技术,就是先给资源(内存、舞台皆如此)需要者一个承诺,先告诉它们:不要着急,先等等,到需要时资源会有的。然后把本来不够的有限资源以分时的方法分配给它们,这样就可以使用较小的资源来完成较大的任务了,对于计算机来说,就是可以用较小的内存运行较大的程序。之所以能够如此,是因为人们发现,大多数情况下,资源需求者并不是同时真正为它们提供资源。

显然,上述做法能否成功实施,则需要一个合格的资源管理者或调度者。在计算机技术中,这个管理者就是著名的内存管理单元(MMU,Memory Management Unit)。其原理示意图如图 12-6 所示。

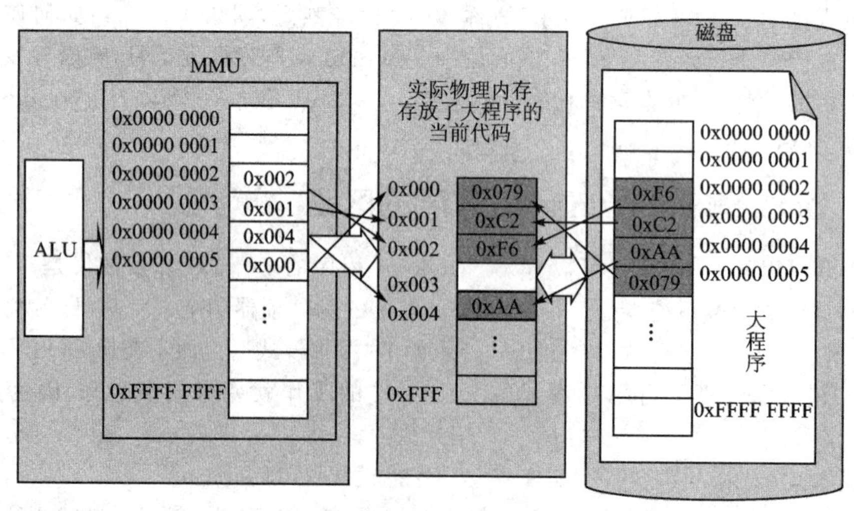

图 12-6 虚拟存储技术示意图

采用了 MMU 的内存管理技术叫做虚拟内存技术。对于初学者来说,可不必太在意这种技术的细节,只需要知道一件事即可,那就是采用虚拟存储技术之后,程序的地址不再与程序所占用的内存实际地址一一对应了。于是,程序中的地址与实际物理地址通常是不相同的,而且也没有固定关系,一个程序地址究竟使用了哪一个实际内存地址全凭 MMU 的调度来决定。这种做法的一个直接后果就是,运行于具有 MMU 平台上的程序不能直接访问硬件,因为这些硬件的地址都是固定的,除非采用某种特殊技术。

另外,人们在发展虚拟存储技术的同时,为了提高计算机的安全性,又为不同的程序访问内存设置了不同的权限,于是 x86 的这种新的工作模式就被称为"保护模式",而旧有的模式称为"实模式"。自 80286 开始,CPU 便开始采用了"保护模式",为了兼容,这种芯片既可以工作于"实模式",也可以工作于"保护模式",随后在 80386 又增加了"虚拟 8086 模式"。从此之后,Intel 的 32 位处理器虽然速度和功能不断有所提升,然而基本上都属于 80386 系统结构的改进与加强,并无本质的变化,于是人们把 80386 以后的 32 位 x86 的架构统称为 IA32(32 Bit Intel Architecture)架构。

总之,DOS 程序在编译时就生成了程序的绝对地址,这个地址与其被加载到内存运行时实际所占用的内存地址是相同的。而运行于保护模式的 Windows 程序在编译时生成的是可重定位代码,这种代码在加载时其具体真实地址由 MMU 决定,与编译时产生的地址无关。这就是说,使用 VC 编译的程序不能直接操作系统的硬件,因此在对 μC/OS-II 进行编译之前,必须对 OS_CPU.H、OS_CPU_A.ASM 和 OS_CPU_C.C 这三个涉及底层的文件进行大幅度修改,以求在一个较高的软件层上模仿出底层硬件的动作,这无疑是一个难度比较高的工作。其实,这也是作者不太赞成在 VC 上学习 μC/OS-II 的原因。

12.2.2 系统时钟的模拟

利用 VC 可以嵌入汇编代码的便利,首先可将 OS_CPU_A.ASM 中的相关代码合并入 C 文件,从而使得需要处理的只剩下 OS_CPU.H 和 OS_CPU_C.C 两个文件,以及如何在主函数中实现时钟中断。

由于运行于保护模式的程序不能简单地通过修改 DOS 的硬件时钟中断来得到时钟滴答,因此一个比较简单的解决方法便是采用 Windows 提供的软件定时器来产生模拟时钟"滴答"。

在 Windows 提供的众多具有软件定时功能的函数中,timeSetEvent()最为简单适用,它除了定时精度较高(为 ms 级)之外,更难能可贵的是,它被调用后会立即创建一个新的独立线程,并能在这个新线程中以非常精确的时间间隔调用一个由用户通过参数提供的函数,如图12-7(a)所示。

timeSetEvent 函数原型如下:

```
MMRESULT timeSetEvent(UINT uDelay,
            UINT uResolution,
```

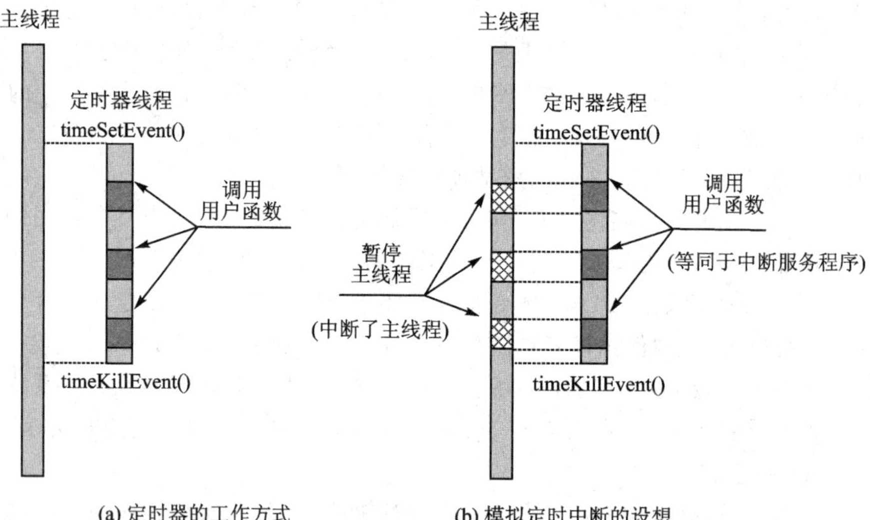

图 12-7 定时器的工作方式及对系统时钟中断的模拟设想

```
            LPTIMECALLBACK lpTimeProc,
            WORD dwUser,
            UINT fuEvent
)
```

其中参数为：

- uDelay——以毫秒指定事件的周期。
- Uresolution——以毫秒指定延时的精度，数值越小，定时器事件分辨率越高。缺省值为 1 ms。
- LpTimeProc——指向一个用户自定义函数的指针，在定时器线程该函数被定时调用。
- DwUser——存放用户提供的回调数据。
- FuEvent——指定定时器事件类型，FuEvent 的可选值为 TIME_ONESHOT 和 TIME_PERIODIC。前者在定时时间到达时刻只产生一次函数调用事件；后者则以定时时间为周期，周期性地对函数进行调用。

需要注意的是：用户处理的时间不能大于周期间隔时间，并且在定时器使用完毕后及时调用 timeKillEvent()将之释放。

下面通过一个示例来了解 timeKillEvent()函数的作用。

例 12-1 设计一个程序，在主程序中调用 timeSetEvent()使之可以以 1 000 ms 为周期定时重复调用函数 mycallback()。mycallbock()函数代码如下：

```
void WINAPI mycallback(UINT uTimerID,   UINT uMsg,
            DWORD dwUser,   DWORD dw1, DWORD dw2)
{
    printf( "tick   " );
}
```

答

(1) 程序代码

程序代码如下：

```
#include "windows.h"
#include <stdio.h>
#pragma comment( lib, "Winmm.lib" )
//用户函数------------------------------------------------------------
void WINAPI mycallback(UINT uTimerID,
                        UINT uMsg,
                        DWORD dwUser,
                        DWORD dw1,
                        DWORD dw2)
{
    printf( "tick   " );
}
//主函数--------------------------------------------------------------
int main()
{
    //定时调用用户函数 mycallback()
    MMRESULT mr = timeSetEvent( 1000,      //定时 1 000 ms
        0,                                  //默认设置
        mycallback,                         //用户函数名
        0,                                  //无回调数据
        TIME_PERIODIC);                     //周期定时
    for(;;)
    {
    }
    return 0;
}
```

(2) 说　明

在程序的头部使用了 pragma 引用 VC 提供的 winmm.dll，该库提供了许多与 Windows 多媒体应用相关的应用程序接口，本程序所调用的 timeSetEvent()便是其中之一。用户函数

的参数与返回值均是 timeSetEvent()的要求。

(3) 程序运行结果

本程序运行后，会每隔 1 000 ms 在屏幕上周期性地显示一个字符串“tick”，如图 12-8 所示。

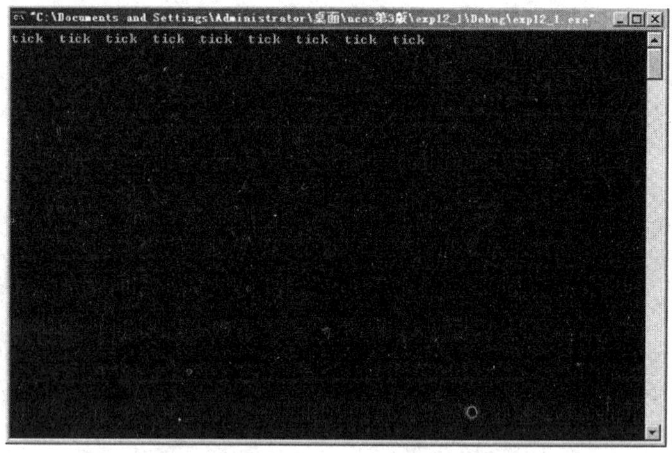

图 12-8　例 12-1 程序运行结果

12.2.3　系统时钟中断的模拟

众所周知，中断指的是中止当前事物，转向执行中断服务程序。而上述使用定时器函数 timeSetEvent()只是建立了一个新的线程，并在定时时间到达时在新线程中调用了一个用户函数而已，新线程并没有中止主线程，在定时器线程运行的同时，主线程仍然在运行，即这两个线程处于如图 12-7(a)所示的并发运行状态。为此，为了模拟一个中断过程，则必须想办法在定时器线程调用的用户函数中中止主线程的运行，而在用户函数结束之前再恢复主线程的运行，并在这两个动作之间完成中断服务程序所做的工作，从而实现了中断的模拟，如图 12-9 所示。

中止主线程的方法很简单，调用由 Windows 提供的挂起线程函数 SuspendThread()即可，在用户函数退出之前再通过调用恢复被挂起线程函数 ResumeThread()来实现中断过程的结束，从而实现一个对主线程中断的模拟。

为了与 μC/OS-II 原始代码相衔接，显然在这里应该使用 OSTickISR()作为用户函数，并在进入该函数后立即调用 Windows 提供的 SuspendThread()，在该函数退出之前调用 ResumeThread()，该过程如图 12-9 所示。

在 OS_CPU_C.C 文件中，修改 OSTickISR()的代码如下：

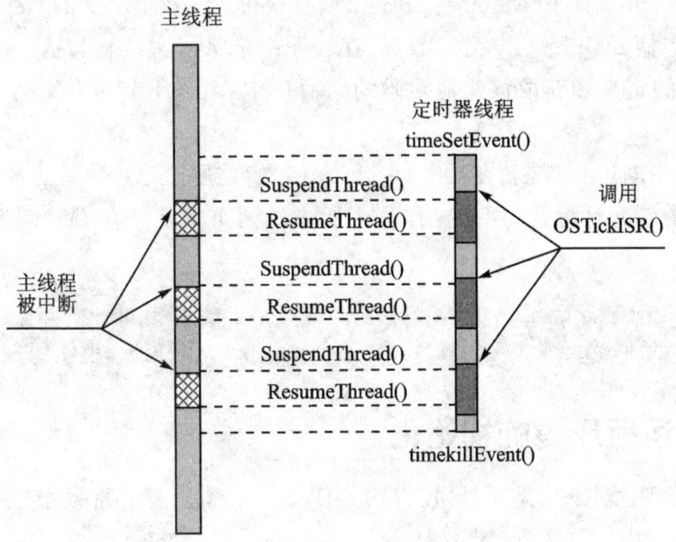

图 12-9　VC 的时钟中断

```
void CALLBACK OSTickISR(unsigned int a,
     unsigned int b,
     unsigned long c,
     unsigned long d,
     unsigned long e
     )
{
    if(! FlagEn)
        return;                              //如果当前中断被屏蔽,则返回
    SuspendThread(mainhandle);               //中止主线程的运行,模拟中断产生
    GetThreadContext(mainhandle, &Context);  //获得到主线程上下文
                                             //为切换任务做准备
    OSIntNesting++;
    if (OSIntNesting == 1) {
            OSTCBCur -> OSTCBStkPtr = (OS_STK *)Context.Esp;//保存当前 esp
    }
    OSTimeTick();      //ucos 内部定时
    OSIntExit();      //由于不能使用中断返回指令,因此此函数是要返回的

    ResumeThread(mainhandle);      //模拟中断返回,主线程接续运行
}
```

其中,SuspendThread()和ResumeThread()以及获得主线程上下文的GetThreadContext()都需要以主线程的句柄mainhandle为参数,故在程序中定义了主线程句柄mainhandle。主线程句柄mainhandle的定义和获取该句柄代码均编写在12.2.4小节所介绍的VC环境初始化文件中。

另外,为了对中断进行控制,在OS_CPU_C.C文件还定义了全局变量FlagEn作为上述模拟中断系统的中断允许标志,用来操作这个标志的两个宏定义在OS_CPU_C.C文件中,其代码如下:

```
#define  OS_ENTER_CRITICAL()  FlagEn = 0          //禁止定时器模拟中断
#define  OS_EXIT_CRITICAL()   FlagEn = 1          //允许定时器模拟中断
```

12.2.4 VC运行环境的初始化

为在VC开发环境中仿真运行μC/OS-II,在μC/OS-II原系统上增加了文件VC_INIT.H和VC_INIT.C。两个文件的代码如下:

```
//  VC_INIT.H文件代码------------------------------------------------
void VCInit(void);                          //声明VC环境初始化函数
//--------------------------------------------------------------

//  VC_INIT.C文件代码
#include<windows.h>
//VC环境相关------------------------------------------------------
HANDLE mainhandle;                          //主线程句柄
CONTEXT Context;                            //主线程切换上下文
BOOLEAN FlagEn = 1;                         //是否为时钟调度的标志
//VC环境初始化函数-------------------------------------------------
void VCInit(void)
{
    HANDLE cp,ct;
    Context.ContextFlags = CONTEXT_CONTROL;
    cp = GetCurrentProcess();               //得到当前进程句柄
    ct = GetCurrentThread();                //得到当前线程伪句柄
    DuplicateHandle(                        //伪句柄转换,得到线程真句柄
        cp,
        ct,
        cp,
        &mainhandle,
        0,
```

```
            TRUE,
            2);
    }
    //-----------------------------------------------------------------
```

其中调用了 Windows 函数 GetCurrentProcess()或 GetCurrentThread(),前者用来获取当前进程句柄,后者用来获取当前线程句柄。但值得注意的是,函数返回的只是其内核对象的一个伪句柄(伪句柄的定义:一个指向当前线程/进程的句柄),因此函数 DuplicateHandle()还要将其转换为真实句柄。

12.2.5 任务切换

任务切换,其实做的是任务的上下文切换。任务的上下文和 μC/OS - II 在 80x86 上移植的上下文很相近,不同点只是段寄存器不用保存,因为在 VC 下任务只是在同一个线程中切换,而且在保护模式下段寄存器的概念已变,其值在同一个线程中是不会变的。在文件 OS_CPU.C 中,任务切换代码如下:

```
extern CONTEXT Context;
extern HANDLE mainhandle;

void OSIntCtxSw(void)
{
    OS_STK *sp;
    OSTaskSwHook();

    sp = (OS_STK *)Context.Esp;                 //得到主线程当前堆栈指针
    //在堆栈中保存相应寄存器
    *--sp = Context.Eip;                        //先保存 eip
    *--sp = Context.EFlags;                     //保存 efl
    *--sp = Context.Eax;
    *--sp = Context.Ecx;
    *--sp = Context.Edx;
    *--sp = Context.Ebx;
    *--sp = Context.Esp;                        //此时保存的 esp 是错误的
                                                //但 OSTCBCur 保存了正确的
    *--sp = Context.Ebp;
    *--sp = Context.Esi;
    *--sp = Context.Edi;
    OSTCBCur->OSTCBStkPtr = (OS_STK *)sp; //保存当前 esp
```

```
    OSTCBCur = OSTCBHighRdy;                    //得到当前就绪最高级任务 tcb
    OSPrioCur = OSPrioHighRdy;                  //得到当前就绪任务最高优先级数
    sp = OSTCBHighRdy -> OSTCBStkPtr;           //得到重新执行的任务的堆栈指针

    //恢复所有处理器的寄存器
    Context.Edi = * sp++ ;
    Context.Esi = * sp++ ;
    Context.Ebp = * sp++ ;
    Context.Esp = * sp++ ;                      //此时上下文中得到的 esp 是不正确的
    Context.Ebx = * sp++ ;
    Context.Edx = * sp++ ;
    Context.Ecx = * sp++ ;
    Context.Eax = * sp++ ;
    Context.EFlags = * sp++ ;
    Context.Eip = * sp++ ;

    Context.Esp = (unsigned long)sp;            //得到正确的 esp

    SetThreadContext(mainhandle, &Context);     //保存主线程上下文
}
```

例 12-2 VC 上运行 μC/OS-II 示例。

答

(1) 程序代码

用户程序代码如下：

```
#include "includes.h"
#include "vc_init.h"                            //包含 VC 初始化文件
//------------------------------------------------------------------

#define  TASK_STK_SIZE   512                    //任务堆栈长度
OS_STK   MyTaskStk[TASK_STK_SIZE];              //定义任务堆栈区
OS_STK   YouTaskStk[TASK_STK_SIZE];             //定义任务堆栈区
INT8U    x = 0,y = 0;                           //字符显示位置
void  MyTask(void * data);                      //声明任务
void  YouTask(void * data);                     //声明任务
/************************主函数**********************************/
void  main (void)
```

```
{
    char * s_M = "M";                           //定义要显示的字符
    //初始化 VC
    VCInit();
     OSInit();                                  //初始化 μC/OS - II
    //开启定时器线程,10 ticks/s
    timeSetEvent(1000/OS_TICKS_PER_SEC,
        0,
        OSTickISR,
        0,
        TIME_PERIODIC);
    OSTaskCreate(
        MyTask,                                 //创建任务 MyTask
        s_M,                                    //给任务传递参数
        &MyTaskStk[TASK_STK_SIZE - 1],          //设置任务堆栈栈顶指针
        0                                       //任务的优先级别为 0
    );
    OSStart( );                                 //启动多任务管理
}
/********************任务 MyTask**********************************/
void  MyTask (void * pdata)
{
    char * s_Y = "Y";                           //定义要显示的字符

    pdata = pdata;
    OSStatInit( );                              //初始化统计任务
    OSTaskCreate(
        YouTask,                                //创建任务 YouTask
        s_Y,                                    //给任务传递参数
        &YouTaskStk[TASK_STK_SIZE - 1],         //设置任务堆栈栈顶指针
        2                                       // YouTask 的优先级别为 2
        );
     for (;;)
    {
        if (x>50)
    {
            x = 0;
            y += 2;
        }
```

```
        PC_DispChar(x, y,                          //字符的显示位置
         *(char *)pdata,
        DISP_BGND_BLACK + DISP_FGND_WHITE );
        x += 1;
          OSTimeDlyHMSM(0, 0, 3, 0);               //等待 3 s
}
}

/************************任务 YouTask********************************/
void  YouTask (void * pdata)
{
    pdata = pdata;

    for (;;)
    {
        if (x>50)
    {
       x = 0;
       y += 2;
    }
      PC_DispChar(
        x, y,                                      //字符的显示位置
         *(char *)pdata,
        DISP_BGND_BLACK + DISP_FGND_WHITE
        );
       x += 1;
       OSTimeDlyHMSM(0, 0, 1, 0);                  //等待 1 s
    }
}
//-------------------------------------------------------------
```

(2) 程序运行结果

例 12－2 用户程序的运行结果如图 12－10 所示。

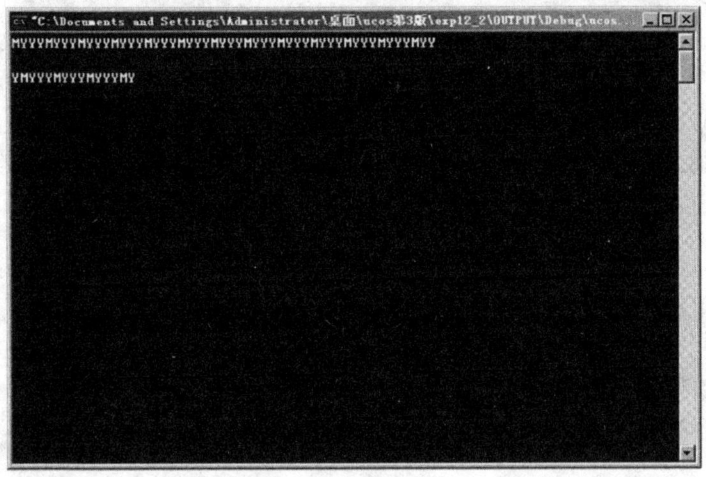

图 12－10　例 12－2 用户程序的运行结果

12.3　小　结

● 集成开发环境 Borland C＋＋4.5 或 Borland C＋＋3.1 既可以开发 DOS 程序，也可以开发 Windows 程序，因此使用它们来对 μC/OS－II 进行编译是最合适的，但要保证工程设置正确。

● 由于 Visual C＋＋6.0 是一种用于开发 Windows 应用程序的工具，因此在这个开发环境上对 μC/OS－II 进行的编译并构建运行环境相当于一种移植，即需要改写 μC/OS－II 的两个 OS_CPU.H 和 OS_CPU_C.C 文件，最后构建出来的也是一种仿真系统，但可以满足基本学习要求。

12.4　练习题

1. 将前面各章节的例题都在 BC45 环境上运行一遍。

2. 将前面各章节的例题都在 VC 环境上运行一遍。

3. 上网查找资料，了解 Windows 函数 GetCurrentProcess()和 DuplicateHandle()的用法。

4. 上网查找资料，了解还有哪些使用集成开发环境编译 μC/OS－II 的方法。

附录A 文件 PC.C 中的函数

为使 μC/OS-II 在 PC 机上运行时可充分使用 PC 机的一些功能，在文件 PC.H 和 PC.C 中提供了 3 类以“PC_”为前缀的功能函数：字符显示、运行时间测量及其他服务。这些函数封装了 PC 机的一些操作，可以直接在 μC/OS-II 中使用。为了节省篇幅，这里只介绍本书用到的一些函数。

A.1 字符显示函数

A.1.1 显示一个字符的函数 PC_DispChar

函数原型如下：

```
void PC_DispChar (INT8U x,          //待显示字符在屏幕上横坐标 x
                  INT8U y,          //待显示字符在屏幕上纵坐标 y
                  INT8U c,          //待显示的字符
                  INT8U color       //字符颜色
                  );
```

A.1.2 清屏幕一列显示的函数 PC_DispClrCol

函数原型如下：

```
void PC_DispClrCol (INT8U x,        //待清除列的横坐标 x
                    INT8U color     //填充颜色
                    );
```

A.1.3 清屏幕一行显示的函数 PC_DispClrRow

函数原型如下：

```
void PC_DispClrRow (INT8U y,        //待清行的纵坐标 y
                    INT8U color     //填充颜色
                    );
```

A.1.4 清屏函数 PC_DispClrScr

函数原型如下：

```
void PC_DispClrScr (INT8U color          //填充颜色
                   );
```

A.1.5 显示字符串函数 PC_DispStr

函数原型如下：

```
void PC_DispStr (  INT8U x,              //字符串起始位置的横坐标 x
                   INT8U y,              //字符串起始位置的纵坐标 y
                   INT8U * s,            //字符串指针
                   INT8U color           //字符串颜色
                   );
```

A.1.6 颜色常量的定义

颜色常量的定义如表 A－1 和 A－2 所列。

表 A－1 前景色的常量

常 量	颜 色	常 量	颜 色
DISP_FGND_BLACK	黑	DISP_FGND_DARK_GRAY	深灰
DISP_FGND_BLUE	蓝	DISP_FGND_LIGHT_BLUE	浅蓝
DISP_FGND_GREEN	绿	DISP_FGND_LIGHT_GREEN	浅绿
DISP_FGND_CYAN	青	DISP_FGND_LIGHT_CYAN	浅青
DISP_FGND_RED	红	DISP_FGND_LIGHT_REN	浅红
DISP_FGND_PURPLE	紫	DISP_FGND_LIGHT_PURPLE	浅紫
DISP_FGND_BROWN	褐	DISP_FGND_YELLOW	黄
DISP_FGND_LIGHT_GRAY	浅灰	DISP_FGND_WHITE	白

表 A－2 背景色的常量

常 量	颜 色	常 量	颜 色
DISP_BGND_BLACK	黑	DISP_BGND_RED	红
DISP_BGND_BLUE	蓝	DISP_BGND_PURPLE	紫
DISP_BGND_GREEN	绿	DISP_BGND_BROWN	褐
DISP_BGND_CYAN	青	DISP_BGND_LIGHT_GRAY	深灰

A.2 保存和恢复DOS环境的函数

在PC机上运行和调试基于μC/OS-II的应用程序时，运行μC/OS-II操作系统之前，需要在应用程序中先行保护DOS操作系统的环境；在退出μC/OS-II时，还要恢复DOS环境。

A.2.1 保存DOS环境的函数 PC_DOSSaveReturn()

函数原型如下：

```
void PC_DOSSaveReturn (void);
```

A.2.2 恢复DOS环境的函数 PC_DOSReturn()

函数原型如下：

```
void PC_DOSReturn (void);
```

A.3 设置和获取中断向量的函数

A.3.1 设置中断向量的函数 PC_VectSet()

在PC中运行μC/OS-II之前，要在PC的中断向量表中设置μC/OS-II任务切换的中断向量，这时要用到函数PC_VectSet()。该函数的原型如下：

```
void PC_VectSet (INT8U vect,          //中断向量码
                 void ( * isr)(void)  //中断服务程序指针
                 );
```

A.3.2 获取中断向量的函数 PC_VectGet()

函数原型如下：

```
void * PC_VectGet (INT8U vect);
```

附录B μC/OS-II中使用的数据类型

```
typedef unsigned    char    BOOLEAN;
typedef unsigned    char    INT8U;      /*8位无符号整数*/
typedef signed      char    INT8S;      /*8位有符号整数*/
typedef unsigned    int     INT16U;     /*16位无符号整数*/
typedef signed      int     INT16S;     /*16位有符号整数*/
typedef unsigned    long    INT32U;     /*32位有符号整数*/
typedef signed      long    INT32S;     /*32位有符号整数*/
typedef float               FP32;       /*单精度浮点数*/
typedef double              FP64;       /*双精度浮点数*/
```

附录C　C51开发工具μVision2简介

μVision2 IDE是一个基于Windows的开发平台，包含一个高效的编辑器、一个项目管理器和一个MAKE工具。

μVision2支持所有的KEIL 8051工具，包括C编译器、宏汇编器、连接/定位器以及目标代码到HEX的转换器。μVision2通过以下特性加速嵌入式系统的开发过程：

- 全功能的源代码编辑器；
- 用来配置开发工具设置的器件库；
- 创建和维护项目的项目管理器；
- 集成的MAKE工具。

C.1　C51语言的扩展

虽然C51是一个兼容ANSI的编译器，但为了支持8051系列MCU，还是加入了一些扩展的内容。C51编译器的扩展内容包括：

- 数据类型；
- 存储器类型；
- 指针；
- 重入函数；
- 中断服务程序；
- 实时操作系统。

C.1.1　数据类型

本C51编译器支持表C-1列出的各种规格的数据类型。除了这些数据类型以外，变量可以组合成结构、联合及数组。除非特别说明，这些变量都可以用指针存取。

这些sbit、sfr和sfr16类型的数据使用户能够操作8051系列MCU所提供的特殊功能寄存器。例如：

```
sfr P0 = 0x80; /* Define 8051 P0 SFR */
```

表 C-1 数据类型

数据类型	位 数	字节数	数值范围
bit	1		0、1
signed char	8	1	−128～127
unsigned char	8	1	0～255
enum	16	2	−32 768～32 767
signed short	16	2	−32 768～32 767
unsigned short	16	2	0～65 535
signed int	16	2	−32 768～32 767
unsigned int	16	2	0～65 535
signed long	32	4	−2 147 483 648～2 147 483 647
unsigned long	32	4	0～4 294 967 295
float	32	4	±1.175 494E−38～±3.402 823+38
sbit	1		0、1
sfr	8	1	0～255
sfr16	16	2	0～65 535

注：bit、sbit、sfr 和 sfr16 为 8051 硬件、C51 及 C251 编译器所特有，它们不是 ANSI C 的一部分，也不能用指针对它们进行存取。

C.1.2 存储器类型

本 C51 编译器支持 8051 及其派生类型的结构，能够访问 8051 的所有存储器空间。具有表 C-2 列出的存储器类型的变量都可被分配到某个特定的存储器空间。

表 C-2 变量的存储器类型

存储器类型	说 明
code	程序空间(64 KB)；通过"MOVC @A+DPTR"访问
data	直接访问的内部数据存储器；访问速度最快(128 字节)
idata	间接访问的内部数据存储器；可以访问所有的内部存储器空间(256 字节)
bdata	可位寻址的内部数据存储器；可以字节或位方式访问(16 字节)
xdata	外部数据存储器(64 KB)；通过"MOVX @DPTR"访问
pdata	分页的外部数据存储器(256 字节)；通过"MOVX @Rn"访问

由于访问内部数据存储器将比访问外部数据存储器快得多，因此应该把频繁使用的变量

尽可能地放置在内部数据存储器中。变量的存储类型要在定义变量时定义。例如：

```
char data var1;
char code text[] = "ENTER PARAMETER";
unsigned long xdata array[100];
float idata x,y,z;
unsigned int pdata dimension;
unsigned char xdata vector[10][4][4];
char bdata flags;
```

如果在变量的定义中没有定义存储器类型，系统将自动选用默认的存储器类型。默认的存储器类型适用于所有的全局变量和静态变量，还有不能分配在寄存器中的函数参数和局部变量。默认的存储器类型由编译器的参数 SMALL、COMPACT 及 LARGE 决定。

C.1.3 存储模式

存储模式决定了默认的存储器类型，此存储器类型将应用于函数参数、局部变量和定义时未包含存储器类型的变量。

1. SMALL 模式

所有变量都默认在 8051 的内部数据存储器中。这与用 data 显式定义变量起到相同的作用。

2. COMPACT 模式

此模式中，所有变量都默认在 8051 的外部数据存储器的一页中。地址的高字节往往通过 Port 2 输出，其值必须在程序的初始化代码中设置，这与用 pdata 显式定义变量起到相同的作用。此模式最多只能提供 256 字节的变量。

3. LARGE 模式

在 LARGE 模式下，所有的变量都默认在外部存储器中(xdata)。这与用 xdata 显式定义变量起到相同的作用。数据指针(DPTR)用来寻址。通过 DPTR 进行存储器的访问的效率很低，特别是在对一个大于 1 字节的变量进行操作时尤为明显。此数据访问类型比 SMALL 和 COMPACT 模式需要更多的代码。

4. 存储模式的设置

在 KEIL 开发环境中，选择菜单 Project|Options for Tatget'XXXX'选项，在打开的对话框的 Target 选项卡的 Memory Model 下拉列表中进行选择，如图 C-1 所示。

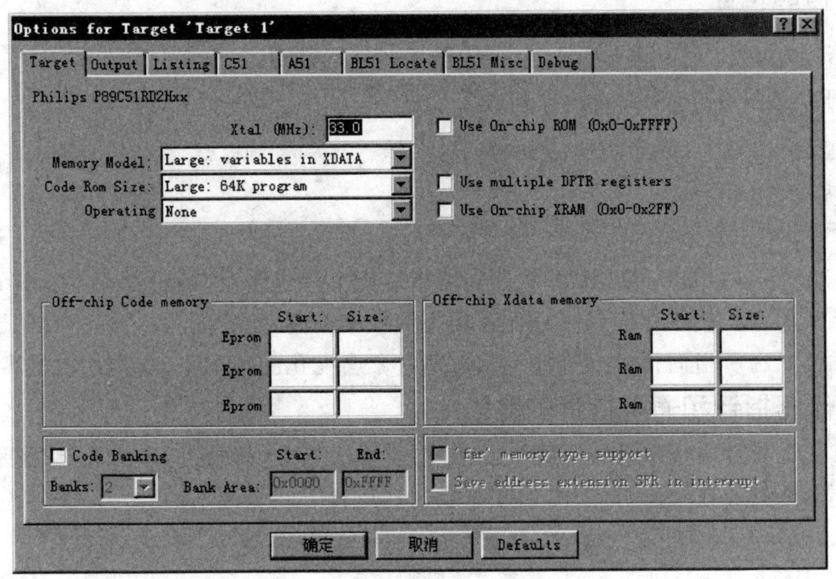

图 C-1　Options for Target 对话框

C.1.4　指　针

C51 编译器支持用星号(＊)进行指针声明,并可用指针完成在标准 C 语言中的所有操作。但是,由于 8051 及其派生系列所具有的独特结构,C51 编译器支持两种不同类型的指针——存储器指针和通用指针。

1. 通用指针

通用指针和标准 C 语言中一样。例如:

```
char * s;          /* string ptr */
int * numptr;      /* int ptr */
long * state;      /* long ptr */
```

通用指针总是需要 3 字节来存储。第一字节用来表示存储器类型;第二字节是指针的高字节;第三字节是指针的低字节。

通用指针可用来访问所有类型的变量,而不管变量存储在哪个存储空间中,因此许多库函数都使用通用指针。通过使用通用指针,一个函数可以访问数据,而不用考虑它存储在什么存储器中。

通用指针很方便,但是也很慢。在所指向目标的存储空间不明确的情况下,它们用得最多。

2. 存储器指针

存储器指针在定义时,需要用一个存储器类型进行说明,定义后该指针总是指向这个存储类型说明的特定存储器空间。例如:

```
char data * str;        /* 指向内部 RAM */
int xdata * numtab;     /* 指向外部 RAM */
long code * powtab;     /* 指向程序存储区 */
```

指向 idata、data、bdata 和 pdata 的存储器指针用 1 字节保存;指向 code 和 xdata 的存储器指针用 2 字节保存。使用存储器指针比通用指针效率要高,速度要快。当然,存储器指针的使用不是很方便。在所指向目标的存储空间明确并不会变化的情况下,它们用得最多。

3. 存储器指针和通用指针的比较

使用存储器指针可以显著地提高 8051 C 语言程序的运行速度。表 C-3 中的示例程序说明了使用不同的指针在代码长度、占用数据空间和运行时间上的不同。

表 C-3　不同存储类型指针的比较

项　目	idata 类型指针	xdata 类型指针	通用指针
C 源程序	idata * ip; char val; val = * ip;	char xdata * xp; har val; val = * xp;	char * p; char val; val = * xp;

编译后的代码	MOV R0,ip
	MOV val,@R0
		MOV DPL,
		xp +1 MOV DPH,xp
		MOV A,@DPTR
		MOV val,A
			MOV R1,p + 2
			MOV R2,p + 1
			MOV R3,p
			CALL CLDPTR

指针大小	1 byte	2 bytes	3 bytes
代码长度	4 bytes	9 bytes	11 bytes + library call
执行时间	4 cycles	7 cycles	13 cycles

C.1.5　可重入函数

可重入函数是多个进程可以同时调用函数,即当一个重入函数被调用运行时,另外一个进程可能中断此运行过程,然后再次调用此重入函数。

通常情况下,由于 C51 函数的参数和局部变量是存储在固定的地址单元中,所以 C51 编译的函数是不可重入的。若需要一个重入函数,则在函数声明时要在函数的后面用 reentrant 关键字来修饰。例如:

```
int calc (char i, int b) reentrant
{
    int x;
    x = table[i];
    return (x * b);
}
```

对每一个重入函数来说，根据存储模式，重入堆栈被安置在内部或外部单元中。

C.1.6 与汇编语言的接口

可以在C语言程序中调用汇编语言程序，反之亦然。函数参数通过CPU寄存器传递，或使用NOREGPARMS参数指示编译器通过固定的存储器传递。从函数返回的值总是通过CPU寄存器传递。除了直接产生目标代码外，还可用SRC编译参数指示编译器产生汇编源代码文件(供A51汇编器使用)。例如下面的C语言源代码：

```
unsigned int asmfunc1 (unsigned int arg)
{
    return (1 + arg);
}
```

用SRC指示C51编译器编译后，会产生以下汇编文件：

```
?PR?_asmfunc1?ASM1 SEGMENT CODE
PUBLIC              asmfunc1
        RSEG     ?PR?_asmfunc1?ASM1
        USING 0
asmfunc1:
;---- Variable 'arg?00' assigned to Register 'R6/R7' ----
        MOV A,R7            ; load LSB of the int
        ADD A,#01H          ; add 1
        MOV R7,A            ; put it back into R7
        CLR A
        ADDC A,R6           ; add carry & R6
        MOV R6,A
?C0001:
        RET                 ; return result in R6/R7
```

也可用#pragma asm和#pragma endasm预处理指示器在C语言程序中插入汇编指令。

C.1.7 库函数

C51 编译器包含有 ANSI 标准的 7 个不同的编译库,从而满足不同功能的需要,如表 C-4 所列。

表 C-4 库函数

库文件	说明	库文件	说明
C51S.LIB	小模式库,不支持浮点运算	C51L.LIB	大模式库,不支持浮点运算
C51FPS.LIB	小模式库,支持浮点运算	C51FPL.LIB	大模式库,支持浮点运算
C51C.LIB	紧凑模式库,不支持浮点运算	80C751.LIB	Philips 8xC751 及其派生系列使用的库
C51FPC.LIB	紧凑模式库,支持浮点运算		

注:与硬件相联系的输入/输出操作库函数模块的源代码文件位于\KEIL\C51\LIB 文件夹中。可利用这些文件来修改库,以适应目标板上任何器件的输入/输出操作。

C.2 创建项目

在 μVision2 创建一个应用项目的步骤如下:

① 启动 μVision2,新建一个项目文件并从器件库中选择一个器件;

② 新建一个源文件并把它加入到项目中;

③ 增加并配置选择的器件的启动代码;

④ 针对目标硬件设置工具选项;

⑤ 编译项目并生成可以编程 PROM 的 HEX 文件。

C.2.1 启动 μVision2 并创建一个项目

μVision2 是一个标准 Windows 应用程序,直接双击程序图标就可以启动它。要新建一个项目文件,选择菜单 Project|New Project 选项,在打开的标准对话框中输入项目文件名和存储目录。

选择菜单 Project |Select Device for Target 选项,为项目选择要使用的 CPU 型号。在弹出的对话框的列表框中为器件数据库,如图 C-2 所示。用户要在这个数据库中选择所需要的 MCU。

一旦从器件库中选择了一个 CPU,就可以在项目窗口的 Books 页打开此 CPU 的用户手册。这些用户手册是 KEIL 开发工具(光盘)中的一部分。

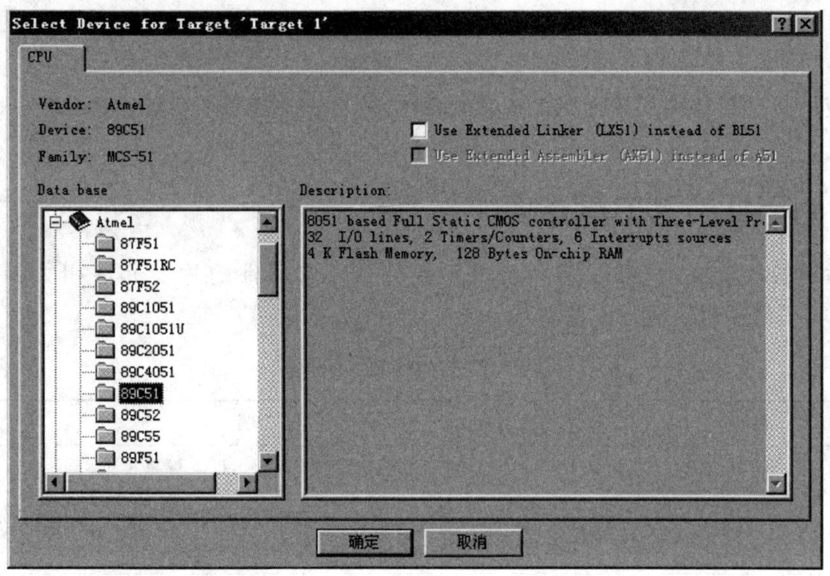

图 C-2　Select Devices for Target 对话框

C.2.2　新建一个源文件

选择菜单 File|New 选项，将打开一个空的编辑窗口，让用户输入源代码。当把此文件另存为 *.C 的文件后，μVision2 将高亮显示 C 语言语法字符。

一旦创建了源文件，就可以把它加入到项目中。把源文件加入到项目中的一般方法是，右击 Project 窗口 Files 页中的文件组，弹出快捷菜单，选择菜单中的 Add Files 选项，打开一个标准的文件对话框，在对话框中选择要加入的文件。

C.2.3　增加和配置初始化代码

文件 STARTUP. A51 是为大多数不同的 8051 CPU 准备的启动代码。启动代码清除数据存储器并初始化硬件和重入函数堆栈指针。另外，一些 8051 派生产品要求初始化 CPU 来适应设计中的相应的硬件。例如，Philips 公司的 8051RD+提供的片上 xdata RAM 应该在启动代码中启用。假如需要修改启动文件来适应目标硬件，则应把文件 STARTUP. A51 复制一份到项目文件夹中。

为选择的 CPU 的配置文件创建一个文件组是一个良好的习惯。用菜单 Project| Targets, Groups, Files…打开对话框来添加一个名为 System Files 的文件组到目标中。在此对话框中，单击 Add Files to Group…按钮，把文件 STARTUP. A51 添加到项目中。项目窗口

的文件页列出了项目的所有条目。

在项目窗口中双击文件名 STARTUP.A51,即可在编辑器中打开这个文件,并配置初始化代码。

如果使用所选择器件的片上 RAM,在启动代码中的设置必须匹配 Options - Target 对话框中的设置。

C.2.4 为目标设置工具选项

在对话框的各个页中,可以定义与目标硬件及所选器件的片上元件相关的所有参数。表 C-5 说明了目标对话框的一些选项。

表 C-5 目标设置工具选项

选 项	说 明
Xtal	定义 CPU 时钟,对于大多数应用与实际的 XTAL 频率相同
Memory Model	定义编译器的存储模式。对于一个新的应用,默认的是 SMALL 模式。参见 C.1.2 和 C.1.3 小节关于存储模式和存储器类型的讨论
Allocate On-chip Use multiple DPTR registers	定义在启动代码中使能的片上元器件的使用。如果要使用片上 xdata RAM,那么应该在文件 STARTUP.A51 中使能 XRAM 的访问
Off-chip … Memory	在此定义目标硬件上的所有外部存储器区域
Code Banking Xdata Banking	为代码和数据的分段(Banking)定义参数

注:有些选项只有在使用 LX51 链接器时才有用。LX51 链接器只在 PK51 中提供。

C.2.5 Build 项目并生成 HEX 文件

通常情况下,在 Options Target 对话框中的设置已经足够开始设计应用程序了。通过单击工具条上的 Build 目标的图标,可以编译所有源文件并生成应用。当程序中有语法错误时,μVision2 将在 Output Window Build 页显示这些错误和告警信息。双击一个信息,将打开此信息对应的文件并定位到语法错误处。

在调试完应用程序后,需要创建一个 HEX 文件来烧录片子或软件模拟。当 Options for Target | Output 中的 Create HEX Fi 选项被选中时,μVision2 每进行一次 Build 都生成 HEX 文件。如果选项 Options for Target|Output 中的 Run User Program #1 也被选中且定义,那么在生成 HEX 文件完成后,将自动运行此处定义的操作,例如对 PROM 器件编程。

C.3 常用的菜单选项

C.3.1 视图菜单 View

视图菜单部分选项及说明见表 C－6。

表 C－6 视图菜单部分选项

菜单选项	说 明
Disassembly Window	显示/隐藏反汇编窗口
Watch & Call Stack Window	显示/隐藏观察和堆栈窗口
Memory Window	显示/隐藏存储器窗口
Code Coverage Window	显示/隐藏代码报告窗口
Analyzer Window	显示/隐藏性能分析窗口
Symbol Window	显示/隐藏字符变量窗口
Serial Window #1	显示/隐藏串口 1 的观察窗口

C.3.2 项目菜单 Project

项目菜单部分选项及说明见表 C－7。

表 C－7 项目菜单部分选项

菜单选项	说 明
New Project…	创建新项目
Target Environment	定义工具、包含文件和库的路径
Build Target	编译修改过的文件并生成应用
Rebuild Target	重新编译所有文件并生成应用
Translate…	编译当前文件
Stop Build	停止生成应用的过程

C.3.3 调试菜单 Debug

调试菜单部分选项及说明见表 C－8。

表 C-8 调试菜单部分选项

菜单选项	说 明
Start/Stop	开始/停止调试模式
Go	运行程序,直到遇到一个断点
Step	单步执行程序,遇到子程序则进入
Step over	单步执行程序,跳过子程序
Stop Running	停止程序运行
Step out of	执行到当前函数的结束
Insert/Remove Breakpoint	设置/取消当前行的断点
Enable/Disable Breakpoint	使能/禁止当前行的断点
Disable All Breakpoints	禁止所有断点
Kill All Breakpoints	取消所有断点
Show Next Statement	显示下一条指令
Enable/Disable Trace Recording	使能/禁止程序运行轨迹的标识
View Trace Records	显示程序运行过的指令

C.3.4 外围器件菜单 Peripherals

外围器件菜单部分选项及说明见表 C-9。

表 C-9 外围器件菜单部分选项

菜单选项	说 明
Reset CPU	复位 CPU
Interrupt	打开片上外围器件的设置对话框 对话框的种类及内容依赖于选择的 CPU
I/O-Ports	打开 I/O 并行接口信息对话框
Serial	打开串行接口信息对话框
Timer	打开定时器信息对话框

参考文献

[1] 王田苗. 嵌入式系统设计与实例开发——基于 ARM 微处理器与 μC/OS－II 实时操作系统. 北京：清华大学出版社,2002.

[2] 尹彦芝. C 语言高级使用教程. 北京：清华大学出版社,1992.

[3] Jamsa K, Klander L. C/C++程序员实用大全. 张春辉,刘大庆,等译. 北京：中国水利水电出版社,1999.

[4] 探矽工作室. 嵌入式系统开发圣经. 2 版. 北京：中国铁道出版社,2003.

[5] 陈章龙,涂时亮. 嵌入式系统——Intel StrongARM 结构与开发. 北京：北京航空航天大学出版社,2002.

[6] 孙钟秀. 操作系统教程. 3 版. 北京：高等教育出版社,2003.

[7] 马忠梅. ARM 嵌入式处理器结构与应用基础. 北京：北京航空航天大学出版社,2002.

[8] Barr M. C/C++嵌入式系统编程. 于志宏,译. 北京：中国电力出版社,2002.

[9] Labrosse Jean J. 嵌入式实时操作系统 μC/OS－II. 2 版. 邵贝贝,等译. 北京：北京航空航天大学出版社,2003.